FEM-Formelsammlung Statik und Dynamik

Lutz Nasdala

FEM-Formelsammlung Statik und Dynamik

Hintergrundinformationen,
Tipps und Tricks

3., aktualisierte Auflage

 Springer Vieweg

Lutz Nasdala
München, Deutschland

ISBN 978-3-658-06629-1   ISBN 978-3-658-06630-7 (eBook)
DOI 10.1007/978-3-658-06630-7

Die Deutsche Nationalbibliothek verzeichnet diese Publikation in der Deutschen Nationalbibliografie; detail-
lierte bibliografische Daten sind im Internet über http://dnb.d-nb.de abrufbar.

Springer Vieweg
© Springer Fachmedien Wiesbaden 2010, 2012, 2015

Lektorat: Ralf Harms | Pamela Frank

Gedruckt auf säurefreiem und chlorfrei gebleichtem Papier

Springer Fachmedien Wiesbaden ist Teil der Fachverlagsgruppe Springer Science+Business Media
(www.springer.com)

Vorwort zur 3. Auflage

Gehört die zentrale Differenzenmethode zu den impliziten oder zu den expliziten Zeitintegrationsverfahren? Wie kann man Lehrsche Dämpfung im Frequenzraum bestimmen? Warum beträgt der Korrekturfaktor für die transversale Schubsteifigkeit bei Schalenelementen fünf Sechstel? Dies sind einige der neu hinzugekommenen Fragen, die mit der dritten Auflage der FEM-Formelsammlung beantwortet werden.

Als Folge meines Wechsels an die Hochschule Offenburg vor drei Jahren sind es mittlerweile wieder ganz grundlegende Fragen, mit denen ich mich auseinandersetzen darf, vor allem die eine: Warum konvergiert die Berechnung nicht? Selbst für einen erfahrenen Berechnungsingenieur ist die Ursache oftmals nicht auf Anhieb ersichtlich, so dass zur Fehlerfindung umfangreiche Parameterstudien erforderlich sind. Frustrierend wird es, wenn jede FE-Analyse mehrere Stunden dauert. Man hat ja gelernt, dass für ein genaues Ergebnis ein hinreichend feines Netz erforderlich ist. Sie ahnen, worauf ich hinaus will? Starten Sie mit einem groben Netz, und erst, wenn alle Fehler gefunden sind, darf das Netz verfeinert werden. Nicht ohne Grund gilt:

Ein Netz ist kein Netz!

Gengenbach, im Februar 2015   Prof. Dr.-Ing. habil. Lutz Nasdala

Vorwort zur 2. Auflage

Seit dem Erscheinen der „FEM-Formelsammlung Statik und Dynamik" vor zwei Jahren habe ich neben vielen positiven Rückmeldungen, für die ich mich an dieser Stelle ganz herzlich bedanken möchte, auch eine Reihe von Anfragen hinsichtlich möglicher inhaltlicher Ergänzungen erhalten, über die ich mich ebenfalls sehr gefreut habe. Der Wunsch nach weiteren Themen zeigt, dass allen Unkenrufen zum Trotz der FEM-Anwender von heute sich nicht damit zufrieden gibt, Modelle auf gut Glück zusammenzuklicken und bunte Bilder zu erzeugen, sondern die theoretischen Zusammenhänge verstehen will.

Neben einigen neuen Übersichten und vielen Verbesserungen im Detail sind mit den Abschnitten „Implizite Zeitintegration mittels Euler-Rückwärts-Verfahren" und „Filtern bei expliziter Analyse" zwei häufig nachgefragte Themen hinzugekommen, die zu dem inhaltlichen Schwerpunkt der „FEM-Formelsammlung" zählen: der „Statik und Dynamik".

Ein noch größerer Informationsbedarf besteht den Rückmeldungen zufolge auf einem Gebiet, das auch im Studium oft nur am Rande behandelt wird: den „Materialmodellen" und hierbei insbesondere die Frage nach der Identifikation der zugehörigen Parameter. Aus diesem Grund wurde der Abschnitt über hyperelastische Stoffgesetze deutlich erweitert: Es wird gezeigt, warum der äquibiaxiale Zugversuch dem einaxialen Druckversuch entspricht, wie der einfache Schubversuch in reine Scherung überführt werden kann und was es mit dem ebenen Zugversuch auf sich hat.

Weitere Ausführungen zum Themenkomplex Materialmodelle, insbesondere der Bereich Schädigungs- und Bruchmechanik, sind in Planung, weshalb ich diesbezüglichen Anregungen offen gegenüber stehe. Selbstverständlich freue ich mich aber auch über Kritik und Themenvorschläge aus anderen Teilgebieten der FEM.

Viel Spaß beim Lesen und allzeit gute Konvergenz!

München, im März 2012   PD Dr.-Ing. habil. Lutz Nasdala

Vorwort zur 1. Auflage

Die vorliegende „Formelsammlung" richtet sich an die Anwender kommerzieller Finite Elemente Programme sowie an Studierende, die bereits mit den Grundlagen der Finite Elemente Methode (FEM) vertraut sind und sich über die Möglichkeiten der heutzutage verfügbaren, sehr leistungsstarken Programmpakete informieren möchten. Im Gegensatz zu den einschlägig bekannten Lehrbüchern, in denen die zur Implementation erforderlichen Gleichungen ausführlich hergeleitet oder nur einige Detailaspekte herausgegriffen werden, ist die Formelsammlung als Nachschlagewerk und Ideengeber konzipiert.

Leider ist immer wieder zu beobachten, dass insbesondere Berufseinsteiger, die lediglich die im Rahmen einer typischen Einführungsvorlesung erworbenen FEM-Grundkenntnisse mitbringen, sich mit umständlichen „Workarounds" behelfen, da ihnen viele der implementierten Analysearten, Elemente oder Kontaktalgorithmen noch unbekannt sind. So ist z. B. die statische Analyse von komplexen Kontaktproblemen wie dem Montagevorgang eines Dichtungsringes mit Konvergenzproblemen verbunden, während eine mit einem expliziten Zeitintegrationsverfahren durchgeführte quasistatische Analyse bei gleicher Ergebnisqualität nur ein Zehntel oder noch weniger Rechenzeit in Anspruch nimmt. Um den in der Praxis tätigen Berechnungsingenieur für diese und andere „Tipps und Tricks" wie Submodellanalysen, zyklische Randbedingungen oder axialsymmetrische Elemente mit Torsionsfreiheitsgrad, die u. a. zur Berechnung von Kupplungen hervorragend geeignet sind, zu sensibilisieren, wird anhand der wichtigsten Formeln, erläuternder Skizzen und anschaulicher Beispiele die gesamte Bandbreite der FEM für statische und dynamische Problemstellungen kurz vorgestellt.

Die Formelsammlung basiert auf den Vorlesungsunterlagen des Kurses „Finite Elemente Anwendungen in der Statik und Dynamik", den ich erstmals im Wintersemester 2001/02 — unter dem anfänglichen Namen „Numerische Schadensanalyse" — für Studierende des Bauingenieurwesens an der Universität Hannover angeboten habe. Ziel dieser Lehrveranstaltung ist, die Möglichkeiten der FEM anhand von begleitenden Rechnerübungen (Nasdala & Schröder, 2004) in allgemeingültiger Form aufzuzeigen, ohne dabei auf spezielle Schlüsselwörter oder programmspezifische Details einzugehen. An dieser Software-Unabhängigkeit hat auch mein Wechsel Ende 2005 zur Firma Abaqus Deutschland GmbH, die Anfang 2009 zur Dassault Systemes Simulia GmbH umfirmierte und als führender Hersteller von FE-Software gilt, nichts geändert. Trotz der sich zwangsläufig ergebenden Voreingenommenheit habe ich versucht, kein deutschsprachiges Abaqus-Benutzerhandbuch zu schreiben, sondern die Formelsammlung neutral zu halten. Sollte mir dieses an irgendeiner Stelle nicht gelungen sein oder jemand allgemeine Anregungen und Verbesserungsvorschläge haben, bin ich für eine Rückmeldung dankbar.

München, im Januar 2010   PD Dr.-Ing. habil. Lutz Nasdala

Inhaltsverzeichnis

1 Einleitung

1.1 Fragen, Fragen und nochmals Fragen

Zu Beginn einer jeden FE-Analyse steht eine Reihe von Fragen:

1. Lineare oder nichtlineare Analyse?
2. Liegt ein Stabilitätsproblem vor?
   a) Kann ein Bogenlängenverfahren angewandt werden?
   b) Gutartiges oder bösartiges (imperfektionsanfälliges) Verhalten?
   c) Muss eine begleitende Eigenwertberechnung durchgeführt werden?
   d) Kommt eine Stabilisierung der Analyse in Frage?
3. Kann statisch gerechnet werden, oder ist eine dynamische Analyse erforderlich?
   a) Frequenz- oder Zeitraum?
   b) Was für Prozeduren gibt es im Rahmen der linearen Dynamik?
   c) Implizites oder explizites Zeitintegrationsverfahren?
4. Was für Elemente?
   a) Volumen- oder Strukturelemente?
   b) Dünne oder dicke Schalenelemente (Kirchhoff- oder Reissner-Mindlin-Theorie)?
   c) Platten- Scheiben- oder Membranelemente?
   d) Balken- (Bernoulli- oder Timoshenko-Theorie) oder Stabelemente?
   e) Konnektor-Elemente: Kugelgelenke, Scharniere, Kardangelenke usw.?
5. Welche Elementformulierung?
   a) Verschiebungs-, gemischte, hybride oder „Enhanced Stress/Strain" Elemente?
   b) Lineare oder quadratische Ansatzfunktionen?
   c) Volle oder reduzierte Integration?
   d) Treten Delaminationen (Grenzschichtversagen) oder Risse auf?
6. Welche Materialformulierung?
   a) Isotropes oder anisotropes Materialverhalten?
   b) Lassen sich ratenabhängige Effekte beobachten?
   c) Ist Plastizität zu berücksichtigen? Welche Arten der Verfestigung gibt es?
   d) Wird das Material geschädigt (Softening, Ermüdung, Entfestigung)?
7. Muss Kontakt berücksichtigt werden?
   a) Methode der Lagrange-Multiplikatoren, Penalty oder Augmented Lagrange?
   b) Reines, symmetrisches oder flächenbasiertes Master-Slave-Konzept?
   c) Wie werden Presspassungen berechnet?

8. Lasten- und Randbedingungen?

   a) Last- oder Verschiebungssteuerung?

   b) Konstant (sofort wirksam) oder zeitlich veränderlich?

   c) Müssen Gravitations-, Zentrifugal-, Coriolis- oder Eulerkräfte berücksichtigt werden?

   d) Wie wird eine Punktlast in eine Flächenlast umgewandelt? Weiche oder starre Anbindung?

   e) Wie lassen sich Verschiebungsrandbedingungen im Rahmen der linearen Dynamik aufbringen?

9. Ist ein komplettes 3D-Modell aufzubauen, oder lassen sich Symmetrien ausnutzen?

   a) Ebener Spannungszustand?

   b) Ebener Dehnungszustand?

   c) Verallgemeinerter ebener Dehnungszustand?

   d) Axialsymmetrie?

   e) Verallgemeinerte Axialsymmetrie (mit zusätzlichen Torsions- oder Biegefreiheitsgraden)?

   f) Zyklische Symmetrie?

10. Vernetzung?

   a) Tetraeder- oder Hexaeder-Elemente?

   b) Ist das Netz fein genug oder vielleicht sogar zu fein?

   c) Wann ist es sinnvoll, eine adaptive Vernetzungsstrategie (Fehlerschätzer) anzuwenden?

11. Ist es sinnvoll, auf mehreren Prozessoren zu rechnen?

12. Lässt sich durch die Zuweisung zusätzlichen CPU-Speichers die Analyse beschleunigen?

13. Symmetrischer oder unsymmetrischer Gleichungslöser?

14. Ist eine Submodellanalyse erforderlich?

15. Lassen sich Substrukturelemente (sogenannte Superelemente) sinnvoll einsetzen?

16. Können Starrkörper verwendet werden?

Die in den nachfolgenden Kapiteln angegebenen theoretischen Grundlagen, Beispiele und Empfehlungen sollen helfen, diese und weitere Fragen zu beantworten.

Der Themenkomplex „Vernetzungsstrategien" wird nicht behandelt, da auf diesem Gebiet große Unterschiede zwischen den verschiedenen Präprozessoren bestehen. Außerdem hängt es oftmals von den persönlichen Präferenzen ab, ob ein Bauteil zum Beispiel mit einem strukturierten Netz (Medial Axis-Technik) versehen werden soll oder ob alle Finiten Elemente möglichst gleich groß (Advancing Front-Methode) sein sollen.

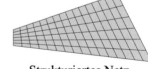

Strukturiertes Netz

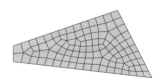

Elemente ähnlicher Größe

1.2 Blick über den Tellerrand

Die Fragenliste ließe sich noch beliebig fortsetzen, denn die FEM wird nicht nur für strukturmechanische Fragestellungen verwendet, sondern auch in anderen Disziplinen (Akustik, thermische Analysen usw.) sowie für gekoppelte Probleme (sequentiell oder voll gekoppelte thermomechanische, elektrothermische oder piezoelektrische Analysen, Fluid-Struktur-Interaktionen, elektromagnetische Probleme usw.) erfolgreich eingesetzt.

Die Anwendungen sind so vielfältig, dass es beinahe einfacher wäre, die Gebiete aufzuzählen, in denen die FEM nicht einsetzbar ist. Kurz gesagt findet die FEM überall dort Anwendung, wo ein Entwicklungsprozess und/oder ein Produkt optimiert werden soll, jedoch Messungen nicht praktikabel, zu teuer oder zu zeitintensiv sind. Auch wenn auf Praxistests nicht ganz verzichtet werden sollte, helfen FEM-Analysen, Entwicklungszyklen zu verkürzen und dabei Kosten zu sparen.

Ausgewählte Branchen:
- Maschinenbau: Fahrzeugbau, Schiffbau, Anlagenbau usw.
- Luft- und Raumfahrt
- Bauwesen: Statik, Stahlbau, Holzbau usw.
- Chemische Industrie
- Elektrotechnik
- Geophysik
- Medizintechnik
- Konsumgüter- und Verpackungsindustrie
- Sport- und Freizeitindustrie

Konformationsanalyse

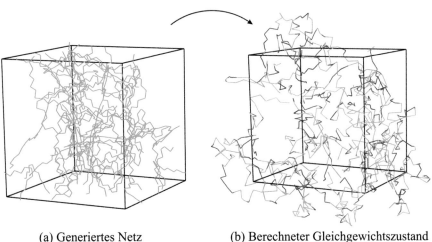

(a) Generiertes Netz   (b) Berechneter Gleichgewichtszustand

Abbildung 1.1: Molekulardynamische Finite Elemente Analyse eines Polymernetzwerkes

1.3 Weiterführende Literatur

Zur Vertiefung einzelner Themengebiete sei auf die Handbücher der einschlägigen FEM-Programme und die folgende Literatur verwiesen:

- Bathe K.-J., Finite-Elemente-Methoden, Springer, Berlin, 2012.
- Belytschko T., W. K. Liu, B. Moran, K. Elkhodary, Nonlinear Finite Elements for Continua and Structures, John Wiley & Sons, 2014.
- Betten, J., Finite Elemente für Ingenieure, Band 1 und 2, Springer, Berlin, 1997.
- Bonet, J., R. D. Wood, Nonlinear continuum mechanics for finite element analysis, Cambridge University Press, 2008.
- Crisfield, M. A., Non-linear finite element analysis of solids and structures, John Wiley & Sons, 1996.
- Gebhardt, C., Praxisbuch FEM mit ANSYS Workbench, Hanser Verlag, München, 2011.
- Heim, R., FEM mit NASTRAN: Einführung und Umsetzung mit Lernprogramm UNA, Hanser Fachbuchverlag, München, 2005.
- Hughes, T. J. R., The Finite Element Method: Linear Static and Dynamic Finite Element Analysis, Dover Publications, 2000.
- Knothe, K., H. Wessels, Finite Elemente – Eine Einführung für Ingenieure, Springer, Berlin, 2008.
- Liu, G. R., S. S. Quek, The Finite Element Method – A Practical Course, Butterworth-Heinemann, 2003.
- Rieg, F., R. Hackenschmidt, B. Alber-Laukant, Finite Elemente Analyse für Ingenieure, Hanser Fachbuchverlag, München, 2014.
- Simo, J. C., T. J. R. Hughes, Computational Inelasticity, Springer, New York, 1998.
- Werkle, H., Finite Elemente in der Baustatik – Statik und Dynamik der Stab- und Flächentragwerke, Vieweg-Verlag, Wiesbaden, 2008.
- Wriggers, P., Nichtlineare Finite-Element-Methoden, Springer, Berlin, 2008.
- Zienkiewicz O. C., R. L. Taylor, The finite element method, Volume 1 und 2, Butterworth-Heinemann, 2000.

So groß wie die Bandbreite möglicher Anwendungen ist, so unterschiedlich sind auch die verschiedenen Zugänge zur FEM: „Praxisnahe" Herleitungen aus der Stabstatik bis hin zu kontinuumsmechanisch fundierten Ansätzen. Welches der empfohlenen Lehrbücher für einen selbst am besten geeignet ist, hängt von den eigenen mathematischen und mechanischen Vorkenntnissen ab und hierbei insbesondere davon, ob man mit der Tensorschreibweise vertraut ist.

FEM-Einsteiger favorisieren meist die Matrizenschreibweise, wogegen prinzipiell nichts einzuwenden ist. Unbefriedigend kann es allerdings werden, wenn man beim Vergleich von Lehrbüchern auf vermeintlich falsche Formeln stößt. In der Regel haben sich die Autoren nicht geirrt, sondern verwenden unterschiedliche Schreibweisen. Mit dem folgenden Beispiel sollen **vier typische Mehrdeutigkeiten der matriziellen Darstellung** aufgezeigt und der Unterschied zur Tensorschreibweise verdeutlicht werden. Ziel ist die Berechnung des Produkts aus Spannungen und Dehnungen unter Verwendung verschiedener Koordinatensysteme.

1.3.1 Matrizenschreibweise

1. Reihenfolge der Schubspannungen

Zu jeder FEM-Analyse gehört mindestens ein Koordinatensystem: das **globale KOS**. Beim Kinderroller zeigt die 1-Richtung in Fahrtrichtung, die 2-Richtung nach oben, und die 3-Richtung ist parallel zu den Rad-achsen.

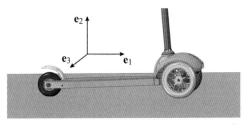

Bei der vektoriellen Darstellung der Spannungen werden Normalspannungen immer als erstes und in aufsteigender Reihenfolge aufgeführt. Die Anordnung der Schubspannungen ist nicht festgelegt. Ob

$$\underline{\sigma}_A = \begin{bmatrix} \sigma_{11} \\ \sigma_{22} \\ \sigma_{33} \\ \sigma_{12} \\ \sigma_{23} \\ \sigma_{13} \end{bmatrix} \quad \text{oder} \quad \underline{\sigma}_B = \begin{bmatrix} \sigma_{11} \\ \sigma_{22} \\ \sigma_{33} \\ \sigma_{12} \\ \sigma_{13} \\ \sigma_{23} \end{bmatrix} \quad \text{oder} \quad \underline{\sigma}_C = \begin{bmatrix} \sigma_{11} \\ \sigma_{22} \\ \sigma_{33} \\ \sigma_{23} \\ \sigma_{13} \\ \sigma_{12} \end{bmatrix} \tag{1.1}$$

oder eine ganz andere Reihenfolge benutzt wird, ist nicht nur für das Literaturstudium von Bedeutung. Wer Auswerteskripte oder sogar eigene Materialroutinen schreibt, kommt gar nicht umhin, die vom FEM-Programm verwendete Anordnung, die selbstverständlich auch für die Dehnungen gilt, abzuklären. Bei Variante C handelt es sich um die sogenannte Voigt-Notation. Für den Roller wird Schreibweise A gewählt.

2. Drehung des Koordinatensystems

Die nächste Mehrdeutigkeit tritt auf, wenn ein **lokales KOS** eingeführt wird. Es reicht nicht aus, alle sechs Komponenten eines Spannungsvektors zu kennen, wenn unklar ist, auf welches Koordinatensystem sich diese beziehen.

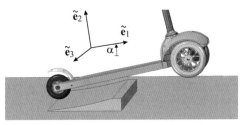

Das mit dem Trittbrett mitrotierende KOS ermöglicht z. B. einen Vergleich der Belastung in Längsrichtung. Analog zu den Spannungen werden auch die Dehnungen als Vektor dargestellt:

$$\underline{\tilde{\varepsilon}} = \begin{bmatrix} \tilde{\varepsilon}_{11} \\ \tilde{\varepsilon}_{22} \\ \tilde{\varepsilon}_{33} \\ 2\tilde{\varepsilon}_{12} \\ 2\tilde{\varepsilon}_{23} \\ 2\tilde{\varepsilon}_{13} \end{bmatrix} = \begin{bmatrix} \tilde{\varepsilon}_{11} \\ \tilde{\varepsilon}_{22} \\ \tilde{\varepsilon}_{33} \\ \tilde{\gamma}_{12} \\ \tilde{\gamma}_{23} \\ \tilde{\gamma}_{13} \end{bmatrix} \tag{1.2}$$

Das Tildezeichen macht kenntlich, dass sich der Dehnungsvektor auf das ebenfalls durch eine Tilde markierte lokale Basissystem bezieht.

3. Faktor 2-Problem

Gleichung (1.2) offenbart eine dritte Schwierigkeit: das „Faktor 2-Problem" der Scher-
komponenten. Es ist nicht immer gleich ersichtlich, ob Dehnungen oder Gleitungen

$$\gamma_{12} = 2\varepsilon_{12}$$
$$\gamma_{23} = 2\varepsilon_{23} \tag{1.3}$$
$$\gamma_{13} = 2\varepsilon_{13}$$

gemeint sind. Außerdem sei in diesem Zusammenhang angemerkt, dass der Begriff der
Dehnung unterschiedlich weit gefasst werden kann:

- Nach allgemeinem Sprachgebrauch können **Dehnungen** ε_{ij} sowohl durch Längen- als
  auch durch Winkeländerungen hervorgerufen werden.
- **Gleitungen** γ_{12}, γ_{23} und γ_{13} stehen (ausschließlich) für Winkeländerungen.
- Daraus folgt die bekannte Problematik, dass sich Winkeländerungen durch zwei
  Größen beschreiben lassen: Dehnungen und Gleitungen.
- Manche Autoren umgehen das potentielle Verwechslungsproblem, indem sie den
  Begriff Dehnung nur im Zusammenhang mit Längenänderungen verwenden und als
  Überbegriff den Namen **Verzerrung** benutzen.

Bei Schubspannungen stellt sich die Faktor 2-Frage nicht.

4. Rotationsmatrix

Das nächste Problem tritt auf, wenn die Verzerrungen mit Hilfe einer Rotationsmatrix

$$\underline{R} = \begin{bmatrix} \cos^2\alpha & \sin^2\alpha & 0 & \sin\alpha\cos\alpha & 0 & 0 \\ \sin^2\alpha & \cos^2\alpha & 0 & -\sin\alpha\cos\alpha & 0 & 0 \\ 0 & 0 & 1 & 0 & 0 & 0 \\ -2\sin\alpha\cos\alpha & 2\sin\alpha\cos\alpha & 0 & \cos^2\alpha-\sin^2\alpha & 0 & 0 \\ 0 & 0 & 0 & 0 & \cos\alpha & -\sin\alpha \\ 0 & 0 & 0 & 0 & \sin\alpha & \cos\alpha \end{bmatrix} \tag{1.4}$$

in das globale KOS transformiert werden sollen: Muss für die Drehung um die z-Achse

$$\underline{\varepsilon} = \underline{R}\,\tilde{\underline{\varepsilon}} \quad \text{oder} \quad \underline{\varepsilon} = \underline{R}^{\mathrm{T}}\,\tilde{\underline{\varepsilon}} \tag{1.5}$$

als Transformationsgleichung verwendet werden? Die richtige Antwort ($\underline{\varepsilon} = \underline{R}\,\tilde{\underline{\varepsilon}}$) hängt
davon ab, ob $\underline{R}$ für die Transformation von Basen oder Koeffizienten aufgestellt wurde.
Das (Skalar-)Produkt aus Spannungen und Dehnungen

$$\underline{\sigma}^{\mathrm{T}}\,\underline{\varepsilon} = [\sigma_{11}\,\sigma_{22}\,\sigma_{33}\,\sigma_{12}\,\sigma_{23}\,\sigma_{13}] \begin{bmatrix} \varepsilon_{11} \\ \varepsilon_{22} \\ \varepsilon_{33} \\ 2\varepsilon_{12} \\ 2\varepsilon_{23} \\ 2\varepsilon_{13} \end{bmatrix} \tag{1.6}$$

$$= \sigma_{11}\varepsilon_{11} + \sigma_{22}\varepsilon_{22} + \sigma_{33}\varepsilon_{33} + 2[\sigma_{12}\varepsilon_{12} + \sigma_{23}\varepsilon_{23} + \sigma_{13}\varepsilon_{13}]$$

liefert die Energie pro Einheitsvolumen.

1.3.2 Tensorschreibweise

Unter Verwendung der Einsteinschen Summationskonvention (2 gleiche Indizes auf einer Seite der Gleichung) lassen sich die Spannungen als Tensor wie folgt schreiben:

$$\underline{\boldsymbol{\sigma}} = \sigma_{ab}\,\mathbf{e}_a \otimes \mathbf{e}_b = \sum_{a=1}^{3}\sum_{b=1}^{3} \sigma_{ab}\,\mathbf{e}_a \otimes \mathbf{e}_b = \sigma_{11}\,\mathbf{e}_1 \otimes \mathbf{e}_1 + \sigma_{12}\,\mathbf{e}_1 \otimes \mathbf{e}_2 + \dots \qquad (1.7)$$

Dehnungen im lokalen KOS:

$$\underline{\boldsymbol{\varepsilon}} = \tilde{\varepsilon}_{ij}\,\tilde{\mathbf{e}}_i \otimes \tilde{\mathbf{e}}_j \qquad (1.8)$$

Rotationstensor (ein sogenannter Zweifeldtensor; Orthogonalität: $\mathbf{R}^{-1} = \mathbf{R}^{\mathrm{T}}$):

$$\underline{\mathbf{R}} = \mathbf{e}_a \otimes \tilde{\mathbf{e}}_a = R_{ab}\,\mathbf{e}_a \otimes \mathbf{e}_b \quad \text{mit} \quad [R_{ab}] = \begin{bmatrix} \cos\alpha & -\sin\alpha & 0 \\ \sin\alpha & \cos\alpha & 0 \\ 0 & 0 & 1 \end{bmatrix} \qquad (1.9)$$

Dehnungen im globalen KOS (Basen-Transformation mit $\tilde{\mathbf{e}}_i = \mathbf{e}_i\,\mathbf{R}$):

$$\underline{\boldsymbol{\varepsilon}} = \varepsilon_{ab}\,\mathbf{e}_a \otimes \mathbf{e}_b \quad \text{mit} \quad \varepsilon_{ab} = \tilde{\varepsilon}_{ij}\,R_{ia}\,R_{jb} \qquad (1.10)$$

Skalarprodukt:

$$\underline{\boldsymbol{\sigma}} : \underline{\boldsymbol{\varepsilon}} = \sigma_{ab}\,\varepsilon_{ab} \qquad (1.11)$$

Inneres Produkt (Verjüngung):

$$\underline{\boldsymbol{\sigma}}\,\underline{\boldsymbol{\varepsilon}} = \sigma_{ab}\,\varepsilon_{bc}\,\mathbf{e}_a \otimes \mathbf{e}_c \qquad (1.12)$$

Dyadisches Produkt (Tensorprodukt):

$$\underline{\boldsymbol{\sigma}} \otimes \underline{\boldsymbol{\varepsilon}} = \text{Tensor 4. Stufe} \qquad (1.13)$$

Um die Vorteile der Tensorschreibweise zu verdeutlichen, sind hier noch einmal beide Methoden gegenübergestellt:

	Matrizenschreibweise	**Tensorschreibweise**
1. Schubkomponenten	Reihenfolge ist Definitionssache	Eindeutige Schreibweise
2. Gedrehtes KOS	Mehrere Variablen erforderlich: z. B. $\underline{\varepsilon}$ und $\underline{\tilde{\varepsilon}}$	Tensor unabhängig vom KOS: nur $\underline{\boldsymbol{\varepsilon}}$
3. Dehnungen	Zu klären: ε_{ij} oder γ_{ij}	Eindeutig: ε_{ij}
4. Rotationsmatrix/ Rotationstensor	Verwechslungsgefahr: $\underline{R}$ oder $\underline{R}^{\mathrm{T}}$	Eindeutig: $\underline{\mathbf{R}} = \mathbf{e}_a \otimes \tilde{\mathbf{e}}_a$
5. Produkte	Nur Skalarprodukt berechenbar	Auch inneres Produkt
6. Speicherbedarf	Groß: 6×6 Einträge für $\underline{R}$	Klein: 3×3 Einträge für $[R_{ab}]$
7. Handhabung	Ansichtssache: von anschaulich bis unübersichtlich	Kompakte Schreibweise: sehr einfach programmierbar

1.4 Software-Anbieter

Finite Elemente Programme:

- **Abaqus** (impliziter Solver: Abaqus/Standard; expliziter Solver: Abaqus/Explicit) von Dassault Systèmes
- **ADINA** (Automatic Dynamic Incremental Nonlinear Analysis) von ADINA R&D
- **ANSYS** (impliziter Solver) von Ansys; deutscher Distributor: CADFEM
- **COMSOL** von COMSOL Multiphysics
- **FEAP** (frei zugänglicher Quellcode) von der Universität Berkeley
- **LS-DYNA** (expliziter Solver) von der Livermore Software Technology Corporation (LSTC); deutsche Distributoren: CADFEM und DYNAmore
- **MARC** (impliziter Solver) von MSC Software
- **Nastran** (**Na**sa **Str**uctural **An**alysis System, impliziter Solver) von der US-Raumfahrtbehörde NASA; Weiterentwicklungen:
    - **MSC.Nastran** von MSC Software
    - **NX Nastran** von Siemens PLM Software
- **PAM-CRASH** und **PAM-SAFE** (explizite Solver) von ESI Group
- **PERMAS** von INTES Engineering Software
- **Radioss** von Altair Engineering
- **Samcef** von Siemens PLM Software

Prä- und Postprozessing-Programme:

- **Abaqus/CAE** (Prä- und Postprozessor) und **Abaqus/Viewer** von Dassault Systèmes
- **Animator** (Postprozessor) von GNS (Gesellschaft für Numerische Simulation)
- **ANSA** (Präprozessor) von BETA CAE Systems S. A
- **HyperMesh** und **HyperView** von Altair Engineering
- **Medina** von T-Systems
- **Patran** von MSC Software

CAD-Programme (als Präprozessing-Tool verwendbar):

- **CATIA** und **SolidWorks** von Dassault Systèmes
- **I-DEAS** von Electronic Data Systems (EDS)
- **Pro/ENGINEER** von Parametric Technology Corporation (PTC)
- **Unigraphics NX** von Siemens PLM Software

Optimierung:

- **Isight** von Dassault Systèmes
- **optiSLang** von DYNARDO
- **OptiStruct** von Altair Engineering
- **PAM-OPT** von ESI Group
- **TOSCA** von Dassault Systèmes

1.5 Nichtlinearitäten

1.5.1 Gleichgewichtspunkte

Nichtlineares Verhalten wird mit Hilfe sogenannter Gleichgewichtspunkte klassifiziert:
- **Kritische Punkte** (Critical Points) oder auch singuläre Punkte:
  - **Durchschlagspunkte L** (Limit Points): Horizontale Tangente
  - **Verzweigungspunkte B** (Bifurcation Points): Mehrere Gleichgewichtspfade
- **Umkehrpunkte T** (Turning Points): Vertikale Tangente bei Zurückschlagproblemen (Snap-back), kein kritischer Punkt
- **Versagenspunkte F** (Failure Points): Materialversagen durch z. B. Sprödbruch

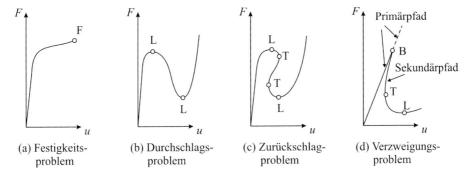

(a) Festigkeits-
    problem

(b) Durchschlags-
    problem

(c) Zurückschlag-
    problem

(d) Verzweigungs-
    problem

Abbildung 1.2: Gleichgewichtspunkte in (repräsentativen) Last-Verschiebungs-Kurven

Um aussagekräftige Last-Verschiebungs-Kurven zu erhalten, wird die Last in der Regel **inkrementell-iterativ** aufgebracht. Gegebenenfalls kann die Analyse zudem in **mehrere Schritte** unterteilt werden, z. B. statische Analyse im ersten Schritt und darauf aufbauend eine dynamische Analyse im zweiten Schritt.

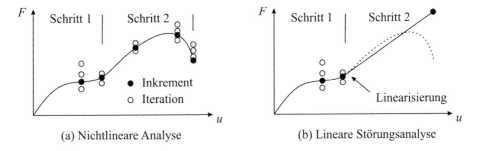

(a) Nichtlineare Analyse

(b) Lineare Störungsanalyse

Abbildung 1.3: Nichtlineare und lineare Berechnungsschritte

Linearisiert man die Last-Verschiebungs-Kurve, so lässt sich eine sogenannte **Störungs-rechnung** (lineare Analyse) durchführen, z. B. eine Beul- oder eine Eigenfrequenzanalyse. Man beachte, dass lineares Verhalten eine Modellvorstellung ist, die in der Realität schon deshalb nicht vorkommen kann, weil dieses unendliche Festigkeiten voraussetzt.

1.5.2 Ursachen nichtlinearen Verhaltens

Materielle Nichtlinearitäten

- Plastizität
- Viskoelastizität
- Schädigung (Softening, Entfestigung)

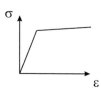

Kontakt-Nichtlinearitäten

- Stoßvorgänge
- Systeme veränderlicher Gliederung
- Verwendung von „Seil-Elementen" (nur Zugkräfte übertragbar)

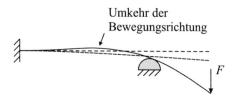

Geometrische Nichtlinearitäten

- Große Verschiebungen oder Rotationen
- Große Dehnungen
- **Stabilitätsprobleme**:
  - Struktur entzieht sich durch seitliches Ausweichen der Aufnahme einer größeren Belastung:
  $$u \perp F$$
  Ein kleiner Lastzuwachs ΔF ruft große Verformungen hervor, so dass **keine eindeutige Gleichgewichtslage** mehr existiert.
  - Unterscheidung zwischen **Durchschlags- und Verzweigungsproblemen**

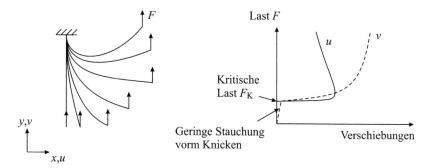

Abbildung 1.4: Euler-Knickstab als Beispiel eines Verzweigungsproblems

Frage: Sind **Ingenieurdehnungen** (lineare Dehnungen)

$$\underline{\varepsilon}^{\text{lin}} = \frac{1}{2}\left(\text{grad}\,\mathbf{u} + \text{grad}^{\text{T}}\mathbf{u}\right) = \frac{1}{2}\left(\underline{\mathbf{F}} + \underline{\mathbf{F}}^{\text{T}}\right) - \mathbf{1}$$

mit $\underline{\mathbf{F}} = \frac{\partial \mathbf{x}}{\partial \mathbf{X}}$ (**Deformationsgradient**) für **geometrisch nichtlineare Analysen** geeignet?

Beispiel: 45° Starrkörperrotation

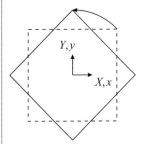

Verschiebungen $\mathbf{u} = \mathbf{x} - \mathbf{X}$ mit den Komponenten:

$$u = \frac{\sqrt{2}}{2}\,(X - Y) - X \quad , \quad v = \frac{\sqrt{2}}{2}\,(X + Y) - Y$$

Dehnungen:

$$\varepsilon_{\text{xx}}^{\text{lin}} = \frac{\sqrt{2}}{2} - 1 \quad , \quad \varepsilon_{\text{yy}}^{\text{lin}} = \frac{\sqrt{2}}{2} - 1 \quad , \quad \gamma_{\text{xy}}^{\text{lin}} = 0$$

Antwort: Nein.

- Die Ingenieurdehnungen liegen in der Größenordnung von 30 %, obwohl der Körper nicht gedehnt, sondern lediglich gedreht wird.

- Außerdem sind Starrkörperrotationen spannungsfrei. Würde man die Dehnungen in ein Materialgesetz einsetzen, bekäme man Werte ungleich null.

Fazit:

- Geometrisch nichtlineare Analysen erfordern die Verwendung finiter Dehnungs-maße, z. B. **logarithmischer Dehnungen** (wahre oder auch Hencky-Dehnungen):

$$\underline{\varepsilon} = \ln \underline{\mathbf{V}} = \sum_{i=1}^{3} \ln \lambda_i\, \mathbf{n}_i \otimes \mathbf{n}_i$$

$\underline{\mathbf{V}}$: Linker Strecktensor (Linker Cauchy-Green-Tensor $\underline{\mathbf{b}} = \underline{\mathbf{F}}\,\underline{\mathbf{F}}^{\text{T}} = \underline{\mathbf{V}}\,\underline{\mathbf{V}}$)
λ_i: Hauptstreckungen (bei Starrkörperrotation: $\lambda_1 = \lambda_2 = \lambda_3 = 1 \to \underline{\varepsilon} = \mathbf{0}$)
$\mathbf{n}_i$: Hauptrichtungen der aktuellen Konfiguration

Grenzwertbetrachtung am Beispiel des einaxialen Zugversuchs:

$$\varepsilon = \ln \lambda = \ln\left(\frac{l}{l_0}\right) \quad \overset{l \to l_0}{\Longrightarrow} \quad \varepsilon^{\text{lin}} = \frac{l - l_0}{l_0} = \lambda - 1$$

- Außerdem sollte man statt Ingenieurspannungen (Kraft pro Ausgangsfläche; ers-ter Piola-Kirchhoff-Spannungstensor $\underline{\mathbf{P}}$) die sogenannten **wahren Spannungen** (Kraft pro aktuelle Fläche; Cauchy-Spannungstensor $\underline{\boldsymbol{\sigma}} = \frac{1}{\det \underline{\mathbf{F}}}\underline{\mathbf{P}}\,\underline{\mathbf{F}}^{\text{T}}$) benutzen.

Bei reiner Drehung ist $\underline{\mathbf{F}}$ ein Drehtensor $\underline{\mathbf{R}}$ mit $F_{ab} = R_{ab}$ gemäß Gleichung (1.9).

2 Herleitung der FEM

2.1 Lineare FEM

Wie im Folgenden für das Beispiel eines Zugstabes gezeigt, lässt sich unter der Annahme sowohl geometrisch als auch physikalisch linearen Verhaltens die Finite Elemente Methode auf unterschiedlichen Wegen herleiten.

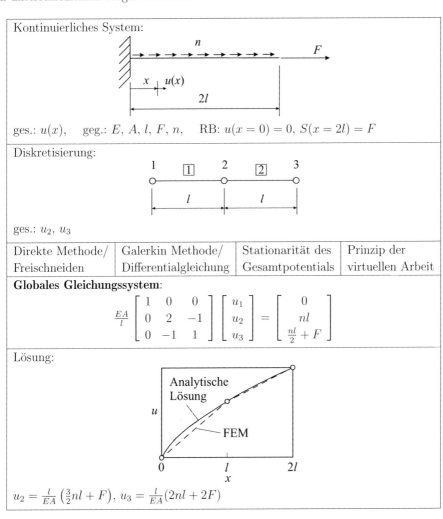

Kontinuierliches System:

ges.: $u(x)$,   geg.: E, A, l, F, n,   RB: $u(x=0) = 0$, $S(x=2l) = F$

Diskretisierung:

ges.: u_2, u_3

Direkte Methode/ Freischneiden	Galerkin Methode/ Differentialgleichung	Stationarität des Gesamtpotentials	Prinzip der virtuellen Arbeit

Globales Gleichungssystem:

$$\frac{EA}{l} \begin{bmatrix} 1 & 0 & 0 \\ 0 & 2 & -1 \\ 0 & -1 & 1 \end{bmatrix} \begin{bmatrix} u_1 \\ u_2 \\ u_3 \end{bmatrix} = \begin{bmatrix} 0 \\ nl \\ \frac{nl}{2} + F \end{bmatrix}$$

Lösung:

$u_2 = \frac{l}{EA}\left(\frac{3}{2}nl + F\right)$, $u_3 = \frac{l}{EA}(2nl + 2F)$

2.1.1 Direkte Methode/Freischneiden

Element 1:

$$\left.\begin{array}{l} -S_1 + \frac{nl}{2} = \frac{EA}{l}(u_1 - u_2) \\ S_2 + \frac{nl}{2} = \frac{EA}{l}(u_2 - u_1) \end{array}\right\} \quad \frac{EA}{l}\begin{bmatrix} 1 & -1 \\ -1 & 1 \end{bmatrix}\begin{bmatrix} u_1 \\ u_2 \end{bmatrix} = \begin{bmatrix} \frac{nl}{2} - S_1 \\ \frac{nl}{2} + S_2 \end{bmatrix} \tag{2.1}$$

Element 2:

$$\left.\begin{array}{l} -\overline{S}_2 + \frac{nl}{2} = \frac{EA}{l}(u_2 - u_3) \\ S_3 + \frac{nl}{2} = \frac{EA}{l}(u_3 - u_2) \end{array}\right\} \quad \frac{EA}{l}\begin{bmatrix} 1 & -1 \\ -1 & 1 \end{bmatrix}\begin{bmatrix} u_2 \\ u_3 \end{bmatrix} = \begin{bmatrix} \frac{nl}{2} - \overline{S}_2 \\ \frac{nl}{2} + S_3 \end{bmatrix} \tag{2.2}$$

Gleichgewicht an den Knoten:

$$F_2 = S_2 - \overline{S}_2 = 0 \quad \text{und} \quad F_3 = S_3 = F \tag{2.3}$$

Zusammenbau (Assemblierung):

$$\frac{EA}{l}\begin{bmatrix} 1 & -1 & 0 \\ -1 & 2 & -1 \\ 0 & -1 & 1 \end{bmatrix}\begin{bmatrix} u_1 \\ u_2 \\ u_3 \end{bmatrix} = \begin{bmatrix} \frac{nl}{2} - S_1 \\ nl \\ \frac{nl}{2} + F \end{bmatrix} \tag{2.4}$$

Achtung Starrkörperverschiebung (Gleichungssystem ist noch singulär: $\det \underline{K} = 0$). Einbau der Verschiebungsrandbedingung $u_1 = 0$ liefert das globale Gleichungssystem.

2.1.2 Galerkin Methode/Differentialgleichung

DGL des Zugstabs:

$$EA\frac{\partial^2 u(x)}{\partial x^2} + n = 0 \tag{2.5}$$

Näherungslösung für die Verschiebungen (exemplarisch für Element 1):

$$u(x) = N_1\,u_1 + N_2\,u_2 = \underline{N}^{\mathrm{T}}\,\underline{u} \tag{2.6}$$

mit

$$\underline{N} = \begin{bmatrix} N_1 \\ N_2 \end{bmatrix} \quad , \quad \underline{u} = \begin{bmatrix} u_1 \\ u_2 \end{bmatrix} \tag{2.7}$$

Ansatzfunktionen (lineare Interpolation der Knotenverschiebungen):

$$N_1 = \frac{x - x_2}{x_1 - x_2} \quad , \quad N_2 = \frac{x - x_1}{x_2 - x_1} \tag{2.8}$$

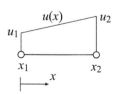

Einsetzen in DGL:

$$EA\frac{\partial^2 \underline{N}^{\mathrm{T}}}{\partial x^2}\,\underline{u}+n \approx 0 \tag{2.9}$$

Multiplikation mit Ansatzfunktionen und Integration über das Element:

$$\int_{x_1}^{x_2} EA\,\underline{N}\,\frac{\partial^2 \underline{N}^{\mathrm{T}}}{\partial x^2}\,\underline{u}\;dx + \int_{x_1}^{x_2}\underline{N}\,n\;dx = 0 \tag{2.10}$$

Partielle Integration liefert das Elementgleichungssystem:

$$\underbrace{\int_{x_1}^{x_2} EA\frac{\partial \underline{N}}{\partial x}\frac{\partial \underline{N}^{\mathrm{T}}}{\partial x}\;dx}_{\underline{K}_1}\,\underline{u} = \underbrace{\int_{x_1}^{x_2}\underline{N}\,n\;dx + EA\,\underline{N}\frac{\partial u}{\partial x}\bigg|_{x_1}^{x_2}}_{\underline{f}_1} \tag{2.11}$$

Elementweise Auswertung unter Berücksichtigung der Kraftrandbedingung

$$EA\frac{\partial u(x)}{\partial x}\bigg|_{x=2l} = F \tag{2.12}$$

sowie der entsprechenden Zwischenbedingungen (Schnittkräfte S_1, S_2 und $\overline{S}_2 = S_2$) führt zu den Steifigkeitsmatrizen

$$\underline{K}_1 = \underline{K}_2 = \frac{EA}{l}\begin{bmatrix} 1 & -1 \\ -1 & 1 \end{bmatrix} \tag{2.13}$$

und Lastvektoren

$$\underline{f}_1 = \frac{nl}{2}\begin{bmatrix} 1 \\ 1 \end{bmatrix} + \begin{bmatrix} -S_1 \\ S_2 \end{bmatrix} \quad,\quad \underline{f}_2 = \frac{nl}{2}\begin{bmatrix} 1 \\ 1 \end{bmatrix} + \begin{bmatrix} -\overline{S}_2 \\ F \end{bmatrix}\quad. \tag{2.14}$$

Das globale Gleichungssystem erhält man wie gehabt durch Assemblierung der Elementgleichungssysteme und den anschließenden Einbau der Verschiebungsrandbedingung.

2.1.3 Stationarität des Gesamtpotentials

Gesamtpotential:

$$\Pi = \Pi_{\mathrm{i}} + \Pi_{\mathrm{a}} = \text{stationär bzw. Minimum} \tag{2.15}$$

bzw.

$$\delta\Pi = \delta\Pi_{\mathrm{i}} + \delta\Pi_{\mathrm{a}} = 0 \tag{2.16}$$

Potential der inneren Kräfte (Verzerrungsenergie des Systems):

$$\Pi_{\mathrm{i}} = \int_L \frac{1}{2}\sigma(x)\varepsilon(x)A\;dx = \int_L \frac{EA}{2}\left(\frac{\partial u(x)}{\partial x}\right)^2\;dx \tag{2.17}$$

Potential der äußeren Kräfte:

$$\Pi_{\mathrm{a}} = -\int_L n\,u(x)\;dx + S_1\,u\big|_{x=0} - F\,u\big|_{x=2l} \tag{2.18}$$

Einsetzen der Ansatzfunktionen:

$$\Pi = \int_{x_1}^{x_2} \left[\frac{EA}{2} \underline{u}^{\mathrm{T}} \frac{\partial \underline{N}}{\partial x} \frac{\partial \underline{N}^{\mathrm{T}}}{\partial x} \underline{u} - \underline{u}^{\mathrm{T}} \underline{N} n \right] dx + \int_{x_2}^{x_3} [\ldots] \, dx + S_1 u_1 - F u_3$$

$$= \frac{EA}{2l}(u_1^2 + u_2^2 - 2u_1 u_2) - \frac{nl}{2}(u_1 + u_2) + \frac{EA}{2l}(u_2^2 + u_3^2 - 2u_2 u_3) - \frac{nl}{2}(u_2 + u_3) + S_1 u_1 - F u_3$$

$$= \frac{EA}{2l}(u_1^2 + 2u_2^2 + u_3^2 - 2u_1 u_2 - 2u_2 u_3) - \frac{nl}{2}(u_1 + 2u_2 + u_3) + S_1 u_1 - F u_3$$

$$\tag{2.19}$$

Variation:

$$\delta\Pi = \frac{\partial \Pi}{\partial u_1} \delta u_1 + \frac{\partial \Pi}{\partial u_2} \delta u_2 + \frac{\partial \Pi}{\partial u_3} \delta u_3 = 0 \tag{2.20}$$

Daraus folgt:

$$\frac{\partial \Pi}{\partial u_1} = \frac{EA}{l}(u_1 - u_2) - \frac{nl}{2} + S_1 \qquad = 0$$

$$\frac{\partial \Pi}{\partial u_2} = \frac{EA}{l}(-u_1 + 2u_2 - u_3) - nl \quad = 0 \tag{2.21}$$

$$\frac{\partial \Pi}{\partial u_3} = \frac{EA}{l}(-u_2 + u_3) - \frac{nl}{2} - F \quad = 0$$

Einbau der Randbedingung $u_1 = 0$ liefert das globale Gleichungssystem.

2.1.4 Prinzip der virtuellen Arbeit

Innere und äußere virtuelle Arbeiten sind gleich:

$$g = \delta W_i - \delta W_a = 0 \tag{2.22}$$

Virtuelle innere Arbeit:

$$\delta W_i = \int_L \sigma(x) \, \delta\varepsilon(x) \, A \, dx \tag{2.23}$$

Virtuelle äußere Arbeit:

$$\delta W_a = \int_L n \, \delta u(x) \, dx - S_1 \delta u \big|_{x=0} + F \delta u \big|_{x=2l} \tag{2.24}$$

Einsetzen der Ansatzfunktionen:

$$g = \int_{x_1}^{x_2} \left[EA\delta\underline{u}^{\mathrm{T}} \frac{\partial \underline{N}}{\partial x} \frac{\partial \underline{N}^{\mathrm{T}}}{\partial x} \underline{u} - n \, \delta\underline{u}^{\mathrm{T}} \underline{N} \right] dx + \int_{x_2}^{x_3} [\ldots] \, dx + S_1 \delta u_1 - F \delta u_3$$

$$= \delta\underline{u}^{\mathrm{T}} \underbrace{\int_{x_1}^{x_2} EA \frac{\partial \underline{N}}{\partial x} \frac{\partial \underline{N}^{\mathrm{T}}}{\partial x} \, dx}_{\underline{K}_1} \underline{u} - \delta\underline{u}^{\mathrm{T}} \int_{x_1}^{x_2} n\underline{N} \, dx + \ldots \tag{2.25}$$

Aus der Bedingung, dass $g = 0$ für alle zulässigen virtuellen Verschiebungen gilt, folgt:

$$\frac{\partial g}{\partial \delta u_1} = 0 \quad \wedge \quad \frac{\partial g}{\partial \delta u_2} = 0 \quad \wedge \quad \frac{\partial g}{\partial \delta u_3} = 0 \tag{2.26}$$

Setzt man abschließend in das sich ergebende Gleichungssystem noch die Verschiebungsrandbedingung ein, so erhält man wieder das gesuchte globale Gleichungssystem.

2.2 Nichtlineare FEM

Die nichtlineare FEM basiert üblicherweise auf dem **Prinzip der virtuellen Arbeit**. Bei der hier vorgestellten Herleitung wird die **Total Lagrange-Formulierung** benutzt, die im Gegensatz zur **Updated Lagrange-Formulierung** ohne Zwischenkonfiguration auskommt.

2.2.1 Impulsbilanz

Der Impulserhaltungssatz wird auch als **kinetisches Kräftegleichgewicht** bezeichnet. Globale Form (starke Form des Gleichgewichts):

$$\frac{d}{dt} \underbrace{\int_{\mathcal{B}_t} \mathbf{v}\, \rho_t\, dv}_{=\,\mathcal{I}} = \underbrace{\int_{\partial \mathcal{B}_t} \mathbf{t}\, da + \int_{\mathcal{B}_t} \mathbf{b}\, \rho_t\, dv}_{=\,\mathbf{f}} \tag{2.27}$$

$\mathcal{I}$:   Impuls
$\mathbf{f}$:   Am Körper angreifende Kräfte
$\mathbf{t}$:   Spannungen an der Oberfläche $\partial \mathcal{B}_t$
$\rho_t \mathbf{b}$:   Eingeprägte Volumenkräfte

Lokale Form (starke Form des Gleichgewichts, Cauchy-Bewegungsgleichung):

$$\rho_t\, \mathbf{a} = \operatorname{div} \boldsymbol{\sigma} + \rho_t\, \mathbf{b} \tag{2.28}$$

Herleitung der lokalen aus der globalen Form:
- Anwendung des Cauchy-Theorems $\mathbf{t} = \boldsymbol{\sigma}\, \mathbf{n}$
- Anwendung des Gaußschen Integralsatzes $\int_{\mathcal{B}_t} \operatorname{div} \boldsymbol{\sigma}\, dv = \int_{\partial \mathcal{B}_t} \boldsymbol{\sigma}\, \mathbf{n}\, da$
- Anwendung der lokalen Massenbilanz (Kontinuitätsgleichung) $\dot{\rho}_t + \rho_t \operatorname{div} \mathbf{v} = 0$

2.2.2 Prinzip der virtuellen Arbeit

Schwache Form des Gleichgewichts:

$$g = -\int_{\mathcal{B}_t} \operatorname{div} \boldsymbol{\sigma}\, \boldsymbol{\eta}\, dv - \int_{\mathcal{B}_t} \rho_t\, (\mathbf{b} - \mathbf{a})\, \boldsymbol{\eta}\, dv = 0 \tag{2.29}$$

Herleitung der schwachen Form aus der starken Form des Gleichgewichts:
- Multiplikation von (2.28) mit einer geometrisch zulässigen und stetig differenzierbaren Testfunktion $\boldsymbol{\eta}$ (virtueller Verschiebungsvektor)
- Integration über das Volumen

Prinzip der virtuellen Arbeit:

$$g = \underbrace{\int_{\mathcal{B}_t} \boldsymbol{\sigma} : \operatorname{grad} \boldsymbol{\eta}\, dv}_{g_{\text{int}}} - \underbrace{\left[\int_{\mathcal{B}_t} \rho_t\, (\mathbf{b} - \mathbf{a})\, \boldsymbol{\eta}\, dv + \int_{\partial \mathcal{B}_t^\sigma} \mathbf{t}\, \boldsymbol{\eta}\, da \right]}_{g_{\text{ext}}} = 0 \tag{2.30}$$

Herleitung aus der schwachen Form des Gleichgewichts:
- Anwendung der Rechenregel $\operatorname{Div}(\underline{\mathbf{A}}\, \mathbf{v}) = \operatorname{Div} \underline{\mathbf{A}}^{\mathrm{T}}\, \mathbf{v} + \operatorname{Grad} \mathbf{v} : \underline{\mathbf{A}}^{\mathrm{T}}$
- Anwendung des Gaußschen Integralsatzes (s. o.)

2.2.3 Konsistente Linearisierung

Newton-Raphson-Verfahren

Ziel: Iterative Lösung eines nichtlinearen Gleichungssystems der Form $\mathbf{R}(\bar{\mathbf{u}}) = \mathbf{0}$.
Taylorreihenentwicklung:

$$\mathbf{R}(\bar{\mathbf{u}}) = \mathbf{R}(\mathbf{u}) + D\mathbf{R}(\mathbf{u}) \cdot \Delta\mathbf{u} + \ldots \tag{2.31}$$

$\bar{\mathbf{u}} = \mathbf{u} + \Delta\mathbf{u}$:   Lösungsvektor des nichtlinearen Gleichungssystems
$\mathbf{u}$:   Zuvor ermittelte Näherungslösung

Abbruch nach linearem Glied $D\mathbf{R}(\mathbf{u}) \cdot \Delta\mathbf{u}$ mit

$$D\mathbf{R}(\mathbf{u}) = \operatorname{grad}\mathbf{R} = \frac{d\mathbf{R}}{d\mathbf{x}} = \frac{d\mathbf{R}}{d\mathbf{u}} = \mathbf{K}_\mathrm{T} \tag{2.32}$$

$\mathbf{R} = \mathbf{I} - \mathbf{P}$:   Fehlkraftvektor
$\mathbf{I}$:   Vektor der inneren Kräfte
$\mathbf{P}$:   Vektor der äußeren Kräfte
$\mathbf{K}_\mathrm{T}$:   Tangentiale Steifigkeitsmatrix mit $K_{\mathrm{T},ij}(\mathbf{u}^k) = \frac{\partial R_i}{\partial u_j}\Big|_{\mathbf{u}^k}$ (i, j: FHG)

Lineares Gleichungssystem:

$$\mathbf{K}_\mathrm{T}(\mathbf{u}^k) \cdot \Delta\mathbf{u} = -\mathbf{R}(\mathbf{u}^k) \tag{2.33}$$

Iterationsvorschrift (k = Iterationszähler):

$$\mathbf{u}^{k+1} = \mathbf{u}^k + \Delta\mathbf{u} \tag{2.34}$$

Abbruchbedingungen:
- Inkrement $\Delta\mathbf{u}$ (Lösung des LGS) hinreichend klein (Verschiebungskonvergenz)
- Residuum $\mathbf{R}$ hinreichend klein (Kraftkonvergenz)
- „Energienorm" $\mathbf{R} \cdot \Delta\mathbf{u}$ hinreichend klein (kann auch entfallen)

Überprüfung der quadratischen Konvergenz (in der Nähe der Lösung):

$$\frac{(\mathbf{R} \cdot \Delta\mathbf{u})^{k+2}}{(\mathbf{R} \cdot \Delta\mathbf{u})^{k+1}} \approx \left[\frac{(\mathbf{R} \cdot \Delta\mathbf{u})^{k+1}}{(\mathbf{R} \cdot \Delta\mathbf{u})^k} \right]^2 \tag{2.35}$$

Beispiel: Aus **zwei nichtlinearen Gleichungen** bestehendes Gleichungssystem $\mathbf{R} = \mathbf{0}$ bzw.
$(R_1, R_2) = (0,0)$ mit den Unbekannten (Freiheitsgraden) u_1 und u_2:
- Lösung $\bar{\mathbf{u}} = (\bar{u}_1, \bar{u}_2)$ lässt sich geometrisch als gemeinsamer **Schnittpunkt** der beiden Flächen $R_1 = R_1(u_1, u_2)$ und $R_2 = R_2(u_1, u_2)$ mit u_1-u_2-Ebene interpretieren.
- Zur iterativen Lösung werden zunächst zwei **Tangentialebenen** an die durch die Näherungslösung $\mathbf{u}^k = (u_1^k, u_2^k)$ des k-ten Iterationsschrittes definierten Punkte $R_1(u_1^k, u_2^k)$ und $R_2(u_1^k, u_2^k)$ gelegt.
- Schnittpunkt dieser beiden Ebenen mit der u_1-u_2-Ebene liefert die **verbesserte Näherungslösung** $\mathbf{u}^{k+1} = (u_1^{k+1}, u_2^{k+1})$ (Startwert eines erneuten Iterationsschrittes).

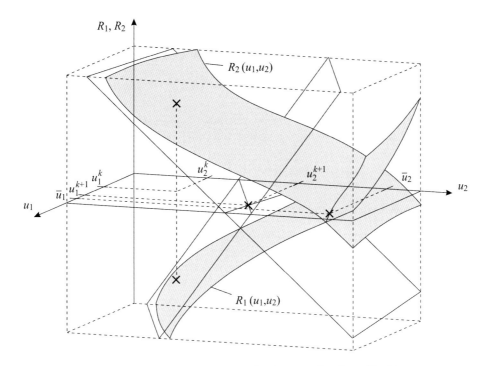

Abbildung 2.1: Veranschaulichung des Newton-Raphson-Verfahrens

Achtung: Da quadratische Terme und Terme höherer Ordnung vernachlässigt werden, kann das Newton-Raphson-Verfahren **divergieren**, wenn die Näherungslösung $\mathbf{u}^k$ sehr weit von der gesuchten Lösung $\bar{\mathbf{u}}$ entfernt ist. **Abhilfe**: Verkleinerung des Last- bzw. Zeitschrittes oder Verwendung einer **automatischen Zeitschrittsteuerung**.

Linearisierung von Verformungs- und Spannungsmaßen

Linearisierung des Deformationsgradienten:

$$D\underline{\mathbf{F}} \cdot \Delta\mathbf{u} = \operatorname{Grad}\mathbf{u} \tag{2.36}$$

Linearisierung des zweiten Piola-Kirchhoff-Spannungstensors:

$$D\underline{\mathbf{S}} \cdot \Delta\mathbf{u} = \frac{1}{2}\underline{\underline{\mathbb{C}}} : D\underline{\mathbf{C}} \cdot \Delta\mathbf{u} \tag{2.37}$$

Linearisierung des rechten Cauchy-Green-Verzerrungstensors:

$$D\underline{\mathbf{C}} \cdot \Delta\mathbf{u} = 2(\underline{\mathbf{F}}^{\mathrm{T}} \operatorname{Grad}\mathbf{u})^{\mathrm{sym}} \tag{2.38}$$

Verwechslungsgefahr: $\operatorname{grad}(\dots) = \frac{d(\dots)}{d\mathbf{x}}$, $\operatorname{Grad}(\dots) = \frac{d(\dots)}{d\mathbf{X}}$

Linearisierung des Prinzips der virtuellen Arbeit

Linearisierter Anteil der inneren Arbeit (mit $\underline{\underline{c}} : \operatorname{grad} \mathbf{u} = \mathbf{F} \left[\underline{\underline{C}} : \left(\mathbf{F}^{\mathrm{T}} \operatorname{grad} \mathbf{u} \, \mathbf{F} \right) \right] \mathbf{F}^{\mathrm{T}}$):

$$Dg_{\mathrm{int}} \cdot \Delta \mathbf{u} = \int_{\mathcal{B}_t} \frac{1}{J} \left[\operatorname{grad} \mathbf{u} \, \underline{\underline{\tau}} + \underline{\underline{c}} : \operatorname{grad} \mathbf{u} \right] : \operatorname{grad} \boldsymbol{\eta} \; dv \qquad (2.39)$$

Linearisierter Anteil der äußeren Arbeit (Annahme: konservative Last, d. h. Volumen-kräfte $\mathbf{b}$ und Oberflächenkräfte $\mathbf{t}$ seien zeitlich unveränderlich):

$$Dg_{\mathrm{ext}} \cdot \Delta \mathbf{u} = - \int_{\mathcal{B}_t} \rho_t \, \ddot{\mathbf{u}} \, \boldsymbol{\eta} \; dv \qquad (2.40)$$

2.2.4 Raumdiskretisierung

Aufteilung der zu untersuchenden Struktur $\mathcal{B}$ in N_{ele} Volumenelemente (Einheitswürfel im isoparametrischen Bildraum):

$$\mathcal{B} = \bigcup_{e=1}^{N_{\mathrm{ele}}} \mathcal{B}_e \qquad (2.41)$$

Ortsvektoren (der Referenzkonfiguration $\mathcal{B}_{e,0}$ und Momentankonfiguration $\mathcal{B}_{e,t}$:

$$\mathbf{X}_e = \sum_{I=1}^{N_{\mathrm{kno}}} N_I \, \mathbf{X}_I = \sum_{I=1}^{N_{\mathrm{kno}}} N_I \begin{bmatrix} X_I \\ Y_I \\ Z_I \end{bmatrix} \quad , \quad \mathbf{x}_e = \sum_{I=1}^{N_{\mathrm{kno}}} N_I \, \mathbf{x}_I = \sum_{I=1}^{N_{\mathrm{kno}}} N_I \begin{bmatrix} x_I \\ y_I \\ z_I \end{bmatrix} \qquad (2.42)$$

Ansatzfunktionen (benötigt zur Interpolation der Knotenkoordinaten $\mathbf{X}_I$ und $\mathbf{x}_I$, hier: eines 8-Knoten-Volumenelementes):

$$N_I = \frac{1}{8} (1 + \xi_I \, \xi)(1 + \eta_I \, \eta)(1 + \zeta_I \, \zeta) \;\; \text{für} \;\; \xi_I, \eta_I, \zeta_I = \pm 1 \;\; , \;\; I = 1, \ldots, N_{\mathrm{kno}} = 8 \quad (2.43)$$

Reale und virtuelle Verschiebungen:

$$\mathbf{u}_e = \sum_{I=1}^{N_{\mathrm{kno}}} N_I \, \mathbf{u}_I = \sum_{I=1}^{N_{\mathrm{kno}}} N_I \begin{bmatrix} u_I \\ v_I \\ w_I \end{bmatrix} \quad , \quad \boldsymbol{\eta}_e = \sum_{I=1}^{N_{\mathrm{kno}}} N_I \, \boldsymbol{\eta}_I = \sum_{I=1}^{N_{\mathrm{kno}}} N_I \begin{bmatrix} \delta u_I \\ \delta v_I \\ \delta w_I \end{bmatrix} \qquad (2.44)$$

Ableitungen der Ansatzfunktionen N_I:

$$\mathbf{G}_I = \begin{bmatrix} \frac{\partial N_I}{\partial x} \\ \frac{\partial N_I}{\partial y} \\ \frac{\partial N_I}{\partial z} \end{bmatrix} = \mathbf{J}^{-\mathrm{T}} \begin{bmatrix} \frac{\partial N_I}{\partial \xi} \\ \frac{\partial N_I}{\partial \eta} \\ \frac{\partial N_I}{\partial \zeta} \end{bmatrix} \qquad (2.45)$$

Jacobi-Matrix (Ableitungen der globalen Koordinaten x, y, z nach den lokalen Koordinaten ξ, η, ζ):

$$\mathbf{J} = \begin{bmatrix} \frac{\partial x}{\partial \xi} & \frac{\partial x}{\partial \eta} & \frac{\partial x}{\partial \zeta} \\ \frac{\partial y}{\partial \xi} & \frac{\partial y}{\partial \eta} & \frac{\partial y}{\partial \zeta} \\ \frac{\partial z}{\partial \xi} & \frac{\partial z}{\partial \eta} & \frac{\partial z}{\partial \zeta} \end{bmatrix} \qquad (2.46)$$

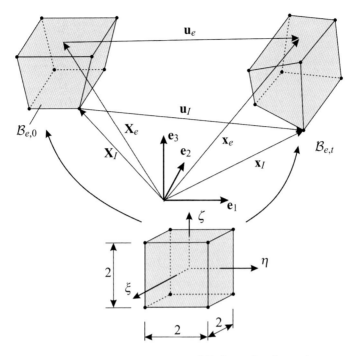

Abbildung 2.2: Momentan- und Referenzkonfiguration

Operatormatrix:

$$\mathbf{B}_e^{\mathrm{T}} = \begin{bmatrix} \frac{\partial}{\partial x} & 0 & 0 & \frac{\partial}{\partial y} & \frac{\partial}{\partial z} & 0 \\ 0 & \frac{\partial}{\partial y} & 0 & \frac{\partial}{\partial x} & 0 & \frac{\partial}{\partial z} \\ 0 & 0 & \frac{\partial}{\partial z} & 0 & \frac{\partial}{\partial x} & \frac{\partial}{\partial y} \end{bmatrix} \tag{2.47}$$

B-Matrix (aus Umordnung des „G-Vektors" (2.45)):

$$\mathbf{B}_I^{\mathrm{T}} = \begin{bmatrix} \frac{\partial N_I}{\partial x} & 0 & 0 & \frac{\partial N_I}{\partial y} & \frac{\partial N_I}{\partial z} & 0 \\ 0 & \frac{\partial N_I}{\partial y} & 0 & \frac{\partial N_I}{\partial x} & 0 & \frac{\partial N_I}{\partial z} \\ 0 & 0 & \frac{\partial N_I}{\partial z} & 0 & \frac{\partial N_I}{\partial x} & \frac{\partial N_I}{\partial y} \end{bmatrix} \tag{2.48}$$

Gradienten der realen und virtuellen Verschiebungen (Matrizenschreibweise):

$$\operatorname{grad} \overset{\mathrm{sym}}{\mathbf{u}_e} = \mathbf{B}_e\, \mathbf{u}_e(\xi,\eta,\zeta) = \sum_{I=1}^{N_{\mathrm{kno}}} \mathbf{B}_I(\xi,\eta,\zeta)\, \mathbf{u}_I$$

$$\operatorname{grad} \overset{\mathrm{sym}}{\boldsymbol{\eta}_e} = \mathbf{B}_e\, \boldsymbol{\eta}_e(\xi,\eta,\zeta) = \sum_{I=1}^{N_{\mathrm{kno}}} \mathbf{B}_I(\xi,\eta,\zeta)\, \boldsymbol{\eta}_I \tag{2.49}$$

Lineare, quadratische und linear-quadratische Ansatzfunktionen

Ziel: Bereitstellung von Ansatzfunktionen für

- lineare 8-Knoten-Elemente,
- quadratische 20-Knoten-Elemente,
- linear-quadratische 12- oder 16-Knoten-Elemente.

Knoten $I = 1, \ldots, 8$:

$$N_I = \frac{1}{8}\left[(1 + \xi_I\,\xi)(1 + \eta_I\,\eta)(1 + \zeta_I\,\zeta) - \tilde{\xi}_I - \tilde{\eta}_I - \tilde{\zeta}_I\right] \quad \text{mit } \xi_I = \pm 1,\, \eta_I = \pm 1,\, \zeta_I = \pm 1$$

$$(2.50)$$

Knoten $I = 9, \ldots, 12$ (quadratischer Ansatz in ξ-Richtung):

$$N_I = \frac{1}{4}\tilde{\xi}_I \quad \text{mit} \quad \xi_I = 0,\, \eta_I = \pm 1,\, \zeta_I = \pm 1 \qquad (2.51)$$

Knoten $I = 13, \ldots, 16$ (quadratischer Ansatz in η-Richtung):

$$N_I = \frac{1}{4}\tilde{\eta}_I \quad \text{mit} \quad \xi_I = \pm 1,\, \eta_I = 0,\, \zeta_I = \pm 1 \qquad (2.52)$$

Knoten $I = 17, \ldots, 20$ (quadratischer Ansatz in ζ-Richtung):

$$N_I = \frac{1}{4}\tilde{\zeta}_I \quad \text{mit} \quad \xi_I = \pm 1,\, \eta_I = \pm 1,\, \zeta_I = 0 \qquad (2.53)$$

mit

$$\tilde{\xi}_I = \begin{cases} 0 & \text{für} \quad \text{linearen Ansatz in } \xi\text{-Richtung} \\ (1 - \xi^2)\,(1 + \eta_I\,\eta)\,(1 + \zeta_I\,\zeta) & \text{für} \quad \text{quadratischen Ansatz in } \xi\text{-Richtung} \end{cases} \quad (2.54)$$

$$\tilde{\eta}_I = \begin{cases} 0 & \text{für} \quad \text{linearen Ansatz in } \eta\text{-Richtung} \\ (1 + \xi_I\,\xi)\,(1 - \eta^2)\,(1 + \zeta_I\,\zeta) & \text{für} \quad \text{quadratischen Ansatz in } \eta\text{-Richtung} \end{cases} \quad (2.55)$$

$$\tilde{\zeta}_I = \begin{cases} 0 & \text{für} \quad \text{linearen Ansatz in } \zeta\text{-Richtung} \\ (1 + \xi_I\,\xi)\,(1 + \eta_I\,\eta)\,(1 - \zeta^2) & \text{für} \quad \text{quadratischen Ansatz in } \zeta\text{-Richtung} \end{cases} \quad (2.56)$$

Gauß-Integration

Numerische Integration durch Auswertung an den Integrationspunkten (Gaußpunkten):

$$\int_{\mathcal{B}_{e,0}} F(X, Y, Z)\, dV = \int_{\mathcal{B}_{e,t}} \frac{F(x, y, z)}{J(x, y, z)}\, dv$$

$$= \int_{\mathcal{B}_{e,t}} F(\xi, \eta, \zeta)\, \frac{\det \mathbf{J}(\xi, \eta, \zeta)}{J(\xi, \eta, \zeta)}\, d\xi\, d\eta\, d\zeta$$

$$= \sum_{i=1}^{N_\xi} \sum_{j=1}^{N_\eta} \sum_{k=1}^{N_\zeta} F(\xi_i, \eta_j, \zeta_k)\, \frac{\det \mathbf{J}(\xi_i, \eta_j, \zeta_k)}{J(\xi_i, \eta_j, \zeta_k)}\, \alpha_i\, \alpha_j\, \alpha_k = \sum_{s=1}^{N_{\text{gpkt}}} F_s \underbrace{J_s^{-1} \det \mathbf{J}_s\, \alpha_s}_{= \, \omega_s \, = \, \text{konst.}}$$

$$(2.57)$$

Die Position der N_{gpkt} Gaußpunkte und die Werte der Wichtungsfaktoren α_s hängen von der Ansatzordnung ab, z. B. $\xi_i, \eta_j, \zeta_k = \pm\frac{1}{\sqrt{3}}$ und $\alpha_s = 1$ bei einem linearen Element, siehe auch Abschnitt 5.2.1.

Elimination der virtuellen Größen

Beim Prinzip der virtuellen Arbeit (2.33) und der zugehörigen Newton-Raphson-Methode

$$Dg \cdot \Delta \mathbf{u} \left(\delta u_1, \delta v_1, \delta w_1, \delta u_2, \ldots, \delta w_{N_{\mathrm{kno}}^{\mathrm{ges}}}, u_1, v_1, w_1, u_2, \ldots, w_{N_{\mathrm{kno}}^{\mathrm{ges}}} \right) = -g \left(\delta u_1, \ldots, \delta w_{N_{\mathrm{kno}}^{\mathrm{ges}}} \right)$$

(2.58)

handelt es sich um eine **skalare Gleichung**. Um ein **Gleichungssystem** zu erhalten, muss ausgenutzt werden, dass g für alle zulässigen virtuellen Verschiebungen $\boldsymbol{\eta}$ erfüllt sein muss: Ableitungen nach den virtuellen Knotenverschiebungen δu_I, δv_I und δw_I verschwinden:

$$\frac{\partial (Dg \cdot \Delta \mathbf{u} + g)}{\partial (\delta u_I)} = 0 \quad \wedge \quad \frac{\partial (Dg \cdot \Delta \mathbf{u} + g)}{\partial (\delta v_I)} = 0 \quad \wedge \quad \frac{\partial (Dg \cdot \Delta \mathbf{u} + g)}{\partial (\delta w_I)} = 0 \quad \text{für} \quad I \in [1, \ldots, N_{\mathrm{kno}}^{\mathrm{ges}}] \quad (2.59)$$

Anordnung in Matrizenform führt in der nichtlinearen Statik zu dem zu lösenden globalen Gleichungssystem $\mathbf{K}_{\mathrm{T}} \, \Delta \mathbf{u} = -\mathbf{R}$ mit $\mathbf{K}_{\mathrm{T}}$ als tangentialer Gesamtsteifigkeitsmatrix und $\mathbf{R}$ als dem Gesamtfehlkraftvektor.

Durch den Einbau von Randbedingungen (**statische Kondensation**: Streichen der entsprechenden Zeilen und Spalten) geht der Vektor aller Knotenverschiebungen

$$\mathbf{u}^{\mathrm{T}} = \begin{bmatrix} u_1 & v_1 & w_1 & u_2 & v_2 & w_2 & u_3 & v_3 & w_3 & \ldots & u_{N_{\mathrm{kno}}^{\mathrm{ges}}} & v_{N_{\mathrm{kno}}^{\mathrm{ges}}} & w_{N_{\mathrm{kno}}^{\mathrm{ges}}} \end{bmatrix}$$

(2.60)

über in den Vektor der unbekannten Knotenverschiebungen (Freiheitsgrade), z. B.

$$\mathbf{u}^{\mathrm{T}} = \begin{bmatrix} u_1 & u_2 & v_2 & v_3 & w_3 & \ldots & u_{N_{\mathrm{kno}}^{\mathrm{ges}}} & v_{N_{\mathrm{kno}}^{\mathrm{ges}}} & w_{N_{\mathrm{kno}}^{\mathrm{ges}}} \end{bmatrix} \quad \text{für} \quad v_1 = w_1 = w_2 = u_3 = 0 \,.$$

(2.61)

Die Zuordnung zwischen lokalen und globalen Knotennummern erfolgt mit Hilfe von **Inzidenzmatrizen**.

Fehlkraftvektoren

Diskretisierung und numerische Integration des in Gleichung (2.30) angegebenen Prinzips der virtuellen Arbeit

$$g = \int_{\mathcal{B}_t} \boldsymbol{\sigma} : \operatorname{grad} \boldsymbol{\eta} \, dv - \int_{\mathcal{B}_t} \rho_t (\mathbf{b} - \mathbf{a}) \boldsymbol{\eta} \, dv - \int_{\partial \mathcal{B}_t^\sigma} \mathbf{t} \boldsymbol{\eta} \, da$$

$$= \sum_{e=1}^{N_{\mathrm{ele}}} \sum_{I=1}^{N_{\mathrm{kno}}} \sum_{s=1}^{N_{\mathrm{gpkt}}} \boldsymbol{\eta}_I^{\mathrm{T}} \left[\mathbf{B}_{Is}^{\mathrm{T}} \boldsymbol{\tau}_s - \rho_0 \, N_{Is} (\mathbf{b}_s - \mathbf{a}_s) \right] \omega_s + \sum_{e=1}^{N_{\mathrm{ele}}} \sum_{I=1}^{N_{\mathrm{kno}}} \sum_{s=1}^{M_{\mathrm{gpkt}}} \boldsymbol{\eta}_I^{\mathrm{T}} \left[-N_{Is} \, \mathbf{t}_s \right] \tilde{\omega}_s$$

(2.62)

liefert Elementfehlkraftvektoren:

$$\mathbf{r}_{\mathrm{e}} = \bigcup_{I=1}^{N_{\mathrm{kno}}} \sum_{s=1}^{N_{\mathrm{gpkt}}} \left[-\mathbf{B}_{Is}^{\mathrm{T}} \boldsymbol{\tau}_s + \rho_0 \, N_{Is} (\mathbf{b}_s - \mathbf{a}_s) \right] \omega_s + \bigcup_{I=1}^{N_{\mathrm{kno}}} \sum_{s=1}^{M_{\mathrm{gpkt}}} \left[N_{Is} \, \mathbf{t}_s \right] \tilde{\omega}_s$$

(2.63)

Hinweis: Beim Oberflächenintegral werden andere Gaußpunkte und Wichtungsfaktoren $\tilde{\omega}_s$ als bei der Volumenintegration verwendet.

Zusammenbau zum globalen Residuenvektor:

$$\mathbf{R} = \bigcup_{e=1}^{N_{\mathrm{ele}}} \mathbf{r}_{\mathrm{e}}$$

(2.64)

Matrizenschreibweise:

- Um zu kennzeichnen, dass es sich bei den in Gleichung (2.63) angegebenen Kirchhoff-Spannungen $\boldsymbol{\tau}$ um eine matrizielle Darstellung mit 1×6 Komponenten handelt, wurde der Unterstrich weggelassen.
- Die Größe $\underline{\boldsymbol{\tau}}$ bezeichnet entweder den gesamten Tensor oder bei Bedarf wie in Gleichung (2.65) lediglich die Spannungsmatrix mit 3×3 Komponenten.
- Analoge Schreibweise bei **Materialtangente**: Tensorschreibweise $\underline{\underline{\boldsymbol{c}}}$ mit 3×3×3×3 Komponenten, Matrizendarstellung $\boldsymbol{c}$ mit 6×6 Komponenten.

Steifigkeits- und Massenmatrizen

Diskretisierung des in (2.39) angegebenen linearisierten Anteils der inneren Arbeit

$$
Dg_{\mathrm{int}} \cdot \Delta\mathbf{u} = \int_{\mathcal{B}_t} \frac{1}{J} \left[\mathrm{grad}\,\mathbf{u}\,\underline{\boldsymbol{\tau}} + \underline{\underline{\boldsymbol{c}}} : \mathrm{grad}\,\mathbf{u} \right] : \mathrm{grad}\,\boldsymbol{\eta}\; dv
$$

$$
= \sum_{e=1}^{N_{\mathrm{ele}}} \sum_{I=1}^{N_{\mathrm{kno}}} \sum_{K=1}^{N_{\mathrm{kno}}} \sum_{s=1}^{N_{\mathrm{gpkt}}} \boldsymbol{\eta}_I^{\mathrm{T}} \left[\left(\mathbf{G}_{Is}^{\mathrm{T}}\,\underline{\boldsymbol{\tau}}_s\,\mathbf{G}_{Ks} \right)\mathbf{1} + \mathbf{B}_{Is}^{\mathrm{T}}\,\boldsymbol{c}_s\,\mathbf{B}_{Ks} \right] \mathbf{u}_K\,\omega_s
$$
(2.65)

liefert Elementsteifigkeitsmatrizen:

$$
\mathbf{k}_{Te} = \bigcup_{I=1}^{N_{\mathrm{kno}}} \bigcup_{K=1}^{N_{\mathrm{kno}}} \sum_{s=1}^{N_{\mathrm{gpkt}}} \left[\left(\mathbf{G}_{Is}^{\mathrm{T}}\,\underline{\boldsymbol{\tau}}_s\,\mathbf{G}_{Ks} \right)\mathbf{1} + \mathbf{B}_{Is}^{\mathrm{T}}\,\boldsymbol{c}_s\,\mathbf{B}_{Ks} \right] \omega_s
$$
(2.66)

1. Term: „geometrischer" Anteil (entfällt bei linearer Analyse)
2. Term: „materieller" Anteil (beinhaltet Materialtangente)

Assemblierung zur Gesamtsteifigkeitsmatrix:

$$
\mathbf{K}_{\mathrm{T}} = \bigcup_{e=1}^{N_{\mathrm{ele}}} \mathbf{k}_{Te}
$$
(2.67)

Diskretisierung der linearisierten äußeren Arbeit (2.40)

$$
Dg_{\mathrm{ext}} \cdot \Delta\mathbf{u} = - \int_{\mathcal{B}_t} \rho_t\,\ddot{\mathbf{u}}\,\boldsymbol{\eta}\; dv = - \sum_{e=1}^{N_{\mathrm{ele}}} \sum_{I=1}^{N_{\mathrm{kno}}} \sum_{K=1}^{N_{\mathrm{kno}}} \sum_{s=1}^{N_{\mathrm{gpkt}}} \boldsymbol{\eta}_I^{\mathrm{T}} \left[\rho_0\,N_{Is}\,N_{Ks} \right] \ddot{\mathbf{u}}_K\,\omega_s
$$
(2.68)

liefert Elementmassenmatrizen:

$$
\mathbf{m}_e = \bigcup_{I=1}^{N_{\mathrm{kno}}} \bigcup_{K=1}^{N_{\mathrm{kno}}} \sum_{s=1}^{N_{\mathrm{gpkt}}} \left[\rho_0\,N_{Is}\,N_{Ks} \right] \omega_s
$$
(2.69)

Assemblierung zur Gesamtmassenmatrix:

$$
\mathbf{M} = \bigcup_{e=1}^{N_{\mathrm{ele}}} \mathbf{m}_e
$$
(2.70)

Welche Schritte zur Herleitung der FEM aus dem Prinzip der virtuellen Arbeit (2.30) erforderlich sind, hängt insbesondere von der Analyseart ab.

Vom Prinzip der virtuellen Arbeit $g = 0$ zum FE-Gleichungssystem

Lineare Statik:

$$\boxed{g = 0}$$

$\downarrow$ Raumdiskretisierung

$$\boxed{\mathbf{K}\mathbf{u} = \mathbf{P}}$$

Nichtlineare Statik:

$$\boxed{g = 0}$$

$\downarrow$ Raumdiskretisierung $\downarrow$ Newton-Raphson-Verfahren

$$\boxed{\begin{array}{l}\mathbf{R} = \underbrace{\mathbf{K}(\mathbf{u})\mathbf{u}}_{= \mathbf{I}(\mathbf{u})} - \mathbf{P}(\mathbf{u}) = \mathbf{0}\end{array}} \qquad \boxed{\begin{array}{l} Dg \cdot \Delta\mathbf{u} = -g \\[4pt] \text{mit} \quad g = g_{\text{int}} - g_{\text{ext}}\end{array}}$$

$\downarrow$ Newton-Raphson-Verfahren $\downarrow$ Raumdiskretisierung

$$\boxed{\begin{array}{l}\mathbf{K}_{\mathrm{T}}\,\Delta\mathbf{u} = -\mathbf{R} \quad \text{mit} \quad \mathbf{K}_{\mathrm{T}} = \frac{d\mathbf{R}}{d\mathbf{u}} = \frac{d\mathbf{I}}{d\mathbf{u}} - \frac{d\mathbf{P}}{d\mathbf{u}} \\[4pt] \text{Iteration: } \mathbf{u}^{k+1} = \mathbf{u}^k + \Delta\mathbf{u}\end{array}}$$

Lineare Dynamik:

$$\boxed{g = 0}$$

$\downarrow$ Raumdiskretisierung

$$\boxed{\mathbf{M}\ddot{\mathbf{u}} + \mathbf{D}\dot{\mathbf{u}} + \mathbf{K}\mathbf{u} = \mathbf{P}}$$

$\downarrow$ Zeitdiskretisierung

$$\boxed{\mathbf{K}_{\text{eff}}\,\mathbf{u} = \mathbf{P}_{\text{eff}}}$$

Nichtlineare Dynamik:

$$\boxed{g = 0}$$

$\downarrow$ Raumdiskretisierung

$$\boxed{\mathbf{R} = \mathbf{M}\ddot{\mathbf{u}} + \underbrace{\mathbf{K}(\mathbf{u}, \dot{\mathbf{u}})\mathbf{u} + \mathbf{D}(\mathbf{u}, \dot{\mathbf{u}})\dot{\mathbf{u}}}_{= \mathbf{I}(\mathbf{u}, \dot{\mathbf{u}})} - \mathbf{P}(\mathbf{u}, \dot{\mathbf{u}}) = \mathbf{0}}$$

$\downarrow$ Zeitdiskretisierung

$$\boxed{\mathbf{R}_{\text{eff}}(\mathbf{u}) = \underbrace{\mathbf{K}_{\text{eff}}(\mathbf{u})\,\mathbf{u}}_{= \mathbf{I}_{\text{eff}}(\mathbf{u})} - \mathbf{P}_{\text{eff}}(\mathbf{u}) = \mathbf{0}}$$

$\downarrow$ Newton-Raphson-Verfahren

$$\boxed{\begin{array}{l}\mathbf{K}_{\mathrm{T},\text{eff}}\,\Delta\mathbf{u} = -\mathbf{R}_{\text{eff}} \quad \text{mit} \quad \mathbf{K}_{\mathrm{T},\text{eff}} = \frac{d\mathbf{R}_{\text{eff}}}{d\mathbf{u}} = \frac{d\mathbf{I}_{\text{eff}}}{d\mathbf{u}} - \frac{d\mathbf{P}_{\text{eff}}}{d\mathbf{u}} \\[4pt] \text{Iteration: } \mathbf{u}^{k+1} = \mathbf{u}^k + \Delta\mathbf{u}\end{array}}$$

Diese Gegenüberstellung zeigt, dass es mehrere Wege gibt, um das letztendlich zu lösende (lineare) Gleichungssystem zu erhalten:

- So könnte bei einem nichtlinearen statischen Problem $g = 0$ auch zuerst die Raumdiskretisierung $\mathbf{R} = \mathbf{I}(\mathbf{u}) - \mathbf{P}(\mathbf{u}) = \mathbf{0}$ und dann die Linearisierung durchgeführt werden. Bei der hier gezeigten Herleitung ist es umgekehrt: erst die Linearisierung $Dg \cdot \Delta\mathbf{u} = -g$ und dann die Raumdiskretisierung.

- In beiden Fällen erhält man das LGS $\mathbf{K}_T \, \Delta\mathbf{u} = -\mathbf{R}$, dessen Lösung $\Delta\mathbf{u}$ iterativ zu zuvor ermittelten Verschiebungen addiert werden muss: $\mathbf{u}^{k+1} = \mathbf{u}^k + \Delta\mathbf{u}$.

Anmerkungen zur Steifigkeitsmatrix und zum Fehlkraftvektor:

- Je nach Problemstellung ist die **lineare Steifigkeitsmatrix** $\mathbf{K}$, die **tangentiale** $\mathbf{K}_T$, die **effektive** $\mathbf{K}_{\text{eff}}$ oder die **effektive tangentiale Steifigkeitsmatrix** $\mathbf{K}_{T,\text{eff}}$ zu bilden.

- Die **nichtlineare Steifigkeitsmatrix** $\mathbf{K}(\mathbf{u})$ bzw. $\mathbf{K}(\mathbf{u}, \dot{\mathbf{u}})$ wird nur für die Herleitung (als Zwischenergebnis) benötigt.

- Außerdem beachte man, dass zwischen dem **Fehlkraftvektor** $\mathbf{R}$ und dem **effektiven Fehlkraftvektor** $\mathbf{R}_{\text{eff}}$ unterschieden werden muss.

- Die explizite Dynamik kommt ohne Steifigkeitsmatrizen aus.

2.2.5 Zeitdiskretisierung

Bei zeitabhängigen Problemen ist neben der Raum- auch eine Zeitdiskretisierung erforderlich. Aufgrund der Vielzahl unterschiedlicher Lösungsstrategien sei an dieser Stelle auf Kapitel 4 verwiesen, in dem es um die Behandlung linearer und nichtlinearer dynamischer Probleme geht.

Innerhalb der nichtlinearen Dynamik unterscheidet man zwischen verschiedenen impliziten und expliziten Zeitintegrationsverfahren.

Implizite Zeitintegration

Definition: Verschiebungen und/oder Geschwindigkeiten sind abhängig von den aktuellen Beschleunigungen $\ddot{\mathbf{u}}_{n+1}$:

$$
\begin{aligned}
\mathbf{u}_{n+1} &= \mathbf{u}_{n+1}(\ddot{\mathbf{u}}_{n+1}, \mathbf{u}_n, \dot{\mathbf{u}}_n, \ddot{\mathbf{u}}_n, \mathbf{u}_{n-1}, \dots) \\
\dot{\mathbf{u}}_{n+1} &= \dot{\mathbf{u}}_{n+1}(\ddot{\mathbf{u}}_{n+1}, \mathbf{u}_n, \dot{\mathbf{u}}_n, \ddot{\mathbf{u}}_n, \mathbf{u}_{n-1}, \dots)
\end{aligned}
\tag{2.71}
$$

Explizite Zeitintegration

Definition: Verschiebungen und Geschwindigkeiten sind unabhängig von den aktuellen Beschleunigungen:

$$
\begin{aligned}
\mathbf{u}_{n+1} &= \mathbf{u}_{n+1}(\mathbf{u}_n, \dot{\mathbf{u}}_n, \ddot{\mathbf{u}}_n, \mathbf{u}_{n-1}, \dots) \\
\dot{\mathbf{u}}_{n+1} &= \dot{\mathbf{u}}_{n+1}(\mathbf{u}_n, \dot{\mathbf{u}}_n, \ddot{\mathbf{u}}_n, \mathbf{u}_{n-1}, \dots)
\end{aligned}
\tag{2.72}
$$

3 Statische Analysen

3.1 Lösungsverfahren für nichtlineare Gleichungssysteme

Newton-Raphson-Verfahren

- Standard-Verfahren zur Lösung nicht-linearer Gleichungssysteme
- Zeit als Maß für den Berechnungs-fortschritt (auch wenn bei statischen Analysen die Lösung eigentlich zeit-unabhängig ist, wird der Begriff Zeit-schrittsteuerung häufig als Synonym für Lastschrittsteuerung verwendet)
- Weggesteuerte Analyse ausgewählter Durchschlagprobleme möglich
- Kraftgesteuerte Berechnung divergiert oder überspringt instabilen Bereich

Gleichgewicht (nichtlin. Gleichungssystem):

$$\boxed{\mathbf{G}(\mathbf{u}) = \mathbf{I} - \mathbf{P} = \mathbf{0}}$$

$\mathbf{u}$: Verschiebungsvektor
$\mathbf{I}$: Vektor der inneren Kräfte
$\mathbf{P}$: Vektor der äußeren Kräfte

Taylor-Reihenentwicklung:

$$\mathbf{G}(\mathbf{u} + \Delta\mathbf{u}) = \mathbf{G}(\mathbf{u}) + D\mathbf{G}(\mathbf{u})\Delta\mathbf{u} + \ldots = \mathbf{0}$$

Lineares Gleichungssystem:

$$\boxed{\mathbf{K}_\mathrm{T}(\mathbf{u}_i)\,\Delta\mathbf{u}_{i+1} = -\mathbf{G}_i}$$

Iterationsvorschrift:

$$\mathbf{u}_{i+1} = \mathbf{u}_i + \Delta\mathbf{u}_{i+1}$$

Bogenlängenverfahren

- Erweiterung des klassischen Newton-Raphson-Verfahrens
- Verwendung der Bogenlänge statt der Zeit als Maß für den Berechnungsfort-schritt
- Einführung des Lastparameters λ als Vorfaktor
- Kombination von Verschiebungs- und Laststeuerung durch Einführung einer Nebenbedingung f (sowohl $\mathbf{u}$ als auch λ sind unbekannt)

Gleichgewicht: $\mathbf{G}(\mathbf{u}, \lambda) = \mathbf{I} - \lambda\mathbf{P} = \mathbf{0}$

Nebenbedingung: $f(\mathbf{u}, \lambda) = 0$

Erweitertes (unsym.) Gleichungssystem:

$$\boxed{\tilde{\mathbf{G}}\begin{pmatrix} \mathbf{u} \\ \lambda \end{pmatrix} = \begin{bmatrix} \mathbf{G}(\mathbf{u}, \lambda) \\ f(\mathbf{u}, \lambda) \end{bmatrix} = \mathbf{0}}$$

Konsistente Linearisierung:

$$\boxed{\begin{bmatrix} \mathbf{K}_\mathrm{T} & -\mathbf{P} \\ f_{,\mathbf{u}}^\mathrm{T} & f_{,\lambda} \end{bmatrix}_i \begin{bmatrix} \Delta\mathbf{u} \\ \Delta\lambda \end{bmatrix}_{i+1} = -\begin{bmatrix} \mathbf{G} \\ f \end{bmatrix}_i}$$

Verschiebungs- und Lastinkremente:

$$\Delta\mathbf{u}_{i+1} = \Delta\lambda_{i+1}(\mathbf{K}_{\mathrm{T}_i})^{-1}\mathbf{P} - (\mathbf{K}_{\mathrm{T}_i})^{-1}\mathbf{G}_i$$

$$\Delta\lambda_{i+1} = -\frac{f_i - f_{,\mathbf{u}_i}^\mathrm{T}(\mathbf{K}_{\mathrm{T}_i})^{-1}\mathbf{G}_i}{(f_{,\lambda})_i + f_{,\mathbf{u}_i}^\mathrm{T}(\mathbf{K}_{\mathrm{T}_i})^{-1}\mathbf{P}}$$

Riks-Ansatz (Normalenebene):

$$\boxed{f_i = (\mathbf{u}_i - \overline{\mathbf{u}})^\mathrm{T}(\mathbf{u}_{i+1} - \mathbf{u}_i) + (\lambda_i - \overline{\lambda})(\lambda_{i+1} - \lambda_i)}$$

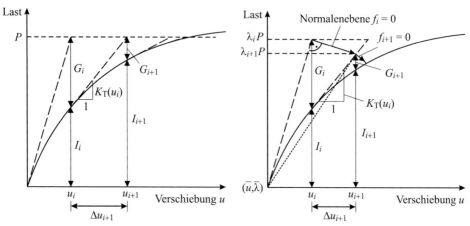

(a) Newton-Raphson-Verfahren bei gegebener Last   (b) Prädiktorschritt (wie beim Newton-Raphson-Verfahren) und Korrektoriterationen

Abbildung 3.1: Vergleich von Newton-Raphson- und Bogenlängenverfahren (Methode der angepassten Normalenebene als Nebenbedingung f)

Vor- und Nachteile des Bogenlängenverfahrens:

- Geeignet zur Berechnung von **Durchschlagsproblemen** (Snap-through, Beispiel: von Mises-Fachwerk) und **Zurückschlagproblemen** (Snap-back, siehe nächste Seite), da das erweiterte Gleichungssystem auch bei singulärer tangentialer Steifigkeitsmatrix (bei Durchschlagspunkten) regulär bleibt.
- Nicht anwendbar bei **Verzweigungsproblemen** (z. B. Euler-Knickstab), da die Last-Verschiebungs-Kurve „glatt" sein muss (ggf. Verzweigungsproblem durch Imperfektionen in Durchschlagsproblem überführen).
- Nicht geeignet für **viskoelastisches** Material, weil Bogenlänge (arc length) als Maß für den Berechnungsfortschritt (statt Zeit) verwendet wird.
- Nur bedingt geeignet für **elastoplastisches** Material, da (instabile) Gleichgewichtszustände durchlaufen werden, die insbesondere bei Snap-back-Problemen zu unrealistisch großen (plastischen) Deformationen führen.
- Ungeeignet für **Kontaktprobleme**, da Last-Verschiebungs-Kurve durchgängig sein muss.
- Numerische Lösung ist aufwändiger, da erweitertes Gleichungssystem **unsymmetrisch** ist und die Bandstruktur größtenteils verloren geht.

Varianten (Unterscheidung in Korrektoriteration/Nebenbedingung f):

- Normalenebene (nach Riks)
- Normalenebene mit angepasster Drehung (Ergebnis aus dem letzten Iterationsschritt der Tangente (modifiziertes Riks/Ramm-Verfahren)
- Kreisbogen (nach Crisfield)

Beispiel: Modifiziertes von Mises-Fachwerk als Snap-back-Problem

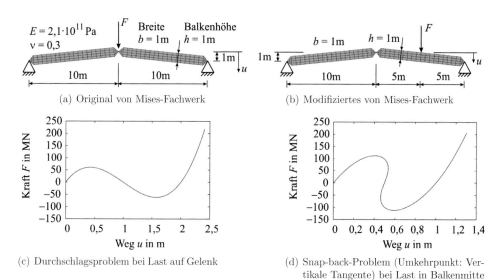

(a) Original von Mises-Fachwerk

(b) Modifiziertes von Mises-Fachwerk

(c) Durchschlagsproblem bei Last auf Gelenk

(d) Snap-back-Problem (Umkehrpunkt: Vertikale Tangente) bei Last in Balkenmitte

Abbildung 3.2: Einfluss des Lastangriffspunkts (Weg u bezieht sich auf die Last F)

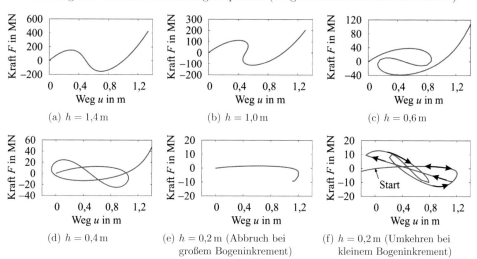

(a) $h = 1{,}4\,\mathrm{m}$

(b) $h = 1{,}0\,\mathrm{m}$

(c) $h = 0{,}6\,\mathrm{m}$

(d) $h = 0{,}4\,\mathrm{m}$

(e) $h = 0{,}2\,\mathrm{m}$ (Abbruch bei großem Bogeninkrement)

(f) $h = 0{,}2\,\mathrm{m}$ (Umkehren bei kleinem Bogeninkrement)

Abbildung 3.3: Einfluss der Balkenhöhe beim modifizierten von Mises-Fachwerk

Aufgrund der sehr geringen Balkenhöhe kommt es beim Grenzfall $h = 0{,}2\,\mathrm{m}$ zum Knicken, was mit dem Bogenlängenverfahren nicht mehr berechenbar ist.

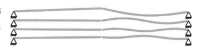

3.2 Klassifizierung singulärer Punkte

Ein singulärer Punkt liegt vor, wenn zu einem vorhandenen Gleichgewichtszustand G ein infinitesimal **benachbarter Gleichgewichtszustand** N mit gleichem Lastniveau existiert. Mathematisches Kriterium für singuläre Punkte:

- Aus der Linearisierung des Gleichgewichts

$$\mathbf{G}(\mathbf{u}^{N}, \bar{\lambda}) = \mathbf{G}(\mathbf{u}^{G} + \delta\mathbf{u}, \bar{\lambda}) = \mathbf{G}(\mathbf{u}^{G}, \bar{\lambda}) + \mathbf{K}_{T}\delta\mathbf{u} = \mathbf{0} \qquad (3.1)$$

  folgt, dass die Steifigkeitsmatrix $\mathbf{K}_{T}$ singulär (nicht mehr positiv definit) ist:

$$\mathbf{K}_{T}\delta\mathbf{u} = \mathbf{0} \qquad (3.2)$$

- Nichttriviale Lösungen $\delta\mathbf{u}$ existieren für det $\mathbf{K}_{T} = 0$.
- Zweite Ableitung der potentiellen Energie verschwindet: $\delta^{2}\Pi = 0$ (indifferentes Gleichgewicht)

Spezielles Eigenwertproblem

$$(\mathbf{K}_{T} - \omega_{i}\mathbf{1})\mathbf{\Phi}_{i} = \mathbf{0} \qquad (3.3)$$

$\mathbf{\Phi}_{i}$:   Eigenvektor
m: Rangabfall der Steifigkeitsmatrix im singulären Punkt
$\omega_{i} = 0$: m-facher Eigenwert
Mit $\mathbf{K}_{T} = \mathbf{K}_{T}^{T}$ folgt:

$$\mathbf{\Phi}_{i}^{T}\mathbf{K}_{T} = \mathbf{0} \qquad (3.4)$$

Unterscheidung zwischen Durchschlags- und Verzweigungspunkten

Bei Variation der Verschiebungen und des Lastparameters muss das Gleichgewicht stets erhalten bleiben:

$$\mathbf{G}(\mathbf{u} + \delta\mathbf{u}, \lambda + \delta\lambda) = \mathbf{G}(\mathbf{u}, \lambda) + \underbrace{\frac{\partial\mathbf{G}(\mathbf{u}, \lambda)}{\partial\mathbf{u}}}_{\mathbf{K}_{T}}\delta\mathbf{u} + \underbrace{\frac{\partial\mathbf{G}(\mathbf{u}, \lambda)}{\partial\lambda}}_{-\mathbf{P}}\delta\lambda = \mathbf{0} \qquad (3.5)$$

Nach Multiplikation mit $\mathbf{\Phi}_{i}^{T}$ von links sowie mit $\mathbf{G}(\mathbf{u}, \lambda) = 0$ und (3.4) ergibt sich für den singulären Punkt die Bedingung:

$$\mathbf{\Phi}_{i}^{T}\mathbf{K}_{T}\delta\mathbf{u} - \delta\lambda\mathbf{\Phi}_{i}^{T}\mathbf{P} = 0 \quad \rightarrow \quad \delta\lambda\mathbf{\Phi}_{i}^{T}\mathbf{P} = 0 \qquad (3.6)$$

Dies ermöglicht eine Klassifizierung des singulären Punktes:

$$\boxed{\mathbf{\Phi}_{i}^{T}\mathbf{P} = \begin{cases} \neq 0 & \text{Durchschlagspunkt} \quad (\delta\lambda = 0) \\ = 0 & \text{Verzweigungspunkt} \end{cases}} \qquad (3.7)$$

3.3 Stabilitätsanalyse

3.3.1 Lineare Stabilitätsanalyse

Ziel: Berechnung der **kritischen Last** (erster singulärer Punkt) einschließlich der zugehörigen **Knick- bzw. Beulform** mit Hilfe der linearen Eigenwertanalyse.

- **Voraussetzungen:**
  - **Linear elastisches** Verhalten bis zum Verzweigungspunkt
  - **Geometrisch lineares** Verhalten bis zum Verzweigungspunkt
  - **Gutartiges Versagen** (keine Imperfektionsanfälligkeit)
- Häufig werden auch **höhere Beulformen** berechnet, um einen ersten Eindruck vom Nachbeulverhalten zu erhalten. So sind **dicht benachbarte Eigenwerte ein Indiz für bösartiges Stabilitätsversagen** (**Imperfektionsanfälligkeit**).
- Lässt sich die Last nach dem Verzweigen noch weiter steigern, spricht man von gutartigem Stabilitätsversagen.
- Eigenformen können als **Imperfektionen für eine nachgeschaltete nichtlineare Stabilitätsanalyse** verwendet werden, wobei man die niedrigen Moden stärker wichten sollte als die höheren.
- Die Geschwindigkeit des (iterativen) Gleichungslösers lässt sich steigern, wenn vor der Eigenwertanalyse eine statische **Vorlast** (kleiner als kritische Last) aufgebracht wird.

Lineares Eigenwertproblem

$$\underbrace{(\mathbf{K}_0 + \lambda\,\Delta\mathbf{K})}_{\mathbf{K}_{\mathrm{T}}}\boldsymbol{\Phi} = 0 \quad \Rightarrow \quad \det\mathbf{K}_{\mathrm{T}} = 0 \tag{3.8}$$

λ:	Lastparameter (Eigenwert)
$\mathbf{K}_{\mathrm{T}}$:	Tangentiale Steifigkeitsmatrix
$\mathbf{K}_0$:	Linearer Anteil (Steifigkeit der unverformten Struktur)
$\mathbf{K}_{\mathrm{NL}} = \lambda\,\Delta\mathbf{K}$:	Nichtlinearer Anteil
$\boldsymbol{\Phi}$:	Eigenvektor

Kritische Last (lineare Beullast):

$$\mathbf{P}_{\mathrm{krit}} = \overline{\mathbf{P}} + \lambda_{\mathrm{krit}}\,\Delta\mathbf{P} \tag{3.9}$$

$\overline{\mathbf{P}}$:	Konstante (Vor-)Last (obligatorisch bei z. B. Gravitationslast; auch optional einsetzbar zur Konvergenzverbesserung bei dicht benachbarten Eigenwerten)
$\lambda\,\Delta\mathbf{P}$:	Variable Last
λ_{krit}:	Lösung des Eigenwertproblems (nichttrivial, falls $\mathbf{K}_{\mathrm{T}}$ singulär: $\det\mathbf{K}_{\mathrm{T}} = 0$)
$\Delta\mathbf{P}$:	Lastverteilungsvektor (üblicherweise eine Kombination verschiedener Lasten aus Einzelkräften, Momenten, Druck usw., deren Verhältnis vorgegeben wird)

Der zu λ_{krit} gehörige Eigenvektor $\boldsymbol{\Phi}$ beschreibt qualitativ die Knick- bzw. Beulform.

Beispiel: Erste und zweite Beulform des (zweiten) Euler-Knickstabs

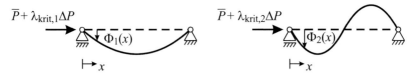

Die lineare Eigenwertanalyse liefert die Knicklasten $P_{\mathrm{krit},1} = \frac{\pi^2 EI}{l^2}$ und $P_{\mathrm{krit},2} = \frac{4\pi^2 EI}{l^2}$.

Anschauliche Herleitung des linearen Eigenwertproblems

Als Beispiel betrachte man einen „Biegebalken":

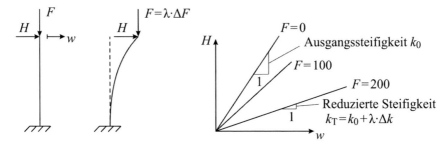

- Die Last-Verschiebungskurve des Kragarms mit der Biegesteifigkeit $k_0 = 3\frac{EI}{l^3}$ ist eine Gerade. Verschiebung w und (horizontale) Kraft H zeigen in die gleiche Richtung.
- Bringt man eine zusätzliche (konstante) Axiallast F auf, so reduziert sich die Biegesteifigkeit. Die Größe der Steifigkeitsabnahme ist proportional zu $F = \lambda \cdot \Delta F$ bzw. zum Lastfaktor λ, da $\Delta F = $ konst.
- Hat man die (Knick-)Last so weit erhöht, dass die (tangentiale) Steifigkeit $k_{\mathrm{T}} = k_0 + k_{\mathrm{NL}}$ mit $k_{\mathrm{NL}} = \lambda \cdot \Delta k$ den Wert null annimmt (man beachte, dass $\Delta k < 0$), dann ist die Verwandlung des Biegebalkens zum (ersten) Euler-Knickstab vollzogen.
- Üblicherweise wählt man $\Delta F = 1$, damit λ gleich der Knicklast ist.

Die Grenze $k_{\mathrm{T}} = 0$ ergibt sich auch bei Anwendung der allgemeinen Bedingung det $\mathbf{K}_{\mathrm{T}} = 0$ auf dieses „1 FHG-System".

Imperfektionsanfällige Strukturen

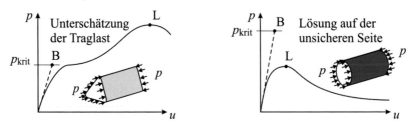

Insbesondere bei dünnwandigen Schalenstrukturen ist größte Vorsicht geboten.

3.3.2 Nichtlineare Stabilitätsanalyse

Der Begriff „nichtlineare Stabilitätsanalyse" bezeichnet die sogenannte **Nachbeulanalyse**:

- Das nichtlineare Verformungsverhalten wird mit **inkrementell-iterativen Lösungs-strategien** ermittelt.

- Bei symmetrischen Systemen kann es passieren, dass Verzweigungspunkte über-rechnet werden, was sich im Auftreten **negativer Eigenwerte** äußert. Um nicht auf dem **instabilen Primärpfad** weiter zu rechnen, müssen numerische **Imperfektionen** (Störlasten oder geometrische Imperfektionen, z. B. Eigenformen aus vorgeschalteter linearer Eigenwertberechnung) eingeführt werden.

- **Begleitend** zur inkrementellen Laststeigerung kann eine **Eigenwertanalyse** durch-geführt werden.

Begleitende Maßnahmen zur Bestimmung von singulären Punkten

- **Negative Eigenwerte der Steifigkeitsmatrix**
  Der Vorzeichenwechsel in mindestens einem Diagonalelement D_i der tangentialen Steifigkeitsmatrix $\mathbf{K}_{\mathrm{T}}$ zeigt an, dass ein Instabilitätspunkt durchlaufen wurde.

$$\det \mathbf{K}_{\mathrm{T}} = \det(\mathbf{L}^{\mathrm{T}}\mathbf{D}\mathbf{L}) = \prod_{i=1}^{n_{\mathrm{dof}}} D_i \qquad (3.10)$$

Tabelle 3.1: Aussagen über die Art des Gleichgewichtszustandes

alle $D_i > 0$	$\det \mathbf{K}_{\mathrm{T}} > 0$	$\mathbf{K}_{\mathrm{T}}$ positiv definit	stabiles GG
mind. 1 $D_i = 0$	$\det \mathbf{K}_{\mathrm{T}} = 0$	$\mathbf{K}_{\mathrm{T}}$ positiv semidefinit	indifferentes GG
mind. 1 $D_i < 0$	$\det \mathbf{K}_{\mathrm{T}} < 0$	$\mathbf{K}_{\mathrm{T}}$ negativ definit	labiles GG

- Vorteil: kein zusätzlicher Berechnungsaufwand erforderlich
- Nachteil: Art auftretender singulärer Punkte nicht bekannt

- **Begleitende Eigenwertanalyse**
  Die Forderung $\det \mathbf{K}_{\mathrm{T}} = 0$ lässt sich ebenfalls erfüllen, wenn gilt:

$$\underbrace{[\mathbf{K}_0 + \lambda(\mathbf{K}_{\mathrm{U}}(\mathbf{u}) + \mathbf{K}_\sigma(\mathbf{u}))]}_{\mathbf{K}_{\mathrm{T}}(\mathbf{u})}\boldsymbol{\Phi} = \mathbf{0} \qquad (3.11)$$

$\mathbf{K}_0$: Linearer Anteil

$\mathbf{K}_{\mathrm{U}}$: Anfangsverschiebungsmatrix (Einfluss der aktuellen Verformung)

$\mathbf{K}_\sigma$: Geometrischer Anteil (Anfangsspannungsmatrix, Änderung der Steifigkeit durch die Spannungen des aktuellen Verformungszustandes)

Im Gegensatz zur linearen Eigenwertanalyse wird die Steifigkeitsmatrix in Abhängigkeit der nichtlinearen Verformungszustände **u** berechnet.

- Vorteil: Unterscheidung zwischen Durchschlags- und Verzweigungspunkt durch das Produkt $\mathbf{\Phi}^{\mathrm{T}}\mathbf{P}$ (vgl. (3.7)) möglich
- Nachteil: zusätzlicher Berechnungsaufwand

- **Current Stiffness Parameter**

Der Current Stiffness Parameter CSP_i nach Bergan (1980) gibt in dimensionsloser Form das Verhältnis der aktuellen Steifigkeit gegenüber der Anfangssteifigkeit an:

$$CSP_i = \frac{\kappa_i}{\kappa_0} \quad \text{mit} \quad \kappa_i = \frac{\Delta \mathbf{u}_{i+1}^{\mathrm{T}}\mathbf{P}}{\Delta \mathbf{u}_{i+1}^{\mathrm{T}}\Delta \mathbf{u}_{i+1}} \tag{3.12}$$

Bei einem Durchschlagspunkt wird das durch die Belastung **P** hervorgerufene Verschiebungsinkrement $\Delta \mathbf{u}_{i+1}$ sehr groß, so dass CSP_i gegen null strebt.

- Vorteil: Erkennung von Durchschlagspunkten bei nur geringem Zusatzaufwand
- Nachteil: Keine Erkennung von Verzweigungspunkten

3.3.3 Beispiel: Stabilitätsversagen einer Pendelstütze

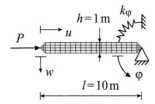

Modellierung mit Volumenelementen (ebener Spannungszustand, Tiefe: $b = 1\,\mathrm{m}$)

Materialdaten: $E = 100000\,\mathrm{Pa}$, $\nu = 0{,}3$

Drehfedersteifigkeit: $k_\varphi = 10\,\frac{\mathrm{Nm}}{\mathrm{rad}}$

Abbildung 3.4: Mit Drehfeder elastisch gebettete Pendelstütze

Die beiden Spitzen sind als Starrkörper modelliert, um

a) die Verdrehung direkt berechnen zu können (Starrkörper-Referenzknoten besitzen auch Rotationsfreiheitsgrade),

b) die Einzellast(en) besser auf den Querschnitt verteilen zu können (Vermeidung von Spannungssingularitäten).

Inkrementelle Laststeigerung beim symmetrischen System

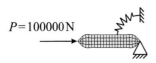

> **Vorsicht**: Aufgrund von Symmetrien ist es (numerisch) möglich, trotz einer kritischen Last von lediglich $P_{\mathrm{krit}} = 1\,\mathrm{N}$ (Ergebnis der linearen Stabilitätsanalyse) die Pendelstütze mit $P = 100000\,\mathrm{N}$ zu beanspruchen.

- Aus der Größe der Verformung lässt sich das **Überrechnen von Verzweigungspunkten nicht erkennen**, auch wenn die Pendelstütze auf die Hälfte gestaucht wird.
- Einzig das Auftreten **negativer Eigenwerte** ist ein Indiz dafür, dass der berechnete Gleichgewichtszustand instabil ist.

Einführung von Imperfektionen

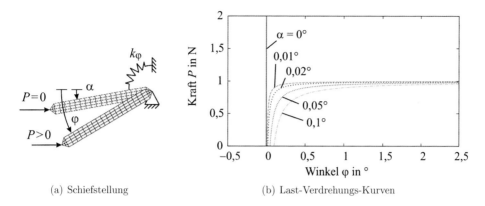

(a) Schiefstellung   (b) Last-Verdrehungs-Kurven

Abbildung 3.5: Bestimmung der kritischen Last durch Einführung einer kleinen geometrischen Imperfektion in Form einer Schiefstellung α

- Die aus den Last-Verdrehungs-Kurven ablesbare Verzweigungslast $P = 1\,\text{N}$ ist identisch mit dem Ergebnis der linearen Stabilitätsanalyse.
- Ohne weitere Untersuchungen weiß man allerdings noch nicht, ob es sich um gut- oder bösartiges Versagen handelt, so dass das Ergebnis **(noch) nicht für die Bemessung** verwendet werden darf.

Überprüfung der Imperfektionsanfälligkeit

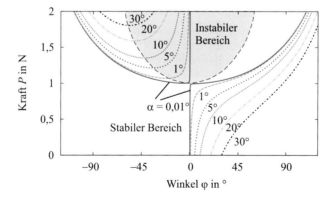

Abbildung 3.6: Gutartiges Stabilitätsversagen

- Es wird in den Nachbeulbereich hineingerechnet (φ mindestens 10°), um die Imperfektionsanfälligkeit zu überprüfen. Ergebnis: **Gutartiges Versagen**, da die Last weiter gesteigert werden kann.

- Selbst bei sehr großen Imperfektionen lässt sich die Last monoton steigern. Allerdings ist für $\alpha > 1°$ nur noch schwer erkennbar, dass es sich eigentlich um ein Verzweigungsproblem handelt.

- Man beachte, dass es zu jeder Imperfektion **zwei Gleichgewichtskurven** gibt. Unter gewissen Umständen, z. B. bei großen Zeitschrittweiten, kann die Lösung zwischen diesen Primär- und Sekundärpfaden hin- und herspringen.

- Um die Gleichgewichtslagen oberhalb der Grenzkurve ($\alpha \to 0$) zu erhalten (und nicht auf den Zufall angewiesen zu sein), wurde die Last in drei Schritten aufgebracht:

  1. Negative Verdrehung von $\varphi = -1°$ (Imperfektion $\alpha > 0$) und Vorlast $P = 2{,}5\,\mathrm{N}$ (mit Newton-Raphson-Verfahren)

  2. Wegnahme der Verdrehungsrandbedingung, Vorlast $P = 2{,}5\,\mathrm{N}$ bleibt (mit Newton-Raphson-Verfahren)

  3. Reduktion (Variation) der Last P (mit Bogenlängenverfahren)

- Die sich oberhalb der Grenzkurve befindlichen Gleichgewichtszustände (Sekundärpfade) sind teilweise (für Winkel betragsmäßig kleiner als der des Durchschlagspunktes) **instabil**. Da die zugehörigen Durchschlagslasten oberhalb der kritischen Last $P_{\mathrm{krit}} = 1\,\mathrm{N}$ liegen, ist dieses in der Praxis **unbedenklich**.

- Auch wenn eine lineare Stabilitätsanalyse ausreichend gewesen wäre, was man mit viel Erfahrung hätte erkennen können, lässt sich mit der nichtlinearen Stabilitätsanalyse überprüfen, dass man mit $P_{\mathrm{krit}} = 1\,\mathrm{N}$ auf der **sicheren Seite** liegt.

Bösartiges Stabilitätsversagen bei geänderten Lagerungsbedingungen

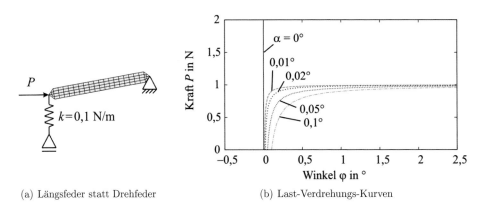

(a) Längsfeder statt Drehfeder   (b) Last-Verdrehungs-Kurven

Abbildung 3.7: Änderung der Lagerungsbedingung

- Ersetzt man die Drehfeder aus Abbildung 3.4 durch eine **Längsfeder**, so erhält man **für kleine Verdrehungen identische Last-Verdrehungs-Kurven**. Bei großen Verdrehungen φ hingegen nimmt die Last nicht weiter zu, sondern fällt immer weiter ab.

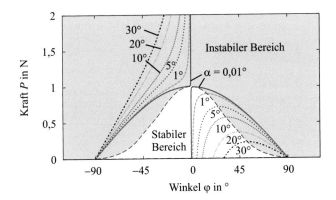

Abbildung 3.8: Bösartiges Stabilitätsversagen

- Weil die Traglast (maximal aufnehmbare Last) unterhalb der kritischen Last $P_{\mathrm{krit}} =$ 1 N theoretischer Maximalwert) liegt, ist eine **lineare Stabilitätsanalyse unzulässig (unsichere Seite)**.

- Da mit zunehmender Schiefstellung α der Pendelstütze die Traglast immer weiter abnimmt (**Imperfektionsanfälligkeit**), spricht man von **bösartigem Versagen**.

- In der Praxis muss die **Bemessungslast** immer deutlich unterhalb der kritischen Last liegen, z. B. 30 % P_{krit} bei dünnwandigen Kreiszylinderschalen unter Axialdruck.

Balken statt Längsfeder: Durchschlags- oder Verzweigungsproblem?

Als Folge der eingeführten Imperfektionen wird das ursprüngliche Verzweigungsproblem (plötzliches Ausweichen der elastischen Bettung) in ein Durchschlagsproblem überführt.

Im Folgenden soll untersucht werden, wie ein mögliches Verzweigen vor dem Durchschlagen erkannt werden kann. Zu diesem Zweck wird die Längsfeder durch eine Stütze aus Balkenelementen ersetzt und exemplarisch eine Schiefstellung von $\alpha = 5°$ betrachtet.

- Als Ergebnis einer inkrementellen Laststeigerung erhält man eine Last-Verdrehungs-Kurve, die sich nur minimal von der Ausgangskurve unterscheidet: Die Durchschlagslast $P_{\max}$ liegt unverändert bei 0,720 N.

- Führt man eine lineare Eigenwertberechnung (an der schiefgestellten Pendelstütze) durch, so erhält man neben dem Ausweichen des Lagers in Form einer Stauchung ($\lambda_{\mathrm{krit},1}{=}0{,}94922$) ein reines Eulerstabknicken ($\lambda_{\mathrm{krit},2}{=}1{,}7210$) als zweite Versagensform.

Obwohl die beiden (mit der linearen Stabilitätsanalyse) berechneten Beullasten, $P_{\mathrm{krit},1}{=}0{,}94922\,\mathrm{N}$ und $P_{\mathrm{krit},2}{=}1{,}7210\,\mathrm{N}$, oberhalb der berechneten Durchschlagslast $P_{\max}{=}0{,}720\,\mathrm{N}$ liegen, wird ein **Verzweigungspunkt überrechnet**, wie die nachfolgend durchgeführte begleitende Eigenwertberechnung verdeutlicht.

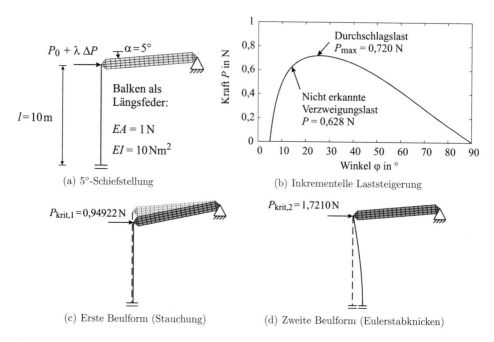

(a) 5°-Schiefstellung

(b) Inkrementelle Laststeigerung

(c) Erste Beulform (Stauchung)

(d) Zweite Beulform (Eulerstabknicken)

Abbildung 3.9: Vergleich von linearer Stabilitätsanalyse ($P_0 = 0$ und $\Delta P = 1\,\mathrm{N}$) und inkrementeller Laststeigerung (ohne Imperfektion bezüglich Knicken)

Begleitende Eigenwertberechnung

Eine begleitende Eigenwertberechnung ist erforderlich, da bereits der **Vorbeulbereich nichtlinear** ist.

- Verwendung der ersten beiden Beulformen der linearen Beulanalyse (siehe Abbildung 3.9(c) und (d)) als geometrische Imperfektion (Skalierungsfaktor: 0,001).
- Die Last P bzw. Vorlast P_0 wird in mehreren Schritten verschiebungsgesteuert aufgebracht und begleitend, d. h. mit der **tangentialen Steifigkeitsmatrix (Linearisierung des aktuellen Gleichgewichtszustandes)**, eine Eigenwertberechnung durchgeführt.
- Mit Zunahme der Last verringern sich beim untersuchten System die kritischen Lasten, wobei die kritische Last $P_{\mathrm{krit,Stauchung}}$ langsamer fällt als $P_{\mathrm{krit,Knicken\ \#1}}$. Dadurch kommt es zu einem **Wechsel der prognostizierten Versagensform** (bei $\varphi = 7{,}3°$): Als erste Beulform wird nicht mehr die Stauchung des Balkens, sondern das Eulerstabknicken ermittelt.
- Bei einer Vergleichsberechnung ohne Imperfektionen wird der Verzweigungspunkt überrechnet. Dieses äußert sich unter anderem dadurch, dass die für das instabile Gleichgewicht verantwortliche **Versagensform nicht mehr berechnet** wird:
  - Schritt 4 ($\varphi = 12{,}5°$): Reihenfolge der ersten drei Beulformen: Knicken #1, Stauchung, Knicken #2.
  - Schritt 5 ($\varphi = 17{,}0°$): Knicken #1 entfällt, Knicken #2 (nun die 1. Beulform) vor Stauchung (nur noch die 9. Beulform).

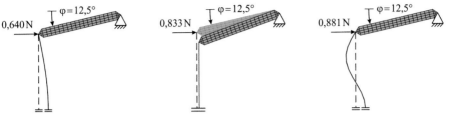

(a) Erste Beulform (Knicken #1)   (b) Zweite Beulform (Stauchung)   (c) Dritte Beulform (Knicken #2)

Abbildung 3.10: Beulformen und kritische Lasten P_{krit} des 4. Schrittes ($P_0 = 0{,}585\,\text{N}$)

Dass es sich beim singulären Punkt ($\varphi = 14{,}3°$, $P = 0{,}628\,\text{N}$) um einen Verzweigungspunkt und nicht um einen Durchschlagspunkt handelt, lässt sich wie folgt überprüfen:

- Die **Steigung der P_{krit}-φ-Kurve ist (beim Verzweigungspunkt) negativ, während die P-φ-Kurve steigt** (Durchschlagspunkt: gleiche (horizontale) Tangente).
- Gleichung (3.7): Beim Lastangriffspunkt ist der Eigenvektor Knicken #1 null (lediglich der Eigenvektor Stauchung hat einen Anteil), so dass gilt: $\boldsymbol{\Phi}_{\text{Knicken \#1}}^{\mathrm{T}}\mathbf{P} = 0$ ($\boldsymbol{\Phi}_{\text{Stauchung}}^{\mathrm{T}}\mathbf{P} \neq 0$, $\boldsymbol{\Phi}_{\text{Knicken \#2}}^{\mathrm{T}}\mathbf{P} = 0$) q.e.d.

Der **Current Stiffness Parameter** spiegelt qualitativ die Steigung der Last-Verdrehungs-Kurve wider und hilft somit beim Nachweis von Durchschlagspunkten ($CSP_i \to 0$), für die Identifikation eines Verzweigungspunktes eignet er sich jedoch genauso wenig wie die Tatsache, dass negative Eigenwerte auftreten.

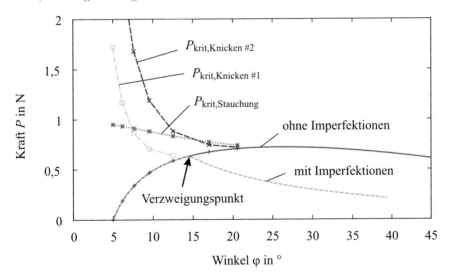

Abbildung 3.11: Begleitende Eigenwertberechnung

3.4 Dämpfung/Stabilisierung

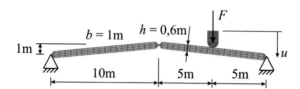

Abbildung 3.12: Modifiziertes von Mises-Fachwerk mit Kontakt

Die Vor- und Nachteile von Dämpfung/Stabilisierung sollen anhand des in Abbildung 3.12 gezeigten Systems diskutiert werden. Anders als beim modifizierten von Mises-Fachwerk aus Abbildung 3.2(b) wird die Last nicht mehr direkt, sondern über einen Stempel (reibungsfreier Kontakt) eingeleitet. Ziel ist eine Berechnung bis in den **Nachbeulbereich**.

- Da eine **statische Analyse zeitunabhängig** ist, wird oft der Begriff **Stabilisierung** statt Dämpfung verwendet.
- Die Bezeichnung **Dämpfung** sollte daher den beiden **zeitabhängigen Analysen** vorbehalten bleiben:
  1. Mit einer **dynamischen Analyse** lassen sich Beschleunigungen berücksichtigen.
  2. Eine **viskose Analyse** dient zur quasistatischen Berechnung (ohne Massenmatrix) von zeitabhängigen Materialien, z. B. Viskoelastizität oder Elastoplastizität mit ratenabhängiger Fließfunktion.

3.4.1 Ungedämpfte statische Analyse

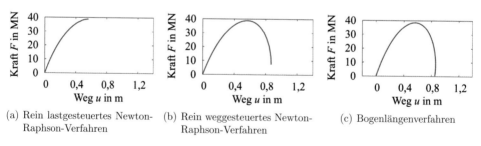

(a) Rein lastgesteuertes Newton-Raphson-Verfahren

(b) Rein weggesteuertes Newton-Raphson-Verfahren

(c) Bogenlängenverfahren

Abbildung 3.13: Abbruch bei ungedämpfter statischer Analyse

- Verwendung des Newton-Raphson-Verfahrens:
  - Wie auch beim von Mises-Fachwerk ohne Kontakt divergiert eine **kraftgesteuerte Berechnung** beim **Durchschlagspunkt** (horizontale Tangente).
  - Eine **weggesteuerte Berechnung** bricht beim **Umkehrpunkt** (vertikale Tangente bei Snap-back-Problem) ab.

– Unter gewissen Umständen, z. B. in Abhängigkeit vom Zeitinkrement, kann es auch zu einem Überrechnen des instabilen Bereiches kommen.

• Auch das Bogenlängenverfahren, das für Systeme mit sich **öffnenden Kontakten** ungeeignet ist, rechnet nicht bis in den Nachbeulbereich. Erwartungsgemäß erfolgt der Abbruch bei $F = 0$.

3.4.2 Ein kleiner Exkurs in die Welt der Dynamik

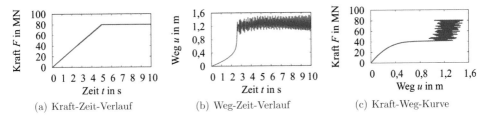

(a) Kraft-Zeit-Verlauf   (b) Weg-Zeit-Verlauf   (c) Kraft-Weg-Kurve

Abbildung 3.14: Ungedämpfte dynamische Berechnung

Ungedämpfte dynamische Analyse:

• In einem ersten Schritt wird die Last F über einen Zeitraum von 5 s linear gesteigert und anschließend 5 s lang konstant gehalten.

• Bei Erreichen der Durchschlagslast fängt das System an zu schwingen.

• Bei einer (nicht dargestellten) weggesteuerten Berechnung verhält sich das System bis zum Umkehrpunkt quasistatisch. Bei dem sich anschließenden dynamischen Teil kommt es zu einem Klappern des Kontaktes.

Auch wenn sich mit einer (ungedämpften) dynamischen Analyse bis in den Nachbeulbereich rechnen lässt, ist die Ergebnisauswertung nicht ganz einfach, da das System in eine **Endlosschwingung** gerät. Aus diesem Grund wird eine dynamische Berechnung mit etwas Dämpfung durchgeführt:

• **Rayleigh-Dämpfung** mit $\alpha_R = \frac{2}{11}$ Hz $= 0{,}18182$ Hz und $\beta_R = \frac{1}{5500}$ s $= 0{,}00018182$ s.

• Bildet die Realität sehr gut ab, dafür sehr **rechenzeitintensiv**.

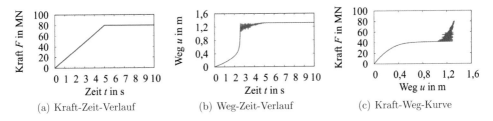

(a) Kraft-Zeit-Verlauf   (b) Weg-Zeit-Verlauf   (c) Kraft-Weg-Kurve

Abbildung 3.15: Gedämpfte dynamische Berechnung

3.4.3 Lokale Stabilisierung

Bei der lokalen Stabilisierung wird nur ein Teil des Systems gedämpft:

- **Dämpferelemente**:

$$F_\mathrm{d} = \eta_\mathrm{F}\, v_\mathrm{abs} \quad \text{oder} \quad F_\mathrm{d} = \eta_\mathrm{F}\, v_\mathrm{rel} \tag{3.13}$$

F_d: Dämpfungskraft

η_F: Viskosität (Einheit: Ns/m)

v_abs: (Pseudo-)Absolutgeschwindigkeit (eines Knotens)

v_rel: (Pseudo-)Relativgeschwindigkeit (zwischen zwei Knoten)

- **Kontaktstabilisierung**:

$$\boxed{p_\mathrm{d} = -\eta_\mathrm{p}(u_\mathrm{rel})\, v_\mathrm{rel}} \tag{3.14}$$

p_d: (viskoser) Kontaktdruck

η_p: Viskosität (Dämpfungsfaktor, Einheit: Ns/m^3)

u_rel: Abstand (abhängig von lokalen Koordinaten)

v_rel: (Pseudo-)Relativgeschwindigkeit (ortsabhängig)

Während bei den Dämpferelementen die Viskosität in der Regel konstant angesetzt wird, sollte man bei der Kontaktstabilisierung den **Wirkungsbereich einschränken**, z. B. durch einen **bilinearen Ansatz für die Viskosität**:

$$\eta_\mathrm{p} = \begin{cases} \eta & \text{für} \quad 0 \ \leq u_\mathrm{rel} < u_1 \\ \eta\left(1 - \frac{u_\mathrm{rel}-u_1}{u_2-u_1}\right) & \text{für} \quad u_1 \leq u_\mathrm{rel} < u_2 \\ 0 & \text{für} \quad u_2 \leq u_\mathrm{rel} \end{cases} \tag{3.15}$$

Kontaktstabilisierung wird zum **Schließen anfänglich geöffneter (lastfreier) Kontaktpaare** benötigt (Vermeidung von **Starrkörperverschiebungen**). Bei ausreichend großer Normalkraft kann ein Reibkontakt Schubkräfte übertragen, so dass die Viskosität im Laufe des Berechnungsschrittes **auf null gefahren** werden kann. Üblicherweise wird für die **zeitliche Änderung ein linearer Ansatz** verwendet.

> Divergiert eine Analyse erst kurz vor Ende, z. B. bei 99,9 % des Berechnungsschrittes, so wurde wahrscheinlich ein **zu kleiner Reibkoeffizient** angesetzt.

Bei dem betrachteten Beispiel wird unter Anwendung von Kontaktstabilisierung der Stempelweg u inkrementell in 1 s auf bis zu 1,5 m gesteigert. Es ist zwischen drei Fällen zu unterscheiden:

- **Zu wenig Stabilisierung** ($\eta = 10^{-4}$): Die Berechnung divergiert bei $F = 0$.
- **Angemessene Stabilisierung** ($\eta = 10^{-3}$ bis $\eta = 1$):
  - Nahezu identische Last-Verschiebungs-Kurven im Vor- und Nachbeulbereich, obwohl sich der **Dämpfungsfaktor um bis zu drei Größenordnungen** unterscheidet.
  - Auch der Wert der größten **Kontaktzugkraft** (20,7 MN für $\eta = 10^{-3}$ und 21,9 MN für $\eta = 1$) ist nahezu gleich.

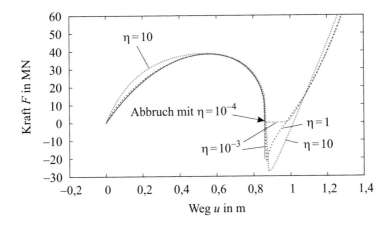

Abbildung 3.16: Statische Analyse mit Kontaktstabilisierung

– Allerdings steigt der Zeitraum (und somit der zugehörige Weg u), innerhalb dessen negative Kontaktdrücke übertragen werden können, deutlich mit dem Dämpfungsfaktor η.

– Während für die Berechnung mit $\eta = 1$ der Zeitschritt konstant bei $\Delta t = 0{,}01\,\mathrm{s}$ liegt, ist bei der schwach gedämpften Analyse ($\eta = 10^{-3}$) eine Reduktion auf $\Delta t = 6{,}26\,\mathrm{ms}$ erforderlich.

- **Zu viel Stabilisierung** ($\eta = 10$): Verfälschung der Ergebnisse durch zu steifes Verhalten bereits im Vorbeulbereich.

Im Gegensatz zu einer dynamischen Berechnung ist das Ergebnis der statischen Analyse also (nahezu) unabhängig von der Größe des Dämpfungsfaktors.

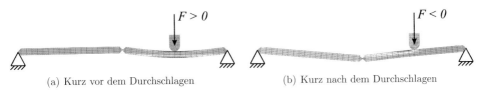

(a) Kurz vor dem Durchschlagen   (b) Kurz nach dem Durchschlagen

Abbildung 3.17: Teilweise Dämpfung des Durchschlagens durch Kontaktstabilisierung

Durch die Kontaktstabilisierung gelingt es zwar (glücklicherweise), das Durchschlagen soweit zu dämpfen, dass in den Nachbeulbereich gerechnet werden kann, dennoch ist für das modifizierte von Mises-Fachwerk lokale Stabilisierung nur bedingt zu empfehlen. Da insbesondere der linke Balken noch unbehindert durchschlagen kann, ist eine Konvergenz nicht garantiert.

3.4.4 Globale Stabilisierung

Mit globaler Stabilisierung lässt sich das gesamte System dämpfen. Als Beispiel betrachte man **volumenproportionale Stabilisierung**:

$$\boxed{\mathbf{D} = c\mathbf{M}_1} \qquad\qquad (3.16)$$

$\mathbf{D}$:   Dämpfungsmatrix
$\mathbf{M}_1$:   Massenmatrix bei Einheitsdichte $\rho = 1\,\mathrm{kg/m^3}$
c: Dämpfungsfaktor (Einheit: 1/s)

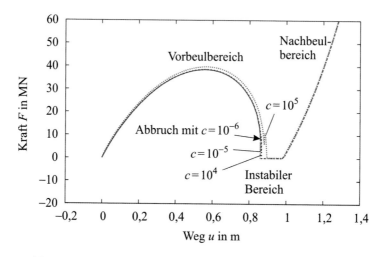

Abbildung 3.18: Statische Analyse mit globaler Stabilisierung

- Im Gegensatz zur Kontaktstabilisierung bleibt der Dämpfungsparameter c üblicherweise auch am Ende des Berechnungsschrittes konstant.
- Die Stempelkraft wird nicht negativ: $F \geq 0$.
- Wie auch bei der lokalen Stabilisierung gibt es im Wesentlichen drei Bereiche: **zu wenig** ($c = 10^{-6}$), **zu viel** ($c = 10^5$) **und angemessene Stabilisierung**. Dadurch, dass nun aber das gesamte System sich „**wie in Honig getaucht**" verhält, kann der Dämpfungsfaktor über einen deutlich größeren Bereich (**9 Größenordnungen**: $c = 10^{-5} \ldots 10^4$) variiert werden, ohne dass sich das Ergebnis nennenswert ändert.
- Das kleinste Zeitinkrement verhält sich umgekehrt proportional zum Dämpfungsfaktor: $\Delta t = 6{,}257 \cdot 10^{-5}\,\mathrm{s}$ für $c = 10^4\,\mathrm{Hz}$ und $\Delta t = 2{,}461 \cdot 10^{-13}\,\mathrm{s}$ für $c = 10^{-5}\,\mathrm{Hz}$.

> Mit globaler Stabilisierung lässt sich am effizientesten in den Nachbeulbereich rechnen. Das (dynamische) Durchschlagen selbst kann jedoch nicht erfasst werden.

3.4.5 Stabilisierungsenergie und Stabilisierungsleistung

Auch wenn die beste Möglichkeit, zu überprüfen, ob es durch Stabilisierung zu einer
Verfälschung der Ergebnisse kommt, immer noch die zuvor gezeigte Parameterstudie ist,
wird in der Berechnungspraxis häufig (sträflicherweise) nur eine einzige Berechnung durchgeführt. Für diesen Fall gelten folgende Empfehlungen:

- **Wahl der globalen Stabilisierung in Abhängigkeit von der inneren Energie zu
  Berechnungsbeginn**:

  Eine pragmatische Möglichkeit ist, den Dämpfungsfaktor c nicht direkt vorzugeben, sondern automatisch während des ersten Inkrementes in Abhängigkeit vom
  Verhältnis von Stabilisierungsenergie E_D^1 (dissipierte Energie) zu innerer Energie E_I^1
  bestimmen zu lassen, z. B. $E_D^1 = 0,1\,\% \, E_I^1$.

  - Ein **höherer Wert** sollte gewählt werden, wenn es während der nachfolgenden
    Inkremente zu einer **Versteifung** des Systems kommt, z. B. beim Tiefziehen
    eines Bleches: Biegung zu Beginn, Dehnung maßgeblich gegen Ende.
  - Bei **Durchschlagsproblemen** wie dem modifizierten von Mises-Fachwerk wird
    folglich der Stabilisierungsparameter zu groß abgeschätzt ($c = 4{,}22 \cdot 10^6$) und
    muss **reduziert** werden. Beispielsweise führt die Vorgabe $E_D^1 = 0{,}001\,\% \, E_I^1$ zu
    einer Stabilisierung von $c = 4{,}22 \cdot 10^4$.

- **Stabilisierungsenergie klein**:

  Eine Daumenregel besagt, dass die **Stabilisierungsenergie E_D höchstens 1 bis 5 %
  der inneren Energie E_I** betragen darf.

  - Das Ergebnis jedes einzelnen Inkrementes kann dann als **quasistatisch** angese-
    hen werden.
  - Achtung: Falls die Energiedissipation **lokal deutlich höhere Werte** annimmt,
    z. B. bei Materialversagen oder Kontaktproblemen, reicht eine Betrachtung der
    Gesamtenergien nicht aus.

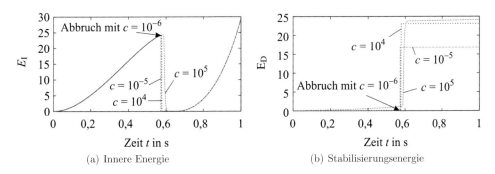

(a) Innere Energie   (b) Stabilisierungsenergie

Abbildung 3.19: Energien bei globaler Stabilisierung

- **Stabilisierungsleistung null zu Berechnungsende**:

  Ist man nur am **Endergebnis** interessiert, reicht es unter folgenden Voraussetzungen aus, zu überprüfen, dass die zeitliche Änderung der Stabilisierungsenergie, die Stabilisierungsleistung, gegen null geht:

  - Elastisches Materialverhalten
  - Reibungsfreier Kontakt
  - Kein Verzweigungsproblem

> Obwohl (fast) die gesamte innere Energie beim Durchschlagen in Stabilisierungsenergie umgewandelt wird, kann beim modifizierten von Mises-Fachwerk (mit Kontakt) das Nachbeulverhalten als richtig berechnet betrachtet werden.

4 Dynamische Analysen

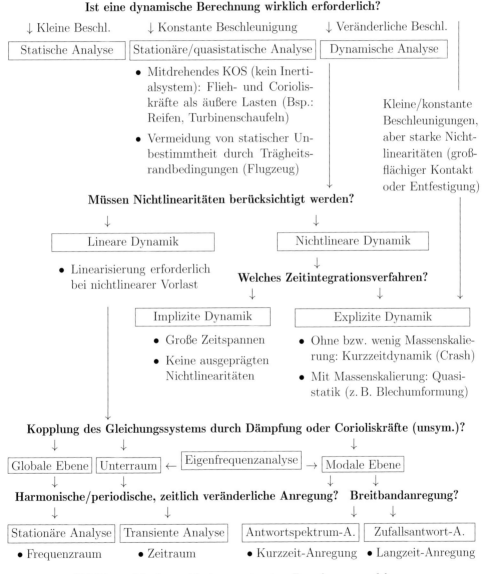

Ist eine dynamische Berechnung wirklich erforderlich?

↓ Kleine Beschl. ↓ Konstante Beschleunigung ↓ Veränderliche Beschl.

| Statische Analyse | Stationäre/quasistatische Analyse | Dynamische Analyse |

- Mitdrehendes KOS (kein Inertialsystem): Flieh- und Corioliskräfte als äußere Lasten (Bsp.: Reifen, Turbinenschaufeln)
- Vermeidung von statischer Unbestimmtheit durch Trägheitsrandbedingungen (Flugzeug)

Kleine/konstante Beschleunigungen, aber starke Nichtlinearitäten (großflächiger Kontakt oder Entfestigung)

Müssen Nichtlinearitäten berücksichtigt werden?

↓ ↓

| Lineare Dynamik | | Nichtlineare Dynamik |

- Linearisierung erforderlich bei nichtlinearer Vorlast

Welches Zeitintegrationsverfahren?

↓ ↓

| Implizite Dynamik | | Explizite Dynamik |

- Große Zeitspannen
- Keine ausgeprägten Nichtlinearitäten

- Ohne bzw. wenig Massenskalierung: Kurzzeitdynamik (Crash)
- Mit Massenskalierung: Quasistatik (z. B. Blechumformung)

Kopplung des Gleichungssystems durch Dämpfung oder Corioliskräfte (unsym.)?

↓ ↓ ↓

| Globale Ebene | Unterraum | ← | Eigenfrequenzanalyse | → | Modale Ebene |

Harmonische/periodische, zeitlich veränderliche Anregung? Breitbandanregung?

↓ ↓ ↓

| Stationäre Analyse | Transiente Analyse | Antwortspektrum-A. | Zufallsantwort-A. |

- Frequenzraum
- Zeitraum
- Kurzzeit-Anregung
- Langzeit-Anregung

Abbildung 4.1: Auswahl eines geeigneten Berechnungsverfahrens

4.1 Lineare Dynamik

4.1.1 Berechnungsebenen

Globale Ebene (gekoppeltes DGL-System mit z. B. $N = 10^6$ FHG u_i)

Unterraum (gekoppeltes DGL-System mit z. B. nur noch $M = 1000$ FHG q_i)

Modale Ebene (Entkopplung der M FHG q_i, falls $\tilde{\mathbf{D}}$ Diagonalmatrix)

$$\boxed{\mathbf{M}\ddot{\mathbf{u}} + \mathbf{D}\dot{\mathbf{u}} + \mathbf{K}\mathbf{u} = \mathbf{P}}$$

$$\boxed{\tilde{\mathbf{M}}\ddot{\mathbf{q}} + \tilde{\mathbf{D}}\dot{\mathbf{q}} + \tilde{\mathbf{K}}\mathbf{q} = \tilde{\mathbf{P}}}$$

$$\boxed{m_i\ddot{q}_i + d_i\dot{q}_i + k_iq_i = p_i}$$

Globale Matrizen:

Modale Matrizen:

Generalisierte Größen:

M:	Massenmatrix	$\tilde{\mathbf{M}} = \boldsymbol{\varphi}^{\mathrm{T}}\mathbf{M}\boldsymbol{\varphi}$	$m_i = \boldsymbol{\Phi}_i^{\mathrm{T}}\mathbf{M}\boldsymbol{\Phi}_i$
D:	Dämpfungsmatrix	$\tilde{\mathbf{D}} = \boldsymbol{\varphi}^{\mathrm{T}}\mathbf{D}\boldsymbol{\varphi}$	$d_i = \boldsymbol{\Phi}_i^{\mathrm{T}}\mathbf{D}\boldsymbol{\Phi}_i$
K:	Steifigkeitsmatrix	$\tilde{\mathbf{K}} = \boldsymbol{\varphi}^{\mathrm{T}}\mathbf{K}\boldsymbol{\varphi}$	$k_i = \boldsymbol{\Phi}_i^{\mathrm{T}}\mathbf{K}\boldsymbol{\Phi}_i$
P:	Lastvektor	$\tilde{\mathbf{P}} = \boldsymbol{\varphi}^{\mathrm{T}}\mathbf{P}$	$p_i = \boldsymbol{\Phi}_i^{\mathrm{T}}\mathbf{P}$

Lösungsschema

1. Berechnung der **Eigenkreisfrequenzen** ω_i und zugehörigen **Eigenvektoren** $\boldsymbol{\Phi}_i$
2. Ermittlung der **generalisierten Verschiebungen**:
   a) **Zeitraum**: $q_i = q_i(t)$ (exakte Lösung, wenn $p_i = p_i(t)$ stückweise linear) bzw. $\mathbf{q} = \mathbf{q}(t)$ (explizite Zeitintegration effizienter als implizite)
   b) **Frequenzraum**: $q_i = q_i(f)$ bzw. $\mathbf{q} = \mathbf{q}(f)$ (Zerlegung der generalisierten Lasten $p_i(f)$ bzw. $\tilde{\mathbf{P}}(f)$ in Fourierreihe bei periodischer Belastung)
3. **Modale Superposition**:

$$\boxed{\mathbf{u} = \boldsymbol{\varphi}\mathbf{q} = \sum_i^M q_i\boldsymbol{\Phi}_i} \tag{4.1}$$

$\mathbf{u}^{\mathrm{T}} = [u_1, u_2, \dots, u_N]$:   Globaler Verschiebungsvektor

$\mathbf{q}^{\mathrm{T}} = [q_1, q_2, \dots, q_M]$:   Matrix aus generalisierten Verschiebungen ($M \leq N$)

$\boldsymbol{\Phi}_i^{\mathrm{T}} = [u_1^i, u_2^i, \dots, u_N^i]$:   Eigenvektor

$\boldsymbol{\varphi} = [\boldsymbol{\Phi}_1, \boldsymbol{\Phi}_2, \dots, \boldsymbol{\Phi}_M]$:   Matrix aus Eigenvektoren

Effektive Massen

$$\boxed{m_{ij}^{\mathrm{eff}} = m_i\Gamma_{ij}^2} \quad \text{mit} \quad \boxed{\Gamma_{ij} = \frac{1}{m_i}\boldsymbol{\Phi}_i^{\mathrm{T}}\mathbf{M}\mathbf{T}_j} \tag{4.2}$$

Γ_{ij}:   Beteiligungsfaktoren (modale Beschleunigungen)

$\mathbf{T}_j$:   Starrkörper-Beschleunigungsvektor (auf Eins normiert,
     $j = 1, 2, 3$: Translationen, $j = 4, 5, 6$: Rotationen um globales KOS)

> Während die generalisierte Masse m_i richtungsunabhängig ist, lässt sich aus den effektiven Massen m_{ij}^{eff} direkt ablesen, wie viel Masse bei Beanspruchung in j-**Richtung** angeregt wird.

4.1.2 Eigenfrequenzanalyse

Eigenwertproblem

DGL für ungedämpfte freie Schwingung (mit $\mathbf{M} = \mathbf{M}^\mathrm{T}$ und $\mathbf{K} = \mathbf{K}^\mathrm{T}$):

$$\boxed{\mathbf{M}\ddot{\mathbf{u}} + \mathbf{K}\mathbf{u} = \mathbf{0}} \tag{4.3}$$

Lösungsansatz:

$$\mathbf{u} = \boldsymbol{\Phi}\exp(\mathrm{i}\omega t) \quad \text{mit} \quad \mathrm{i} = \sqrt{-1} \tag{4.4}$$

Einsetzen in DGL liefert (reelles) Eigenwertproblem (im Allgemeinen gilt $\exp(\mathrm{i}\omega t) \neq 0$):

$$(-\lambda\mathbf{M} + \mathbf{K})\boldsymbol{\Phi} = \mathbf{0} \quad \text{mit} \quad \lambda = \omega^2 \tag{4.5}$$

Charakteristische Gleichung:

$$\boxed{\det(\mathbf{K} - \lambda\mathbf{M}) = 0} \tag{4.6}$$

Nichttriviale Lösungen:

λ_i: Eigenwerte
$\omega_i = \sqrt{\lambda_i}$:   Eigenkreisfrequenzen
$f_i = \frac{\omega_i}{2\pi}$:   Eigenfrequenzen
$\boldsymbol{\Phi}_i$:   Eigenvektoren/Eigenmoden

Hinweis: Im allgemeinen Sprachgebrauch wird ω_i häufig als Eigenwert bezeichnet (streng genommen nicht korrekt).

Orthogonalität von Eigenvektoren

$$\boxed{\boldsymbol{\Phi}_i^\mathrm{T}\mathbf{M}\boldsymbol{\Phi}_j = \begin{cases} 0 & \text{für} \quad i \neq j \\ m_i & \text{für} \quad i = j \end{cases}} \quad \text{und} \quad \boxed{\boldsymbol{\Phi}_i^\mathrm{T}\mathbf{K}\boldsymbol{\Phi}_j = \begin{cases} 0 & \text{für} \quad i \neq j \\ k_i & \text{für} \quad i = j \end{cases}} \tag{4.7}$$

Anmerkung: Wird alternativ eine Massennormierung (statt Verschiebungsnormierung) verwendet, so gilt $\boldsymbol{\Phi}_i^\mathrm{T}\mathbf{M}\boldsymbol{\Phi}_i = 1$ und $\boldsymbol{\Phi}_i^\mathrm{T}\mathbf{K}\boldsymbol{\Phi}_i = \omega_i^2$.

Allgemeine Hinweise

- Anzahl der Eigenvektoren muss so groß sein, dass die Summe der **effektiven Massen** mindestens 80 % bis 90 % der freien (d. h. nicht eingespannten) Masse beträgt.
- Maßnahme zur Ergebnisverbesserung: Anreicherung der (natürlichen) Eigenmoden durch **Pseudomoden** (residual modes, „Restmoden" bzw. „statische Eigenmoden").
- Bei symmetrischen Systemen (z. B. Kragarm mit $I_{yy} = I_{zz}$) treten **mehrfache Eigenfrequenzen** auf. Da die zugehörigen Eigenvektoren mehrdeutig (abhängig von Rundungsungenauigkeiten) sind, sollten immer alle Moden verwendet werden.
- Eigenfrequenzanalyse ist Voraussetzung für (nachgeschaltete transiente/stationäre) Berechnungen im **Unterraum** und auf **modaler Ebene**, aber nicht erforderlich bei direkter Integration des linearen DGL-Systems auf globaler Ebene.

Beispiel #1

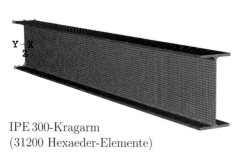

IPE 300-Kragarm
(31200 Hexaeder-Elemente)

Länge: 2 m, Masse: $m = 84{,}79\,\text{kg}$

Schwerpunkt: $x = 1\,\text{m}$, $y = 0\,\text{m}$, $z = 0\,\text{m}$

Massenträgheitsmomente bezüglich des
Ursprungs (0) und des Schwerpunktes (S):

$$
\begin{aligned}
J_{xx}^0 &= 1{,}41\,\text{kg m}^2, & J_{xx}^S &= 1{,}41\,\text{kg m}^2 \\
J_{yy}^0 &= 114{,}37\,\text{kg m}^2, & J_{yy}^S &= 29{,}58\,\text{kg m}^2 \\
J_{zz}^0 &= 113{,}15\,\text{kg m}^2, & J_{zz}^S &= 28{,}36\,\text{kg m}^2
\end{aligned}
$$

Deviationsmomente:

$$
J_{xy}^0 = J_{xz}^0 = J_{yz}^0 = J_{xy}^S = J_{xz}^S = J_{yz}^S = 0
$$

Extraktion von 24 Eigenfrequenzen f_i einschließlich der zugehörigen Eigenmoden $\mathbf{\Phi}_i$ (graphisch dargestellt), generalisierten Massen m_i und effektiven Massen m_{ij}^{eff}:

m_i in kg $m_{i1}^{\text{eff}}, m_{i2}^{\text{eff}}, m_{i3}^{\text{eff}}$ in kg $m_{i4}^{\text{eff}}, m_{i5}^{\text{eff}}, m_{i6}^{\text{eff}}$ in kg m^2	f_i m_{i1}^{eff} m_{i2}^{eff} m_{i3}^{eff}	m_i m_{i4}^{eff} m_{i5}^{eff} m_{i6}^{eff}	m_i in kg $m_{i1}^{\text{eff}}, m_{i2}^{\text{eff}}, m_{i3}^{\text{eff}}$ in kg $m_{i4}^{\text{eff}}, m_{i5}^{\text{eff}}, m_{i6}^{\text{eff}}$ in kg m^2	f_i m_{i1}^{eff} m_{i2}^{eff} m_{i3}^{eff}	m_i m_{i4}^{eff} m_{i5}^{eff} m_{i6}^{eff}
Mode 1	24,0 Hz — 52,0 —	20,7 — — 109,87	Mode 5	161,8 Hz — 0,9 —	9,6 — — 0,24
Mode 2	34,9 Hz — — —	16,7 0,89 — —	Mode 6	173,4 Hz — — —	16,2 0,25 — —
Mode 3	84,7 Hz — 53,2	22,6 111,81 —	Mode 7	217,4 Hz — —	13,3 — 0,04
Mode 4	136,0 Hz — 14,6 —	17,6 — — 2,38	Mode 8	259,8 Hz — 3,4 —	9,0 — — 0,27

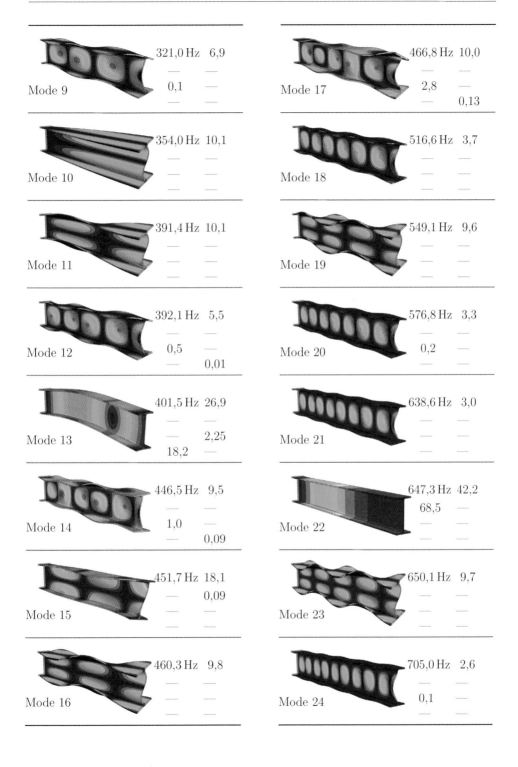

Mode 9	321,0 Hz	6,9
	—	—
	0,1	—
	—	—

Mode 10	354,0 Hz	10,1
	—	—
	—	—

Mode 11	391,4 Hz	10,1
	—	—
	—	—

Mode 12	392,1 Hz	5,5
	—	—
	0,5	—
	—	0,01

Mode 13	401,5 Hz	26,9
	—	—
	—	2,25
	18,2	—

Mode 14	446,5 Hz	9,5
	—	—
	1,0	—
	—	0,09

Mode 15	451,7 Hz	18,1
	—	0,09
	—	—
	—	—

Mode 16	460,3 Hz	9,8
	—	—
	—	—
	—	—

Mode 17	466,8 Hz	10,0
	—	—
	2,8	—
	—	0,13

Mode 18	516,6 Hz	3,7
	—	—
	—	—

Mode 19	549,1 Hz	9,6
	—	—
	—	—

Mode 20	576,8 Hz	3,3
	—	—
	0,2	—
	—	—

Mode 21	638,6 Hz	3,0
	—	—
	—	—
	—	—

Mode 22	647,3 Hz	42,2
	68,5	—
	—	—
	—	—

Mode 23	650,1 Hz	9,7
	—	—
	—	—
	—	—

Mode 24	705,0 Hz	2,6
	—	—
	0,1	—
	—	—

Überprüfung der Modenanzahl anhand der gesamten effektiven Massen $m_j^{\text{eff,ges}} = \sum\limits_{i=1}^{24} m_{ij}^{\text{eff}}$:

j	$m_j^{\text{eff,ges}}$	$m_j^{\text{eff,ges}}/m$	$m_j^{\text{eff,ges}}/J_{\alpha\alpha}^0$	Beteiligte Moden
1	68,55 kg	80,8 %		22 (einzige Längsschwingung)
2	75,73 kg	89,3 %		1,4,5,8,9,12,14,17,20,24
3	71,40 kg	84,2 %		3,13 (zwei Biegeschwingungen um steife Achse)
4	1,23 kg m²		87,2 %	2,6,15 (drei Torsionsschwingungen)
5	114,06 kg m²		99,7 %	3,13 (zwei Biegeschwingungen um steife Achse)
6	113,03 kg m²		99,9 %	1,4,5,7,8,12,14,17

Eine genaue, aber unter Umständen rechenzeitintensive Maßnahme gegen zu wenig Moden (für nachfolgende lineare Berechnung) ist die Hinzunahme weiterer **natürlicher Moden**. So besitzen hier erst wieder die Moden 87 und 161 nennenswerte Anteile in Längsrichtung:

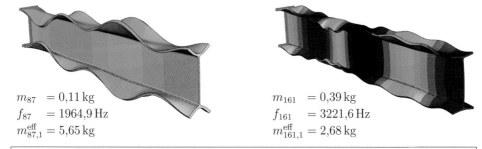

$$m_{87} = 0{,}11\,\text{kg} \qquad m_{161} = 0{,}39\,\text{kg}$$
$$f_{87} = 1964{,}9\,\text{Hz} \qquad f_{161} = 3221{,}6\,\text{Hz}$$
$$m_{87,1}^{\text{eff}} = 5{,}65\,\text{kg} \qquad m_{161,1}^{\text{eff}} = 2{,}68\,\text{kg}$$

Eine alternative Maßnahme zur Ergebnisverbesserung sind **Pseudomoden** $\tilde{\Phi}_i$:

- Bei einer zuvor durchzuführenden **statischen Analyse** ist die Last so zu wählen, dass die deformierte Struktur dem relevanten Eigenvektor ähnelt.
- Vermeidung „ähnlicher Eigenmoden" durch **Orthogonalisierung** (passiert automatisch während der Eigenfrequenzanalyse, vgl. Gleichung (4.7)) der statischen Verschiebungsantworten gegen die natürlichen Moden und untereinander.
- **Eigenkreisfrequenzen** der Pseudomoden:

$$\tilde{\omega}_i = 2\pi \tilde{f}_i = \sqrt{\frac{\tilde{k}_i}{\tilde{m}_i}} = \sqrt{\frac{\tilde{\Phi}_i^{\text{T}} \mathbf{K} \tilde{\Phi}_i}{\tilde{\Phi}_i^{\text{T}} \mathbf{M} \tilde{\Phi}_i}} \qquad (4.8)$$

Beispiel: Erzeugung von Pseudomoden (Pseudoeigenvektoren) für folgende zwei Lastfälle:

Lastfall 1 (**Längsschwingung maßgeblich**):   Lastfall 2 (**Stoßbelastung auf Ecke**):

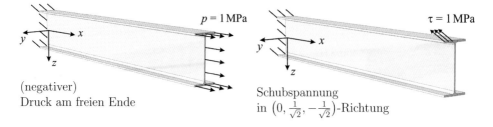

(negativer)
Druck am freien Ende

Schubspannung
in $\left(0, \frac{1}{\sqrt{2}}, -\frac{1}{\sqrt{2}}\right)$-Richtung

Tipp: Da die Steifigkeitsmatrix für beide Lastfälle identisch ist, muss nur eine einzige statische Analyse durchgeführt werden. Wie in Abschnitt 8.1.2 erläutert, wird dabei eine **Lastmatrix**, bestehend aus zwei Lastvektoren, als rechte Seite verwendet.

Statische Verschiebungsantwort 1:   Statische Verschiebungsantwort 2:

Orthogonalisierung („Herausrechnen" der 24 natürlichen Moden)

Pseudoeigenvektor 1 (Mode 26):   Pseudoeigenvektor 2 (Mode 25):

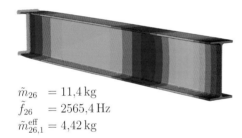
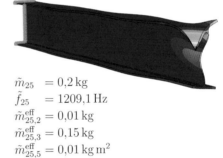

$$\tilde{m}_{26} = 11{,}4\,\text{kg}$$
$$\tilde{f}_{26} = 2565{,}4\,\text{Hz}$$
$$\tilde{m}_{26,1}^{\text{eff}} = 4{,}42\,\text{kg}$$

$$\tilde{m}_{25} = 0{,}2\,\text{kg}$$
$$\tilde{f}_{25} = 1209{,}1\,\text{Hz}$$
$$\tilde{m}_{25,2}^{\text{eff}} = 0{,}01\,\text{kg}$$
$$\tilde{m}_{25,3}^{\text{eff}} = 0{,}15\,\text{kg}$$
$$\tilde{m}_{25,5}^{\text{eff}} = 0{,}01\,\text{kg}\,\text{m}^2$$

Bewertung:

1. Durch den ersten Pseudoeigenvektor erhöht sich die effektive Masse in 1-Richtung
   $$m_1^{\text{eff,ges}} = \sum_{i=1}^{24} m_{i1}^{\text{eff}} + \sum_{i=25}^{26} \tilde{m}_{i1}^{\text{eff}} = 72{,}97\,\text{kg}$$ von anfänglich 80,8 % auf immerhin 86,1 % der **Gesamtmasse** m. Bezogen auf die **freie Masse**, die aufgrund von Verschiebungsrandbedingungen kleiner als die Gesamtmasse ist, verbessert sich der Quotient noch weiter.

   Linear dynamische Analysen beispielsweise eines **Ausschwingversuches in Längsrichtung** können somit mit hinreichender Genauigkeit durchgeführt werden.

2. Achtung: Die linear dynamische Berechnung einer **Stoßbelastung** kann auch unter Hinzunahme des zugehörigen (zweiten) Pseudoeigenvektors zu vergleichsweise schlechten Ergebnissen führen. Da es sich hierbei in erster Linie um einen zunächst **lokal sehr begrenzten** dynamischen Vorgang handelt, kann die Betrachtung der auf **Starrkörperbeschleunigungen** $\mathbf{T}_j$ basierenden effektiven Massen irreführend sein. Im Zweifelsfall wird eine direkte Integration der Bewegungsgleichungen empfohlen.

Beispiel #2

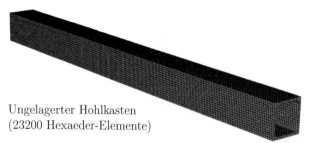

Länge: 2 m

Masse: $m = 96{,}92\,\mathrm{kg}$ (Stahl)

Quadratisches Profil:
150 mm × 150 mm
10,7 mm Wandstärke
15 mm Radius (Ecken innen)

Ungelagerter Hohlkasten
(23200 Hexaeder-Elemente)

Im Gegensatz zu dem zuvor gezeigten Beispiel eines I-Profil-Trägers ist der Hohlkasten ungelagert und zudem noch symmetrisch, so dass **mehrfache Eigenmoden** auftreten.

Als ein Sonderfall mehrfacher Eigenvektoren werden die **sechs Starrkörpermoden** (Eigenfrequenzen von 0,0 Hz) in der Regel nicht in Reinform, sondern als **Linearkombination** der drei Verschiebungs- und drei Rotationsfreiheitsgrade berechnet:

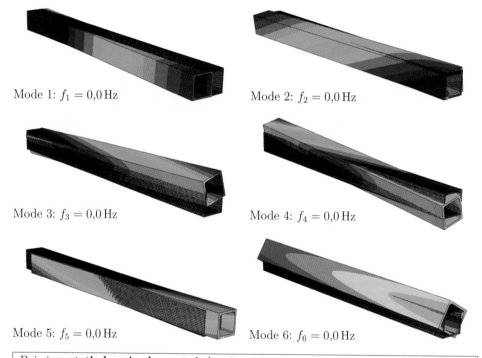

Mode 1: $f_1 = 0{,}0\,\mathrm{Hz}$ Mode 2: $f_2 = 0{,}0\,\mathrm{Hz}$

Mode 3: $f_3 = 0{,}0\,\mathrm{Hz}$ Mode 4: $f_4 = 0{,}0\,\mathrm{Hz}$

Mode 5: $f_5 = 0{,}0\,\mathrm{Hz}$ Mode 6: $f_6 = 0{,}0\,\mathrm{Hz}$

Bei einer **statischen Analyse** würde bereits ein einziger Starrkörpermode zu einem Abbruch der Berechnung (Last kann nicht aufgenommen werden) oder zumindest zu **mehrdeutigen Lösungen** (keine zugehörige Last) führen. Die **Anzahl der Starrkörpermoden** entspricht dem **Grad der statischen Unterbestimmtheit**, so dass sich Eigenfrequenzanalysen auch zur **Erkennung fehlender Randbedingungen** einsetzen lassen.

Die ermittelten Eigenvektoren 7 und 8 (erste Biegeschwingung) sowie 9 und 10 (zweite Biegeschwingung) korrespondieren zufällig mit den Hauptachsen:

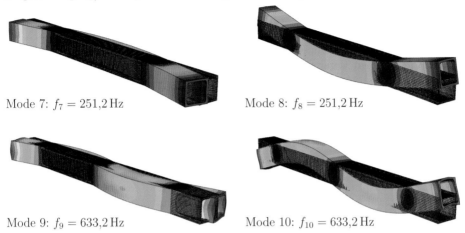

Mode 7: $f_7 = 251{,}2\,\text{Hz}$ Mode 8: $f_8 = 251{,}2\,\text{Hz}$

Mode 9: $f_9 = 633{,}2\,\text{Hz}$ Mode 10: $f_{10} = 633{,}2\,\text{Hz}$

Denkbar wären auch die nachfolgend dargestellten Moden 7a bis 10a, die sich aus einer Linearkombination der Moden 7 und 8 bzw. 9 und 10 ergeben:

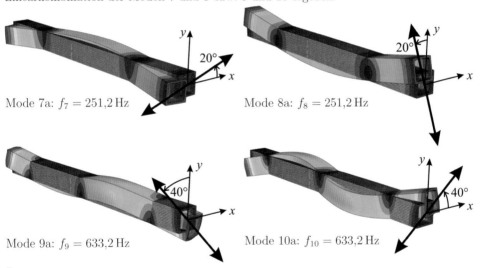

Mode 7a: $f_7 = 251{,}2\,\text{Hz}$ Mode 8a: $f_8 = 251{,}2\,\text{Hz}$

Mode 9a: $f_9 = 633{,}2\,\text{Hz}$ Mode 10a: $f_{10} = 633{,}2\,\text{Hz}$

Bewertung:

1. Welcher Satz von Eigenmoden ermittelt wird, hängt von **numerischen Ungenauigkeiten** ab, so dass die Wahl des **Gleichungslösers** und sogar die des **Betriebssystems** einen Einfluss haben kann.

2. Es wird empfohlen, im Rahmen einer modalen dynamischen Analyse immer den **kompletten Satz** (Hohlkasten: nicht 9 Moden, sondern 8 oder 10) zu verwenden.

3. Insbesondere bei **zyklisch symmetrischen Systemen** wie einer Turbine mit n Schaufelblättern kann die Anzahl der Moden gleicher Eigenfrequenz sehr groß werden (bis zu z. B. $n = 42$).

4.1.3 Transiente Analyse

Die Vorteile und Grenzen einer modal transienten Analyse sollen anhand des bereits auf Seite 50 ff. behandelten IPE 300-Kragarms erläutert werden. Wenn ohne Dämpfung ($\mathbf{D} = \mathbf{0}$, $\tilde{\mathbf{D}} = \mathbf{0}$, $d_i = 0$) gerechnet wird, führen im Grenzfall unendlich kleiner Zeitschritte bzw. hinreichend vieler Eigenmoden die **drei linearen Analysen (global, im Unterraum, modal) zu identischen Ergebnissen**. Die Güte der Lösung soll anhand der Verschiebung des Punktes A in x-Richtung beurteilt werden.

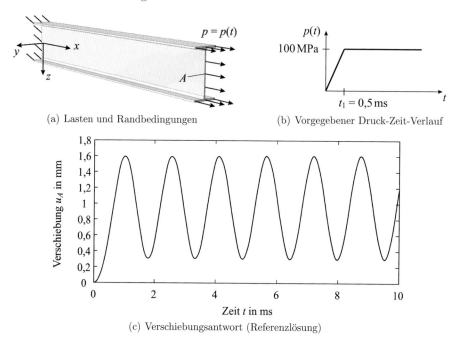

(a) Lasten und Randbedingungen   (b) Vorgegebener Druck-Zeit-Verlauf

(c) Verschiebungsantwort (Referenzlösung)

Abbildung 4.2: In Längsrichtung stoßerregter IPE 300-Träger

Globale Ebene

- Rechnung auf globaler Ebene (Sonderfall der linearen Dynamik, da keine Eigenvektoren erforderlich) dient als Referenzlösung.
- **Automatische Zeitschrittsteuerung** ist empfehlenswert, um einen Kompromiss aus Genauigkeit und Effizienz zu erzielen. So muss bei impliziten Verfahren z. B. das Halbschrittresiduum kleiner als eine vorzugebende Schranke (Einheit: Kraft) sein.
- Beim HHT-Verfahren werden mit Hilfe des numerischen Dämpfungsparameters α (4.73) hochfrequente Schwingungsanteile (relativ zum Zeitinkrement) gedämpft.
- Auch der Einfluss der Parameter β und γ (unterschiedliche Voreinstellungen verschiedener FE-Programme) steigt mit Zunahme des Zeitinkrements.

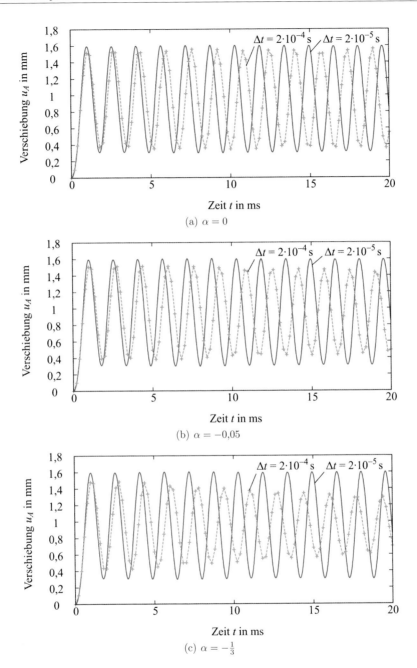

Abbildung 4.3: Wechselwirkung von numerischem Dämpfungsparameter α des HHT-Zeit-
integrationsverfahrens und Zeitinkrement Δt: Gedämpfte Schwingung für
$\Delta t = 2 \cdot 10^{-4}$ s, falls $\alpha < 0$; freie Schwingung für $\Delta t = 2 \cdot 10^{-5}$ s

Unterraum

- Analog zur (rein) modal transienten Analyse müssen hinreichend viele Eigenmoden verwendet werden.
- Wie auch bei der Berechnung auf globaler Ebene ist das Ergebnis grundsätzlich abhängig vom Zeitschritt. Da jedoch die Eigenfrequenzen bekannt sind, können FE-Programme **automatisch eine Untergrenze für das Zeitinkrement** berechnen: $\Delta t_{\min} = 9{,}93 \cdot 10^{-5}\,\mathrm{s} = 80\,\%\,t_{\mathrm{stable}}$ mit $t_{\mathrm{stable}} = \frac{1}{\pi f_{\max}}$ und $f_{\max} = \tilde{f}_{26} = 2565{,}4\,\mathrm{Hz}$.
- Dämpfungsmatrix kann (symmetrische und schiefsymmetrische) Nebendiagonalelemente enthalten (hier: $\tilde{\mathbf{D}} = \mathbf{0}$).
- Berücksichtigung **schwacher Nichtlinearitäten** ist möglich: deformationsabhängige Steifigkeiten (Beispiel auf Seite 80 bzw. 87 ff.) sowie frequenzabhängige Steifigkeits- und Dämpfungsmatrizen, wobei die Eigenformen selbst als unveränderlich angenommen werden.

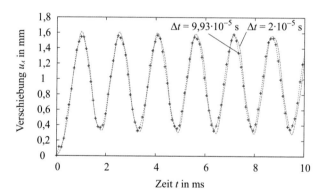

Abbildung 4.4: Einfluss des Zeitinkrements bei Analyse im Unterraum

Modale Ebene

- Für $t \leq t_1$ lässt sich die Lösung in einem Zeitschritt berechnen, für $t > t_1$ sind **zwei Zeitschritte hinreichend**: $\Delta t_1 = t_1 - 0$ und $\Delta t_2 = t - t_1$ (exakte Lösung bei abschnittsweise linear veränderlicher Last).
- Ermittlung der Verschiebungsantwort $u_A = u_A(t) = \sum_{i}^{M} q_i \Phi_i^{u_A}$ durch modale Superposition ($\Phi_i^{u_A}$ ist Komponente von $\mathbf{\Phi}_i$ in x-Richtung an der Stelle A)
- Angeregte Moden: 22 (maßgeblich), 87 und 161 bzw. 22 und 26.
- Fehler in gleicher Größenordnung: Mit 200 Moden wird u_A immer (gezeigt: $100\,\mathrm{s}$) zu niedrig berechnet, mit 26 Moden liegt u_A anfänglich sogar etwas über der Referenzlösung, jedoch kommt es dann zu einer unreinen **Schwebung**.
- Bei quasistatischer Belastung ($t_1 = 5\,\mathrm{ms}$) lässt sich durch Hinzunahme des Pseudomodes 26 ein exaktes Ergebnis ermitteln, bei stoßartiger Belastung ($t_1 = 0{,}05\,\mathrm{ms}$) liefert hingegen der Ansatz mit 200 Moden das bessere Resultat.

4.1.4 Stationäre Analyse

Werden nicht nur einzelne Frequenzen, sondern ein größerer Frequenzbereich untersucht, so spricht man auch von einer **Frequenzganganalyse**. Als Beispiel betrachte man wieder den IPE 300-Kragarm.

- Analog zur transienten Analyse kann auch eine stationäre Analyse auf allen drei Berechnungsebenen (global, Unterraum, modal) durchgeführt werden.
- Der **gültige Frequenzbereich** ist abhängig von den extrahierten Moden (folglich nicht relevant auf globaler Ebene). Faustformel für Obergrenze: $\frac{f_{\max}}{2} = \frac{f_{24}}{2} = 352{,}5\,\mathrm{Hz}$ (Pseudomoden zählen nicht). Sollte der erste Eigenmode fehlen, ist auch eine Untergrenze zu berücksichtigen: $2f_{\min}$ (Faustformel).
- Grenzwertbetrachtung $f \to 0$ liefert **statische Lösung**.
- Ohne Dämpfung erhält man unendliche Verschiebungen im **Resonanzfall**.
- Punkt A ungeeignet zur Erkennung von Torsionsschwingungen (Moden 2, 6 und 15).
- Als **Vergrößerungsfunktion** bezeichnet man den Quotienten aus Antwortfunktion (auch Kraftantwort) und Anregung: u_A/τ_0, v_A/τ_0 und w_A/τ_0 (mit Vorzeichen) bzw. $|u_A|/\tau_0$, $|v_A|/\tau_0$ und $|w_A|/\tau_0$ (Beträge).

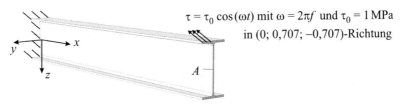

$\tau = \tau_0 \cos(\omega t)$ mit $\omega = 2\pi f$ und $\tau_0 = 1\,\mathrm{MPa}$

in $(0;\ 0{,}707;\ -0{,}707)$-Richtung

(a) Lasten und Randbedingungen

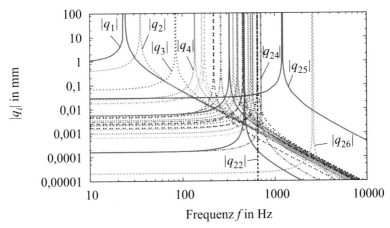

(b) Antwort der 24 natürlichen und 2 Pseudomoden

Abbildung 4.11: Harmonische Beanspruchung des IPE 300-Kragarms

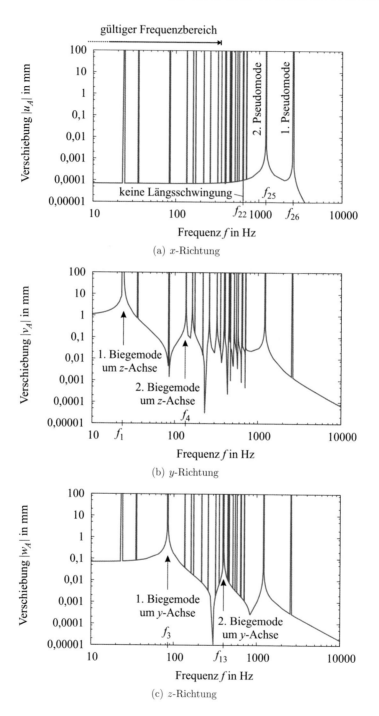

(a) x-Richtung

(b) y-Richtung

(c) z-Richtung

Abbildung 4.12: Durch Superposition auf modaler Ebene ermittelte Verschiebungsantworten des Punktes A

Tabelle 4.1: Vergleich der Rechenzeiten (in normierter Form)

	Modale Ebene	Unterraum	Globale Ebene
Statische Analyse (2 Lastfälle)	0,04	0,04	—
Eigenfrequenzanalyse (26 Moden)	0,38	0,38	—
Frequenzganganalyse (500 Frequenzen)	0,58	11,25	67,40
Summe	1,00	11,67	67,40

4.1.5 Dämpfung

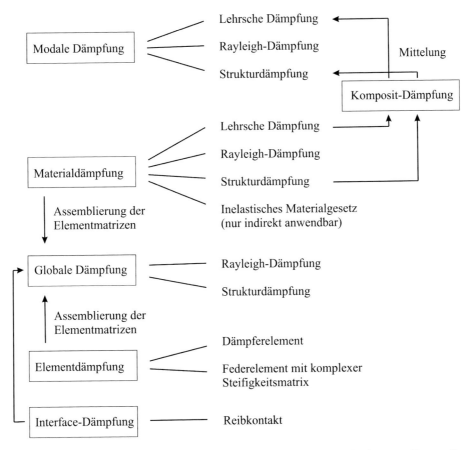

Abbildung 4.13: Übersicht über verschiedene Dämpfungsarten der linearen Dynamik

Ausschwingversuch eines Einmassenschwingers

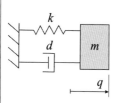

Bewegungsgleichung: $\quad m\ddot{q} + d\dot{q} + kq = 0$

Standardform: $\quad \boxed{\ddot{q} + 2\delta\dot{q} + \omega^2 q = 0}$

Eigenkreisfrequenz: $\quad \omega = \sqrt{\frac{k}{m}}$

Kritische Dämpfung: $\quad d_{\mathrm{krit}} = 2\sqrt{km}$

Lehrsches Dämpfungsmaß: $\quad \xi = \frac{d}{d_{\mathrm{krit}}}$

Abklingkoeffizient: $\quad \delta = \frac{d}{2m} = \xi\omega$

Analytischer Lösungsansatz: $\qquad q = A\exp(\mu t)$

Einsetzen: $\qquad (\mu^2 + 2\delta\mu + \omega^2)A\exp(\mu t) = 0$

Charakteristische Gleichung: $\qquad \mu^2 + 2\delta\mu + \omega^2 = 0$

Nichttriviale Lösung $(A \neq 0)$: $\qquad \mu_{1,2} = -\delta \pm \mathrm{i}\omega_{\mathrm{d}} \quad \mathrm{mit} \quad \mathrm{i} = \sqrt{-1}$

Kreisfrequenz der gedämpften Schwingung: $\quad \omega_{\mathrm{d}} = \omega\sqrt{1 - \xi^2}$

Fallunterscheidung:

$\xi = 0$ (ungedämpft): $\qquad q = a_1\cos(\omega t) + a_2\sin(\omega t)$

$\xi < 1$ (schwach gedämpft): $\qquad q = \exp(-\delta t)[a_1\cos(\omega_{\mathrm{d}}t) + a_2\sin(\omega_{\mathrm{d}}t)]$
$\qquad\qquad\qquad\qquad\quad = a\exp(-\delta t)\cos(\omega_{\mathrm{d}}t - \varphi)$

$\qquad\qquad$ mit $a = \sqrt{a_1^2 + a_2^2}$
$\qquad\qquad$ und $\tan\varphi = \frac{a_2}{a_1}$ $\quad$ (φ: Nullphasenwinkel)

$\xi = 1$ (aperiodischer Grenzfall): $\quad q = \exp(-\omega t)[a_1 + a_2\omega t]$

$\xi > 1$ (stark gedämpft): $\qquad q = \exp(-\delta t)[a_1\exp(\mathrm{i}\omega_{\mathrm{d}}t) + a_2\exp(-\mathrm{i}\omega_{\mathrm{d}}t)]$
$\qquad\qquad\qquad\qquad\quad = \exp(-\delta t)[\bar{a}_1\cosh(\mathrm{i}\omega_{\mathrm{d}}t) + \bar{a}_2\sinh(\mathrm{i}\omega_{\mathrm{d}}t)]$

Ermittlung von a_1 und a_2 aus den Anfangsbedingungen $q_0 = q(0)$ und $\dot{q}_0 = \dot{q}(0)$

Dämpfungsbestimmung für $\xi < 1$ aus Ausschwingversuch $q = q(t)$:

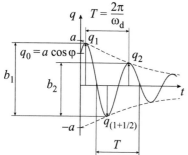

Logarithmisches Dekrement:

$\Lambda = \ln\frac{q_1}{q_2} = \frac{1}{n}\ln\frac{q_1}{q_{(1+n)}} = 2\ln\frac{q_1}{|q_{(1+1/2)}|} = 2\ln\frac{b_1}{b_2}$

q_1, q_2: Extremwerte von $q(t)$, n: Anzahl Perioden

$\Lambda = \delta T = 2\pi\frac{\delta}{\omega_{\mathrm{d}}} = 2\pi\frac{\xi}{\sqrt{1-\xi^2}}, \quad \Lambda \approx 2\pi\xi$ für $\xi \ll 1$

$\xi = \frac{\Lambda}{\sqrt{4\pi^2 + \Lambda^2}}$

Modale Dämpfung

- Jeder Eigenmode erhält seinen eigenen Dämpfungskoeffizienten: die **generalisierte Dämpfungskonstante** d_i.
- Voraussetzung: Modale Dämpfungsmatrix (Unterraum)

$$\tilde{\mathbf{D}} = \boldsymbol{\varphi}^\mathrm{T} \mathbf{D} \boldsymbol{\varphi} \quad \text{mit} \quad \boldsymbol{\varphi} = [\boldsymbol{\Phi}_1, \boldsymbol{\Phi}_2, \ldots, \boldsymbol{\Phi}_M], \quad \boldsymbol{\Phi}_i^\mathrm{T} \mathbf{D} \boldsymbol{\Phi}_j = \begin{cases} 0 & \text{für } i \neq j \\ d_i & \text{für } i = j \end{cases} \tag{4.9}$$

  muss **Diagonalmatrix** (keine Nebendiagonalelemente) sein.
- Ungeeignet für Analysen im Unterraum oder auf globaler Ebene.

Lehrsche Dämpfung

- Lehrsche Dämpfung kann entweder auf **Materialebene** als Komposit-Dämpfung definiert werden, falls ein Bauteil aus verschiedenen Werkstoffen besteht, oder gleich auf **modaler Ebene** als modale Dämpfung

$$\xi_i = \frac{d_i}{d_{\mathrm{krit},i}} \quad \text{mit} \quad d_{\mathrm{krit},i} = 2\sqrt{k_i m_i} \tag{4.10}$$

  zugewiesen werden.
- Dämpfungskraft ist proportional zur **Geschwindigkeit**.
- Typische Werte: $\xi_i = 0{,}01 \ldots 0{,}1$.
- Selbst bei einem vergleichsweise hohen Wert von $\xi_i = 0{,}3$ verringert sich die **Kreisfrequenz der gedämpften Schwingung**

$$\omega_{\mathrm{d},i} = \omega_i \sqrt{1 - \xi_i^2} \quad \text{mit} \quad \omega_i = \sqrt{\frac{k_i}{m_i}} \tag{4.11}$$

  nur um $1 - \sqrt{1 - 0{,}3^2} = 4{,}6\,\%$ gegenüber der Eigenkreisfrequenz ω_i. Hinweis: Die Vorsilbe „Eigen" kennzeichnet eine ungedämpfte Schwingung und darf somit nicht im Zusammenhang mit gedämpften Schwingungen gebraucht werden.
- Auch die **Schwingungsformen** unterscheiden sich bis $\xi_i = 0{,}3$ (Daumenwert) nur unwesentlich von den zugehörigen „**Eigenschwingungsformen**" (**Eigenvektoren**).

Transiente Analyse:
- Als Beispiel betrachte man wieder den IPE 300-Kragarm. Um die Anregung sehr hoher Moden zu vermeiden, wird die Belastungszeit t_2 gegenüber dem Beispiel aus Abbildung 4.10 von 1 ms auf 5 ms vergrößert. Die Verschiebungen der Punkte A und B berechnen sich wie gehabt durch modale Superposition. Sonderfall: $w_A \approx q_3 \Phi_3^{w_A}$ (nur ein Mode beteiligt).
- Wird für alle Moden die gleiche modale Dämpfung $\xi = \xi_1 = \xi_2 = \ldots = \xi_M$ verwendet, kommen im Falle einer freien Schwingung (hier: ab 5 ms) die **höheren Moden schneller zur Ruhe**.
- Für den **aperiodischen Grenzfall** $\xi = 1$ nähert sich der Träger am schnellsten der unbelasteten Ausgangslage. Bei noch höherer Dämpfung (hier: $\xi = 2$) kehrt der Träger trotz kleinerer Anfangsauslenkung langsamer in seine Ruhelage zurück.

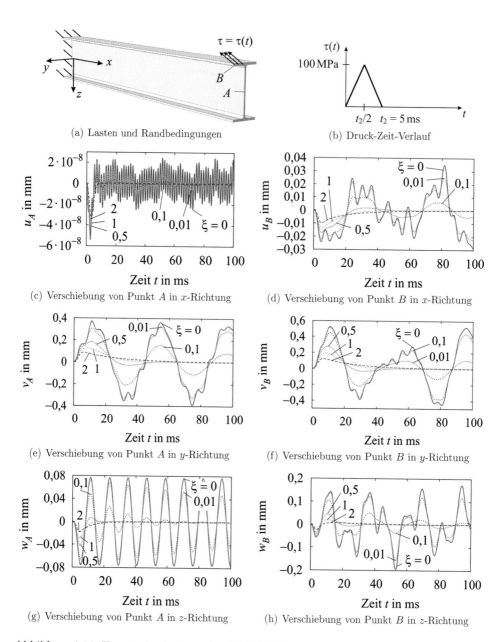

(a) Lasten und Randbedingungen

(b) Druck-Zeit-Verlauf

(c) Verschiebung von Punkt A in x-Richtung

(d) Verschiebung von Punkt B in x-Richtung

(e) Verschiebung von Punkt A in y-Richtung

(f) Verschiebung von Punkt B in y-Richtung

(g) Verschiebung von Punkt A in z-Richtung

(h) Verschiebung von Punkt B in z-Richtung

Abbildung 4.14: Transiente Analyse des IPE 300-Kragarms mit gleicher modaler Dämpfung $\xi = \xi_i$ für alle 24 Eigenmoden

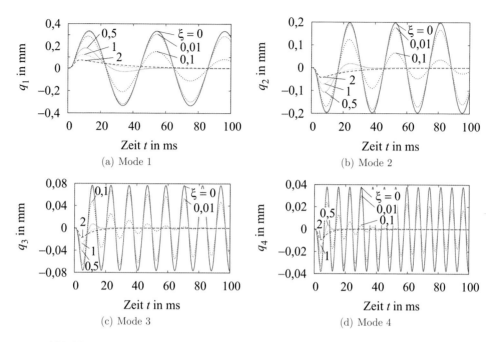

Abbildung 4.15: Generalisierte Verschiebungen der ersten vier Eigenmoden

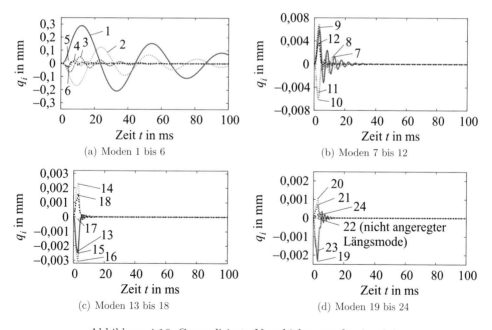

Abbildung 4.16: Generalisierte Verschiebungen für $\xi = 0{,}1$

Stationäre Analyse:

- Da bei einer stationären Analyse immer **erzwungene Schwingungen** betrachtet werden, gibt es keinen aperiodischen Grenzfall, d. h. die Amplituden der Schwingungsantwort nehmen mit zunehmender Dämpfung (also auch für $\xi > 1$) monoton ab.

- Darstellung der Antwort üblicherweise zum **Zeitpunkt maximaler Anregung** (hier: $\tau = \tau(t = k/f)$ mit $k = 0, 1, 2, \ldots$), z. B. die Verschiebungsantwort $u_A = u_A(t = k/f)$.

- 90°-Phasenverschiebung zwischen Anregung und Antwort im **Resonanzfall**.

- Falsche Phasenverschiebung $\varphi_{v_A} > 0$ durch Pseudomoden.

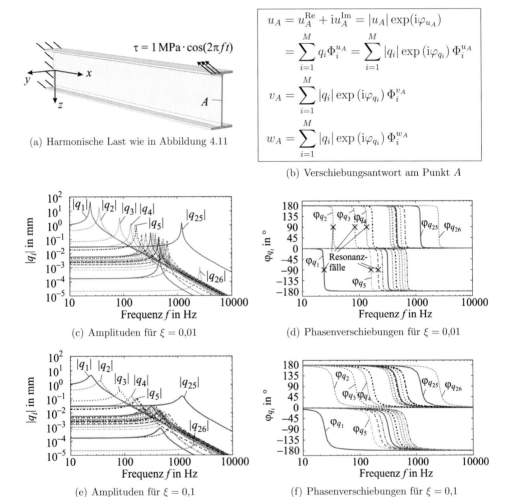

$$u_A = u_A^{\mathrm{Re}} + i u_A^{\mathrm{Im}} = |u_A| \exp(i\varphi_{u_A})$$

$$= \sum_{i=1}^{M} q_i \Phi_i^{u_A} = \sum_{i=1}^{M} |q_i| \exp\left(i\varphi_{q_i}\right) \Phi_i^{u_A}$$

$$v_A = \sum_{i=1}^{M} |q_i| \exp\left(i\varphi_{q_i}\right) \Phi_i^{v_A}$$

$$w_A = \sum_{i=1}^{M} |q_i| \exp\left(i\varphi_{q_i}\right) \Phi_i^{w_A}$$

(a) Harmonische Last wie in Abbildung 4.11

(b) Verschiebungsantwort am Punkt A

(c) Amplituden für $\xi = 0{,}01$

(d) Phasenverschiebungen für $\xi = 0{,}01$

(e) Amplituden für $\xi = 0{,}1$

(f) Phasenverschiebungen für $\xi = 0{,}1$

Abbildung 4.17: Stationäre Analyse des IPE 300-Kragarms mit gleicher Lehrscher Dämpfung $\xi = \xi_i$ für die ersten 24 natürlichen und die beiden Pseudomoden

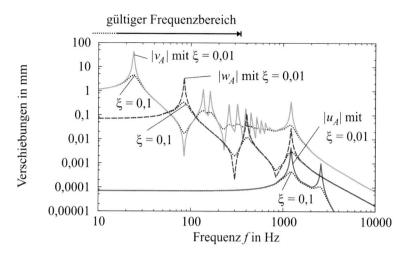

Abbildung 4.18: Verschiebungsantworten des Punktes A

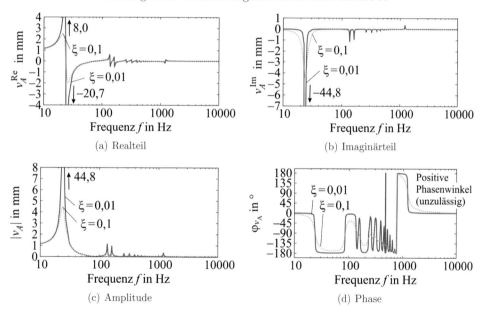

(a) Realteil

(b) Imaginärteil

(c) Amplitude

(d) Phase

Abbildung 4.19: Komplexe Darstellung der Antwort des Punktes A in y-Richtung

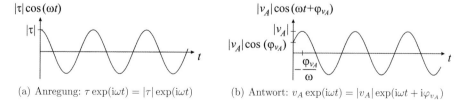

(a) Anregung: $\tau \exp(\mathrm{i}\omega t) = |\tau| \exp(\mathrm{i}\omega t)$

(b) Antwort: $v_A \exp(\mathrm{i}\omega t) = |v_A| \exp(\mathrm{i}\omega t + \mathrm{i}\varphi_{v_A})$

Abbildung 4.20: Zeitliche Verläufe durch Multiplikation mit dem Faktor $\exp(\mathrm{i}\omega t)$

Dämpfungsbestimmung bei harmonischer Anregung

Ermittlung der Lehrschen Dämpfung ξ bei einem **schwach gedämpften System**:

1. Ablesen der Maximalamplitude v_r

2. Ablesen der Resonanzfrequenz f_r (näherungsweise gleich der Eigenfrequenz)

3. Berechnung der Amplitude $v_u = v_o = \dfrac{v_r}{\sqrt{2}}$

4. **Halbwertsbreite** als Differenz der zugehörigen Frequenzen: $f_h = f_o - f_u$

5. Lehrsche Dämpfung:

$$\xi \approx \frac{f_h}{2f_r} \qquad (4.12)$$

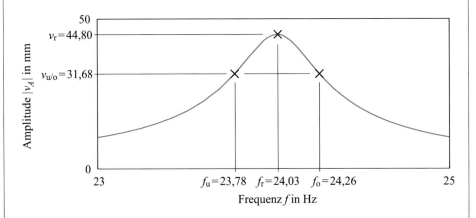

Anmerkungen:

- Das Ergebnis ist umso genauer, je größer der Abstand zur nächsten Eigenfrequenz ist. Bei benachbarten Eigenmoden sind Wechselwirkungen zu berücksichtigen.

- Für den Grenzwert $\xi \to 0$ ist das Ergebnis exakt.

- Bei dem gezeigten Beispiel handelt es sich um einen Ausschnitt der in Abbildung (4.18) gezeigten Verschiebungsantwort des Punktes A in y-Richtung bei einer Dämpfung von $\xi = 0{,}01$. Diesen Wert erhält man auch beim Einsetzen in (4.12).

- Die Methode funktioniert auch bei Kraftantworten bzw. Vergrößerungsfunktionen.

- Wird statt einer Resonanzfunktion V die Leistung P aufgetragen, so wird wegen $P \sim V^2$ die Halbwertsbreite beim „halben Wert" $\frac{P_{max}}{2}$ abgelesen.

- Der Dämpfungswert ξ_i eines jeden Eigenmodes kann individuell bestimmt werden, weshalb die Methode in der Messtechnik sehr beliebt ist.

Materialdämpfung

- Der Begriff Materialdämpfung bezeichnet eine auf das Werkstoffverhalten zurückführbare Energiedissipation.
- Aus Sicht des FEM-Anwenders ist zwischen zwei Kategorien zu unterscheiden:
  - **Inelastische Stoffgesetze**
    Nicht möglich im Rahmen der linearen Dynamik: Modellierung von plastischem und viskoelastischem Werkstoffverhalten mittels **relativer Geschwindigkeiten** bzw. Dehnraten
  - **Strukturelle Dämpfung**
    Drei Varianten: **Lehrsche, Rayleigh-** und **Strukturdämpfung** (Modellierung durch **Dämpfungsmatrizen und komplexe Steifigkeitsmatrizen**)
- Viskoelastisches Materialverhalten lässt sich im Frequenzraum durch Speicher- und Verlustmodule (komplexe Steifigkeiten) beschreiben, wie in Abschnitt 6.4.3 gezeigt.
- Auf globaler Ebene und im Unterraum können gewisse Nichtlinearitäten indirekt über **frequenzabhängige Dämpfungsparameter und Steifigkeiten** erfasst werden.

Komposit-Dämpfung

- Einsatzgebiet: Aus verschiedenen Werkstoffen bestehende Bauteile, die auf modaler Ebene berechnet werden sollen.
- Problem: Werkstoffe können **unterschiedliche Dämpfungseigenschaften** besitzen, die modalen Dämpfungskonstanten d_i gelten aber stets für das gesamte Bauteil.
- Nicht empfohlen: Mittelung der Dämpfungseigenschaften entsprechend dem Massen- oder Volumenanteil.
- **Mittelungsformel** für die **Lehrsche Dämpfung**:

$$\xi_i = \frac{1}{m_i} \boldsymbol{\Phi}_i^{\mathrm{T}} \left(\sum_j^{N_{\mathrm{mat}}} \xi_j \mathbf{M}_j \right) \boldsymbol{\Phi}_i \quad \text{mit} \quad m_i = \boldsymbol{\Phi}_i^{\mathrm{T}} \mathbf{M} \boldsymbol{\Phi}_i \tag{4.13}$$

    ξ_j: Lehrsche Dämpfung des Materials j
    m_i: generalisierte Masse des Modes i
    $\mathbf{M}$:   globale Massenmatrix
    $\mathbf{M}_j$:   Beitrag des Materials j an der globalen Massenmatrix

Die Dämpfungseigenschaften werden nicht in einem festen Verhältnis, sondern entsprechend ihrem Beitrag an den verschiedenen Eigenformen $\boldsymbol{\Phi}_i$ gewichtet.

- Auf analoge Weise kann man auch **Strukturdämpfung** s_i als Komposit-Dämpfung verwenden, also für jede Eigenform individuell berechnen lassen:

$$s_i = \frac{1}{m_i} \boldsymbol{\Phi}_i^{\mathrm{T}} \left(\sum_j^{N_{\mathrm{mat}}} s_j \mathbf{M}_j \right) \boldsymbol{\Phi}_i \tag{4.14}$$

- Aufgrund des „Dämpfungslochs" (siehe z. B. Abbildung 4.21) sollte man Rayleigh-Dämpfung auf modaler Ebene nicht einsetzen, auch nicht als Komposit-Dämpfung.

Beispiel zu Komposit-Dämpfung

Bauteil aus zwei Materialien mit
unterschiedlicher Dämpfung

$\xi_A = 0,01$ $\xi_B = 0,1$
$\xi_B = 0,1$ $\xi_A = 0,01$

Eigenform	Eigenfrequenz in Hz	Gemittelte Dämpfung	Gemittelte Dämpfung
	$f_1 = 137$	$\xi_1 = 0,0145$	$\xi_1 = 0,0955$
	$f_2 = 417$	$\xi_2 = 0,0187$	$\xi_2 = 0,0913$
	$f_3 = 554$	$\xi_3 = 0,0100$	$\xi_3 = 0,1000$
	$f_4 = 2417$	$\xi_4 = 0,0338$	$\xi_4 = 0,0762$
	$f_5 = 3236$	$\xi_5 = 0,0104$	$\xi_5 = 0,0996$
	$f_6 = 3448$	$\xi_6 = 0,0700$	$\xi_6 = 0,0400$

Bei der 3. Eigenform schwingen nur die Flansche, so dass $\xi_3 = \xi_A$ bzw. $\xi_3 = \xi_B$,
bei der 6. Eigenform dominiert der Steg das Dämpfungsverhalten.

Rayleigh-Dämpfung

- Rayleigh-Dämpfung

$$\boxed{\mathbf{D} = \alpha_R \mathbf{M} + \beta_R \mathbf{K}}$$
(4.15)

wird üblicherweise entweder auf **globaler Ebene oder**, wenn sich ein Bauteil aus
unterschiedlichen Werkstoffen zusammensetzt, auf **Materialebene** definiert.
- Die **Eigenmoden ändern sich nicht**, d. h. die Schwingungsformen der gedämpften
freien Schwingung sind gleich den Eigenvektoren (ungedämpfte Schwingung).
- Dämpfungskraft ist proportional zur **Geschwindigkeit**.
- Einsetzen von (4.15) in (4.9) liefert mit (4.7) die **generalisierte Dämpfungskonstante**

$$d_i = \alpha_R m_i + \beta_R k_i$$

für alle Moden i und das **Lehrsche Dämpfungsmaß**

$$\boxed{\xi_i = \frac{d_i}{d_{krit,i}} = \frac{\alpha_R}{2\omega_i} + \frac{\beta_R \omega_i}{2} \quad \text{mit} \quad d_{krit,i} = 2\sqrt{k_i m_i}}$$
(4.16)

in Abhängigkeit der Rayleigh-Parameter α_R (**massenproportionaler** Anteil dämpft
niedrige Moden) und β_R (**steifigkeitsproportionaler** Anteil dämpft **hohe Moden**).

- Manche FE-Programme erlauben die Vorgabe von **modalen Rayleigh-Koeffizienten** α_i und β_i. Da sich aus den generalisierten Dämpfungskoeffizienten

$$d_i = \alpha_i m_i + \beta_i k_i$$

unmittelbar die Lehrschen Dämpfungskonstanten

$$\xi_i = \frac{\alpha_i}{2\omega_i} + \frac{\beta_i \omega_i}{2}$$

ergeben, ist diese Option eigentlich überflüssig: Selbst wenn es gelänge, die verschiedenen α_i und β_i messtechnisch zu bestimmen, könnte stattdessen genauso gut gleich mit Lehrscher Dämpfung gerechnet werden.

- Rayleigh-Dämpfung ist sehr beliebt, da **nur zwei Parameter**, α_R und β_R, bestimmt werden müssen. Dieses hat auf der anderen Seite den Nachteil, dass sich im Gegensatz zur Lehrschen Dämpfung $\xi_i = \xi_i(f)$ nur für **zwei Frequenzen** das Dämpfungsverhalten vorgeben lässt. Beim betrachteten Beispiel sind dies 50 Hz und 500 Hz.

- Der **Fehler** steigt mit der Größe des Frequenzbereiches: tendenziell zu geringe Dämpfung im mittleren Bereich; zu stark gedämpfte niedrige und hohe Moden.

Forderung:

$\xi(f = 50\,\text{Hz}) = \xi(f = 500\,\text{Hz}) = 0{,}1$

Einsetzen in (4.16):

$$\begin{bmatrix} \frac{1}{4\pi \cdot 50\,\text{Hz}} & \pi \cdot 50\,\text{Hz} \\ \frac{1}{4\pi \cdot 500\,\text{Hz}} & \pi \cdot 500\,\text{Hz} \end{bmatrix} \begin{bmatrix} \alpha_R \\ \beta_R \end{bmatrix} = \begin{bmatrix} 0{,}1 \\ 0{,}1 \end{bmatrix}$$

Lösung:

$\alpha_R = \frac{200\pi}{11}\,\text{Hz} = 57{,}12\,\text{Hz}$

$\beta_R = \frac{1}{5500\pi}\,\text{s} = 5{,}787 \cdot 10^{-5}\,\text{s}$

(a) Bestimmung der Rayleigh-Parameter

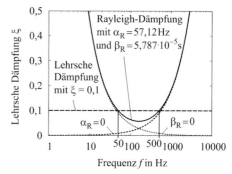

(b) Frequenzabhängige Dämpfung

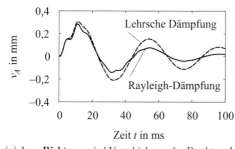

(c) In **y-Richtung** wird Verschiebung des Punktes A stärker durch **Rayleigh-Dämpfung** gedämpft, da Mode 1 mit $f_1 = 24{,}0\,\text{Hz}$ maßgeblich

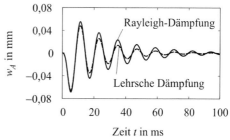

(d) In **z-Richtung** wird Verschiebung des Punktes A stärker durch **Lehrsche Dämpfung** gedämpft, da Mode 3 mit $f_3 = 84{,}7\,\text{Hz}$ maßgeblich

Abbildung 4.21: Vergleich von Lehrscher und Rayleigh-Dämpfung bei transienter Analyse anhand des Beispieles aus Abbildung 4.14

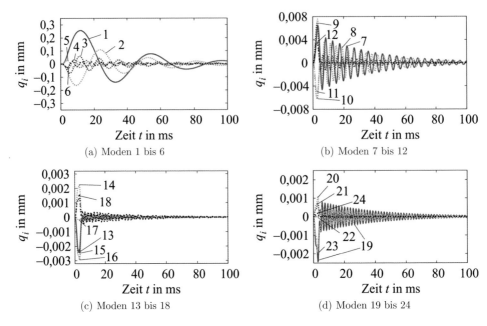

Abbildung 4.22: Generalisierte Verschiebungen für $\alpha_R = 57{,}12\,\text{Hz}$ und $\beta_R = 0$

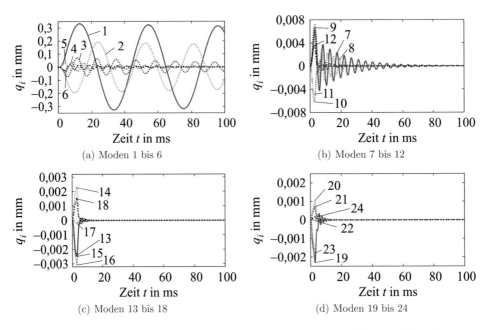

Abbildung 4.23: Generalisierte Verschiebungen für $\alpha_R = 0$ und $\beta_R = 5{,}787 \cdot 10^{-5}\,\text{s}$

Strukturdämpfung

- Strukturdämpfung ist nur für **stationäre Analysen**, dafür aber auf allen Berechnungsebenen (modale Ebene, Unterraum, globale Ebene) anwendbar. Dies ist ein Vorteil gegenüber der Lehrschen Dämpfung, die nur auf modaler Ebene definiert ist.
- Anstelle einer Dämpfungsmatrix führt man eine **komplexe Steifigkeitsmatrix** ein.
  - Bewegungsgleichung bei **globaler Dämpfung**:

$$\boxed{\mathbf{M\ddot{u}} + \left(\mathbf{K}^{\mathrm{Re}} + \mathrm{i}\mathbf{K}^{\mathrm{Im}}\right)\mathbf{u} = \mathbf{P} \quad \text{mit} \quad \mathbf{K}^{\mathrm{Im}} = s\mathbf{K}^{\mathrm{Re}}} \tag{4.17}$$

    s: globaler Strukturdämpfungsparameter
  - Komplexe Elementsteifigkeitsmatrix bei **Material- und Elementdämpfung**:

$$\mathbf{K}_{\mathrm{el}} = (1 + \mathrm{i}s_{\mathrm{el}})\mathbf{K}_{\mathrm{el}}^{\mathrm{Re}} \tag{4.18}$$

    s_{el}: Strukturdämpfungsparameter eines Werkstoffs bzw. Elements
  - Bewegungsgleichung bei **modaler Dämpfung**:

$$m_i\ddot{q}_i + \left(k_i^{\mathrm{Re}} + \mathrm{i}k_i^{\mathrm{Im}}\right)q_i = p_i \quad \text{mit} \quad k_i^{\mathrm{Im}} = s_i k_i^{\mathrm{Re}} \tag{4.19}$$

    s_i: modale Strukturdämpfungsparameter
- Repräsentiert innere Reibung eines Materials oder einer Struktur. Beispiel: Ungeschmiertes Gelenk.
- Da die Dämpfungskräfte im Gegensatz zur geschwindigkeitsabhängigen Dämpfung proportional zu den Verschiebungen sind, handelt es sich bei Strukturdämpfung um **weg- bzw. amplitudenproportionale Dämpfung**.
- Bei **transienten Analysen** besteht das Problem, dass die Anregung im Allgemeinen nicht harmonisch ist bzw. Verschiebungs- und Geschwindigkeitsantwort keine 90°-Phasenverschiebung aufweisen. Daher muss (versehentlich vom Anwender angeforderte) Strukturdämpfung bei einer transienten Analyse vom FE-Programm **entweder ignoriert oder in äquivalente Lehrsche Dämpfung überführt** werden.

Überführung von Strukturdämpfung in äquivalente Lehrsche Dämpfung für modal transiente Analysen am Beispiel eines Einmassenschwingers

Bewegungsgleichungen:	$m\ddot{q} + d\dot{q} + kq = p$	Lehrsche Dämpfung
	$m\ddot{q} + (1 + \mathrm{i}s)kq = p$	Strukturdämpfung
Harmonische Anregung:	$p = p_0 \exp(\mathrm{i}\Omega t)$	
Harmonische Antwort:	$q = q_0 \exp(\mathrm{i}\Omega t + \mathrm{i}\varphi)$	
Einsetzen:	$[-m\Omega^2 + \mathrm{i}\Omega d + k]q_0 = p_0\exp(-\mathrm{i}\varphi)$	Lehrsche Dämpfung
	$[-m\Omega^2 + (1+\mathrm{i}s)k]q_0 = p_0\exp(-\mathrm{i}\varphi)$	Strukturdämpfung
Koeffizientenvergleich:	$\Omega d = sk$	
Annahme:	$\Omega = \omega$ (Gleiche Antwort im Resonanzfall)	
Lösung:	$\boxed{s = 2\xi}$	

- Wie anhand des Kragarm-Beispieles gezeigt wird, ergeben sich mit Lehrscher und Strukturdämpfung nahezu identische Ergebnisse. Minimale Unterschiede zwischen den Resonanzfrequenzen (absoluter Fehler ist kleiner als der relative Fehler).
- Da selbst bei einer Änderung der Last(amplitude) auf z. B. den zehnfachen Wert $\tau_0 = 10\,\text{MPa}$ die relativen Unterschiede gleich bleiben (identische Vergrößerungsfunktionen, 10-fache Verschiebungsantworten und somit auch 10-fache Geschwindigkeiten), ist die **Unterscheidung zwischen geschwindigkeits- und verschiebungsproportionaler Dämpfung für die praktische Anwendung ohne Bedeutung**.

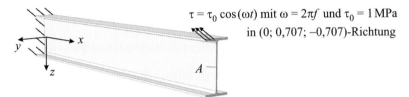

$$\tau = \tau_0 \cos(\omega t) \text{ mit } \omega = 2\pi f \text{ und } \tau_0 = 1\,\text{MPa}$$
$$\text{in } (0;\, 0{,}707;\, -0{,}707)\text{-Richtung}$$

(a) Lasten und Randbedingungen (siehe auch Abbildungen 4.11 und 4.17)

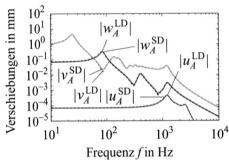

(b) Lehrsche Dämpfung (LD) mit $\xi = 0{,}1$: Sehr gute Übereinstimmung mit Strukturdämpfung

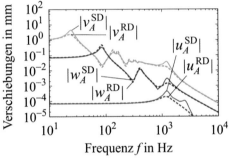

(c) Rayleigh-Dämpfung (RD) mit $\alpha_R = 57{,}12\,\text{Hz}$ und $\beta_R = 5{,}787 \cdot 10^{-5}\,\text{s}$: „Dämpfungsloch"

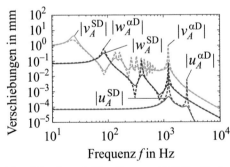

(d) α-Dämpfung (αD) mit $\alpha_R = 57{,}12\,\text{Hz}$: Starke Dämpfung der niedrigen Moden (unter 50 Hz)

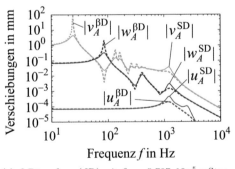

(e) β-Dämpfung (βD) mit $\beta_R = 5{,}787 \cdot 10^{-5}\,\text{s}$: Starke Dämpfung der hohen Moden (über 500 Hz)

Abbildung 4.24: Stationäre Analyse mit Strukturdämpfung $s = 0{,}2$ (SD) im Vergleich zu anderen Dämpfungsarten

Elementdämpfung

- Analog zur Materialdämpfung kann Elementdämpfung entweder als **geschwindigkeitsproportionale Dämpfung** in Form eines diskreten **Dämpferelementes** oder als **wegproportionale Dämpfung** in Form eines **Federelementes mit komplexer Steifigkeit** $k^* = (1 + si)k$ eingeführt werden.
- Auch die in Abschnitt 5.7 erläuterten **Konnektor-Elemente** können mit Dämpfungseigenschaften (geschwindigkeits- und/oder wegproportional) belegt werden.

Globale Dämpfung

- In erster Linie versteht man unter globaler Dämpfung **Rayleigh-Dämpfung** (4.15) und **Strukturdämpfung** (4.17).
- **Lehrsche Dämpfung steht nicht zur Verfügung** (nur auf modaler Ebene definiert).
- Weitere Dämpfungsarten, die (nach Assemblierung der Elementmatrizen) einen Beitrag zur globalen Dämpfung liefern: übers Stoffgesetz sowie durch Rayleigh- und Strukturdämpfung vorgegebene **Materialdämpfung**, durch diskrete Elemente eingeführte **Elementdämpfung** und **Interface-Dämpfung**.

Interface-Dämpfung

- **Reibkontakt** liefert **schiefsymmetrische Beiträge zur Steifigkeitsmatrix** und kann zu **negativen Einträgen in der Dämpfungsmatrix** führen, so dass eine **komplexe Eigenfrequenzanalyse** erforderlich ist.
- Darauf aufbauend lassen sich **stationäre Analysen im Unterraum und auf globaler Ebene** durchführen.
- Berücksichtigung **geschwindigkeitsabhängiger Reibkoeffizienten** (Grenzfälle: Haft- und Gleitreibkoeffizient) möglich.
- Anwendung: **Bremsenquietschen**

Empfohlene Dämpfungsarten:

	Transiente Analyse	Stationäre Analyse
Globale Ebene	Rayleigh-Dämpfung	Strukturdämpfung
Unterraum	Rayleigh-Dämpfung	Strukturdämpfung
Modale Ebene	Lehrsche Dämpfung	Lehrsche Dämpfung/Strukturdämpfung

Begründung: Auch wenn **Rayleigh-Dämpfung** als einzige Dämpfungsart auf allen Berechnungsebenen sowohl für transiente als auch für stationäre Analysen definiert ist, sollte sie aufgrund ihrer **ungleichförmigen Dämpfungscharakteristik** nur dann eingesetzt werden, wenn weder Lehrsche noch Strukturdämpfung zur Verfügung stehen. Abgesehen vom Phasenunterschied der Dämpfungskraft, können **Lehrsche und Strukturdämpfung**, wie gezeigt, als **gleichwertig** angesehen werden.

4.1.6 Geometrische Nichtlinearitäten bei transienter Analyse

Im Gegensatz zu einer rein modalen Analyse lassen sich bei einer **transienten Analyse im Unterraum zumindest „schwache" geometrische Nichtlinearitäten** berücksichtigen. Als Beispiel betrachte man einen Rahmen, bei dem je nach Lastfall sowohl lineare als auch (geometrisch) nichtlineare **Koppelschwingungen** auftreten können.

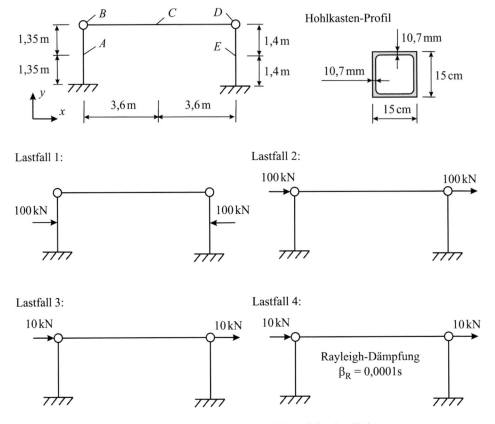

Abbildung 4.25: Abmessungen und Lastfälle des Rahmens

FE-Modell:

- 130 Timoshenko-Balkenelemente
- Material: Stahl mit $E = 210000\,\text{MPa}$, $\nu = 0,3$ und $\rho = 7850\,\text{kg/m}^3$
- Berechnungsschritte:
    1. Eigenfrequenzanalyse (modale Ebene und Unterraum)
    2. Quasistatisches Aufbringen der gezeigten Einzellasten (bis $t = 0\,\text{s}$)
    3. Ausschwingversuch (ab $t = 0\,\text{s}$)

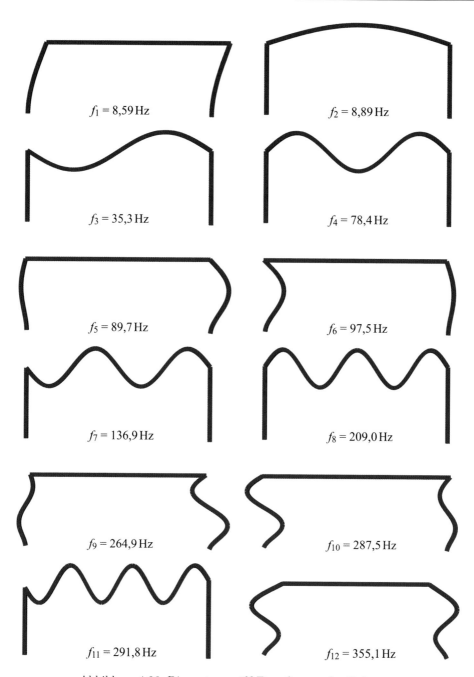

$f_1 = 8{,}59\,\text{Hz}$

$f_2 = 8{,}89\,\text{Hz}$

$f_3 = 35{,}3\,\text{Hz}$

$f_4 = 78{,}4\,\text{Hz}$

$f_5 = 89{,}7\,\text{Hz}$

$f_6 = 97{,}5\,\text{Hz}$

$f_7 = 136{,}9\,\text{Hz}$

$f_8 = 209{,}0\,\text{Hz}$

$f_9 = 264{,}9\,\text{Hz}$

$f_{10} = 287{,}5\,\text{Hz}$

$f_{11} = 291{,}8\,\text{Hz}$

$f_{12} = 355{,}1\,\text{Hz}$

Abbildung 4.26: Die ersten zwölf Eigenformen des Rahmens

Referenzlösung

Ermittlung der in den Abbildungen 4.27 bis 4.30 dargestellten Referenzlösungen durch direkte Integration der Bewegungsgleichung auf globaler Ebene (nichtlineare Dynamik):

- Lastfall 1: Anregung der frequenzbenachbarten Moden 5 und 6, Periodendauer der resultierenden Schwingung (Schwebung):

$$T_{\text{kopp}} = \frac{1}{f_{\text{kopp}}} = \frac{1}{f_6 - f_5} = \frac{1}{97{,}5\,\text{Hz} - 89{,}7\,\text{Hz}} = 0{,}128\,s$$

  Schwingungsenergie wandert langsam zwischen beiden Eigenformen hin und her.

- Lastfall 2: Anregung der Moden 1 (direkt) und 2 (indirekt), Schwebungsdauer:

$$T_{\text{kopp}} = \frac{1}{f_{\text{kopp}}} = \frac{1}{f_2 - f_1} = \frac{1}{8{,}89\,\text{Hz} - 8{,}59\,\text{Hz}} = 3{,}33\,s$$

  Aufgrund der Ähnlichkeit zu Lastfall 3 ist hier zur Abwechslung nur der Einschwing-vorgang (bis 1 s) dargestellt. Trotz Überlagerung mehrerer Moden lassen sich die Periodendauern $T_1 = \frac{1}{f_1} = 0{,}116\,s$ und $T_2 = \frac{1}{f_2} = 0{,}112\,s$ sehr gut ablesen.

- Lastfall 3: In x-Richtung lineares Verhalten (Verschiebung u_C fällt auf ein Zehntel gegenüber Lastfall 2, gleiche Schwebungsdauer), aber **(geometrisch) nichtlineares Verhalten** in y-Richtung: Verschiebung v_C fällt auf ein Hundertstel, obwohl Last nur auf ein Zehntel abgesenkt wird.

- Lastfall 4: Schwach gedämpfte Schwingung (weiterhin 9 Extremwerte in 8 s)

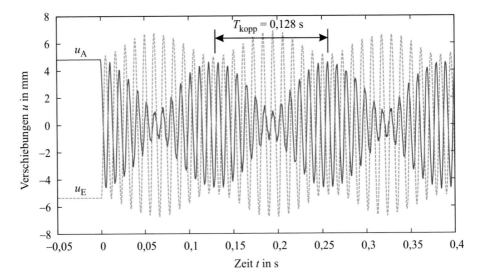

Abbildung 4.27: Referenzlösung Lastfall 1

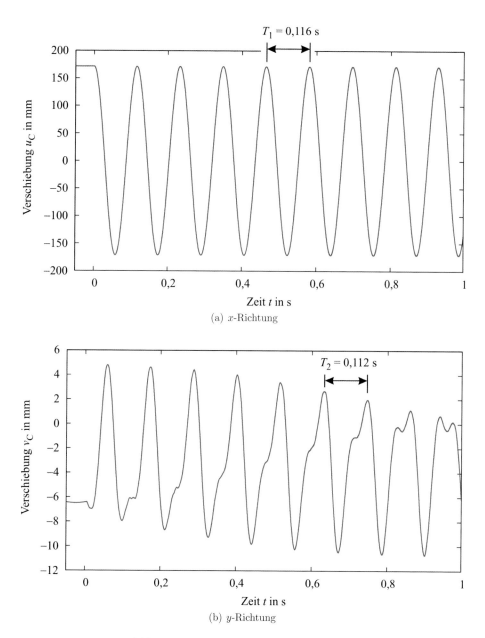

(a) x-Richtung

(b) y-Richtung

Abbildung 4.28: Referenzlösung Lastfall 2

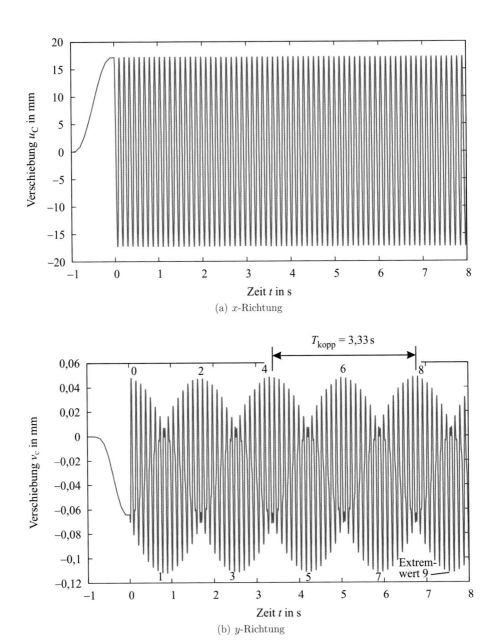

(a) x-Richtung

(b) y-Richtung

Abbildung 4.29: Referenzlösung Lastfall 3

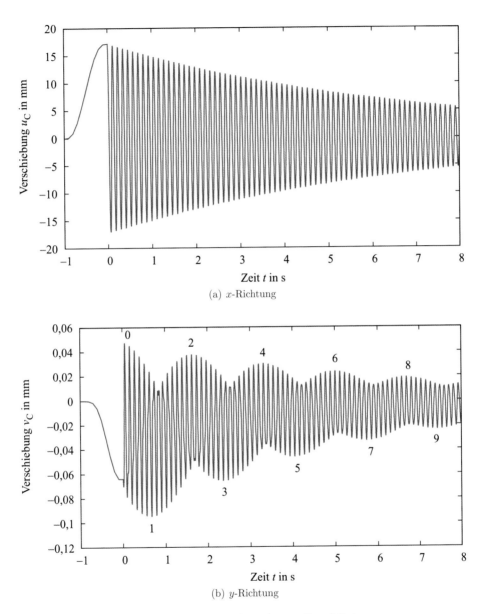

(a) x-Richtung

(b) y-Richtung

Abbildung 4.30: Referenzlösung Lastfall 4

Modal transiente Analyse

- (Rein) lineare Prozedur, geometrische Näherung: „**Tangente statt Kreisbogen**".
- Für alle Lastfälle exakte Berechnung der Verschiebungen in x-Richtung; empfohlener Ansatz für Lastfall 1: am effizientesten, **lineare Kopplung** wird erfasst.
- Anregung des Querträgers (Schwingung des Punktes C in y-Richtung, relevant für Lastfälle 2 bis 4) kann nicht simuliert werden (Verschiebung ist null).

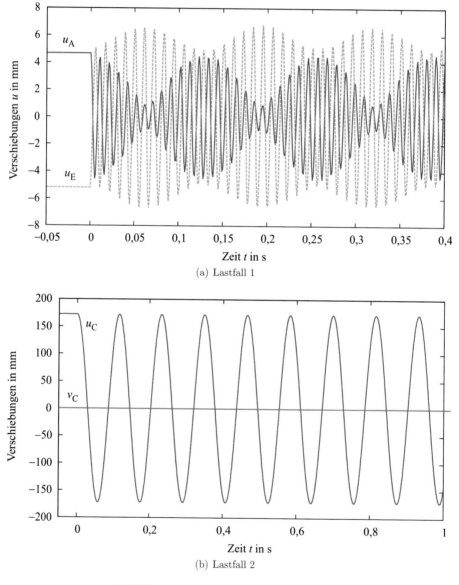

(a) Lastfall 1

(b) Lastfall 2

Abbildung 4.31: Modal transiente Analyse

Transiente Unterraum-Analyse

Die transiente Unterraum-Analyse ist die **einzige Berechnungsprozedur**, mit der sich im Rahmen der **linearen Dynamik** durch **explizite Zeitintegration** (der numerische Aufwand steigt mit der Modenanzahl, da das stabile Zeitinkrement $\Delta t = \frac{2}{\omega_{max}}$ abnimmt; dennoch effizienter als implizite Zeitintegration, da $\tilde{\mathbf{M}}$ Diagonalmatrix) der Bewegungsgleichung

$$\boxed{\tilde{\mathbf{M}}\ddot{\tilde{\mathbf{q}}} + \tilde{\mathbf{I}} = \tilde{\mathbf{P}}} \tag{4.20}$$

gewisse geometrische und auch einige materielle Nichtlinearitäten (Plastifizierung von Teilbereichen) berücksichtigen lassen. Sogar beim Gegenpart, der stationären Unterraum-Analyse, handelt es sich immer um eine lineare Prozedur, selbst wenn z. B. Steifigkeiten frequenzabhängig vorgegeben werden.

Auf die Darstellung der Ergebnisse von **Lastfall 1** wird verzichtet, da die auftretenden Verschiebungen vergleichsweise klein sind (**lineare Kopplung**), so dass auf allen drei Berechnungsebenen identische Ergebnisse erzielt werden (siehe Abbildungen 4.27 und 4.31(a)). Interessanter ist die Frage, wie gut die **nichtlineare Kopplung** aus **Lastfall 2** abgebildet werden kann. Hierzu betrachte man zunächst das Ergebnis der quasistatischen Belastung:

- Im Gegensatz zur Referenzlösung bleibt der Querträger nicht gerade, sondern wird in Abhängigkeit der verwendeten Eigenmoden mehr oder weniger stark gekrümmt.

- Die höheren Moden **kompensieren** den fehlenden y-Anteil des ersten Eigenmodes.

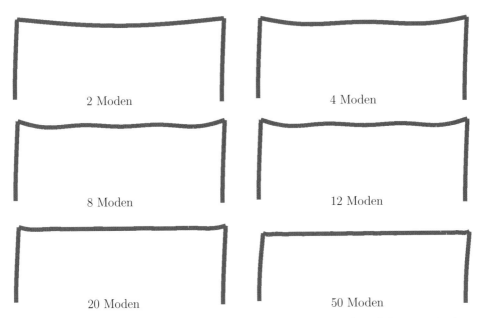

Abbildung 4.32: Anfangsauslenkung für Lastfall 2 bei geometrisch nichtlinearer Analyse im Unterraum (Verschiebungen in y-Richtung um Faktor 100 erhöht)

Infolge der (inkrementellen) Projektion der Kraftvektoren auf die ausgewählten Moden des Unterraums kommt es zu einem (ungewollten) **Versteifungseffekt** (axiale Spannungen bzw. Membranspannungen) auch beim Ausschwingversuch:

- Die Verschiebungen selbst in x-Richtung sind deutlich zu klein (ca. Faktor 2).
- Positiv ist, dass Mode 2 (y-Richtung) überhaupt angeregt wird.
- Allerdings werden gleichzeitig auch **höhere Moden** (in unzulässiger Weise) angeregt.

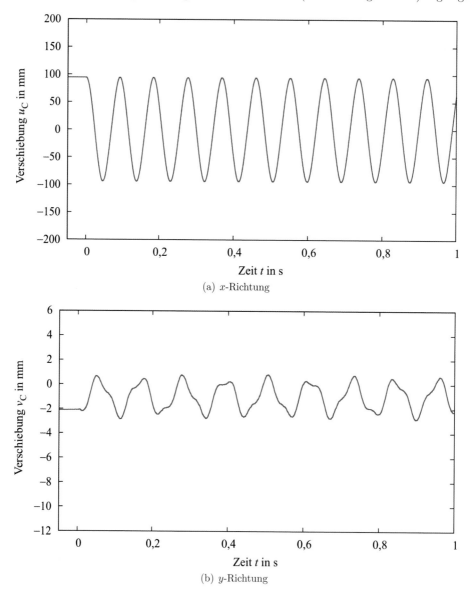

(a) x-Richtung

(b) y-Richtung

Abbildung 4.33: Simulation des Ausschwingversuchs für Lastfall 2 mit zwölf Eigenmoden

Gegenmaßnahmen:

- Noch mehr Eigenmoden (bedingt empfehlenswert, da stabiles Zeitinkrement fällt).
- Beschränkung auf Systeme, die auch in der Realität einen **Membranspannungseffekt** zeigen. Hier: Exaktes Ergebnis, wenn Ecken B und D in y-Richtung gehalten werden.
- Geometrisch lineare Rechnung (gleiches Ergebnis wie modal transiente Analyse).
- Lastfall 3: Verringerung der aufgebrachten Last auf ein Zehntel.

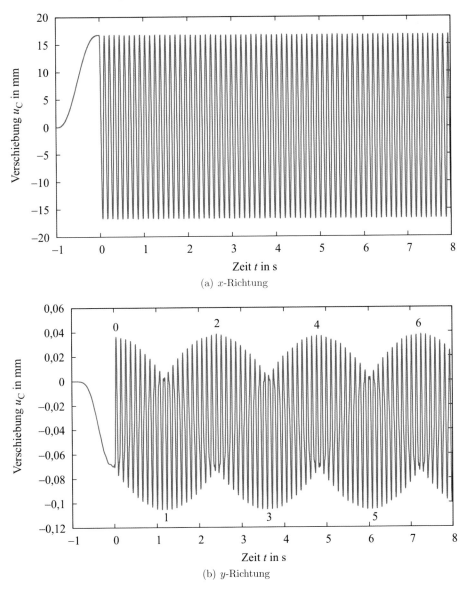

(a) x-Richtung

(b) y-Richtung

Abbildung 4.34: Ergebnisverbesserung durch Lastreduktion auf ein Zehntel (Lastfall 3)

Eine weitere Ergebnisverbesserung lässt sich durch Einführung der β_R-Dämpfung erzielen (Lastfall 4):

- Dämpfung der hohen Moden.
- Verringerung der Schwebungsdauer: 8 Extremwerte statt 6 (Referenzlösung: 9).
- Nur noch geringe Abweichungen bei der Verschiebungsamplitude.

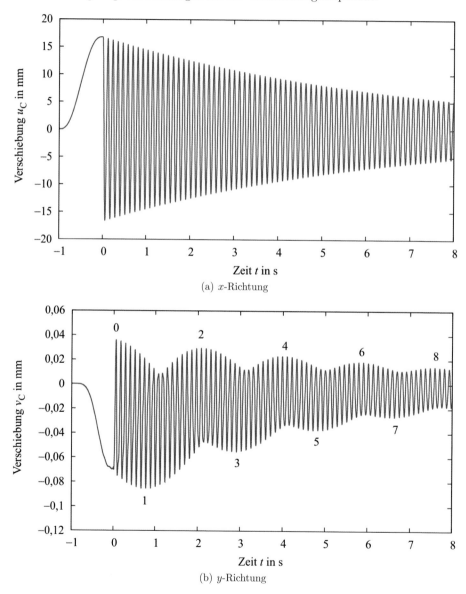

(a) x-Richtung

(b) y-Richtung

Abbildung 4.35: Herausfiltern der hohen Moden bei Lastfall 4 durch β_R-Dämpfung

- Unterscheidung in **primären Fußpunkt** (direkte Methode) und (einen oder mehrere) **sekundäre Fußpunkte** (Methode der großen Massen).

- Bei dem in Abbildung 4.36(d) dargestellten Beispiel wird die linke Stütze mit Signal 1 aus Abbildung 4.37(a) und die rechte Stütze nach 0,5 s mit Signal 2 aus Abbildung 4.37(b) angeregt.

- Die **Gesamtverschiebung** ergibt sich (sozusagen als **Postprozessing**-Option) durch Addition der primären Fußpunktverschiebung $\bar{u}$ zu den Relativverschiebungen.

- Auch wenn die Fußpunktanregung anhand einer transienten Analyse demonstriert wird, ist das Vorgehen bei stationären Analysen analog.

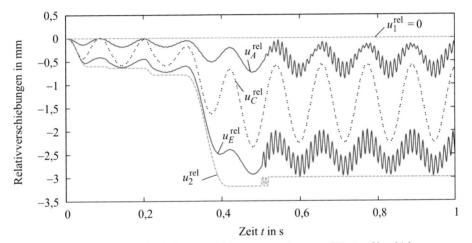

(a) Schritt 1: Ermittlung der Relativverschiebungen aus den generalisierten Verschiebungen

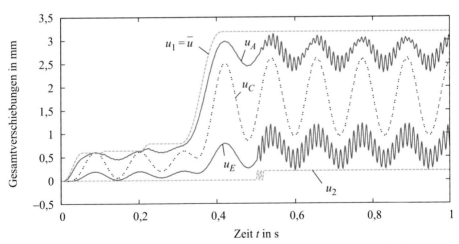

(b) Schritt 2: Addition der primären Fußpunktverschiebung zu den Relativverschiebungen

Abbildung 4.39: Anregung mehrerer Fußpunkte (linke Stütze mit Signal 1 und rechte Stütze mit Signal 2 nach 0,5 s)

4.1.8 Antwortspektrum-Analyse

Bei der Antwortspektrum-Analyse (Response Spectrum) handelt es sich um eine in der modalen Dynamik für **Designstudien** eingesetzte lineare Berechnungsprozedur, mit deren Hilfe sich **sehr schnell** (noch schneller als mit modal transienter Analyse) **Maximalantworten** infolge einer **zeitlich begrenzten Fußpunktanregung** abschätzen lassen.

1. Schritt: Messung eines Zeitsignals

- Für viele Industriebereiche existieren diverse Empfehlungen und Vorschriften, was für Antwortspektren für welche Bauteile (von Speicherchips über Brücken und Hochhäuser bis hin zu U-Booten) zu verwenden sind.
- Liegt kein (genormtes) Antwortspektrum vor, muss zunächst eine repräsentative Fußpunktanregung in Form eines Zeitsignals gemessen werden.

Abbildung 4.40: Aufzeichnung eines Erdbeben-Zeitsignals mittels Seismograph

2. Schritt: Überführung des Zeitsignals in ein Antwortspektrum

- Beim betrachteten Beispiel wird aus den beiden Zeitsignalen jeweils ein Antwortspektrum generiert (analytische Integration der Bewegungsgleichung möglich), da **unterschiedliche Frequenzbereiche** angeregt werden.
- Fügt man mehrere Antwortspektren zu einem zusammen, dann sollten die Kurven nicht gemittelt, sondern die **Einhüllende** verwendet werden (Stichwort: Bemessung).
- Durch Verwendung von mehr als 24 Stützstellen ließen sich die Kurven glätten. Darauf wurde verzichtet, da alle 12 Eigenfrequenzen des Rahmenbeispieles zum Einsatz kommen, so dass eine Verfeinerung zu keiner Ergebnisverbesserung führt.
- Antwortspektren können als Funktion der Lehrschen Dämpfung ξ definiert werden.
- Statt Beschleunigungsantwortspektren $\ddot{u}^{\max} = \ddot{u}^{\max}(f)$ können Geschwindigkeits- und Verschiebungsantwortspektren verwendet werden. Für $d = 0$ gilt:

$$\boxed{\ddot{u}^{\max} = \omega \dot{u}^{\max} = \omega^2 u^{\max} \quad \text{mit} \quad \omega = 2\pi f} \tag{4.26}$$

Diese Beziehung wird auch auf (schwach) gedämpfte Systeme angewandt, um die Antwortspektren konvertieren zu können.

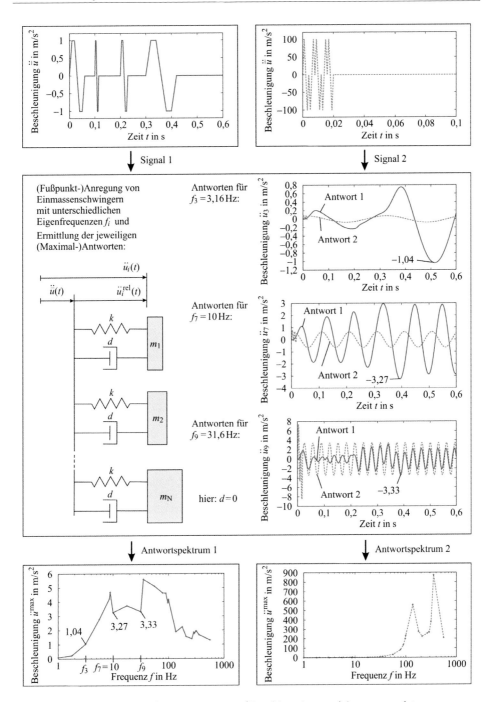

Abbildung 4.41: Generierung von (Beschleunigungs-)Antwortspektren

3. Schritt: Eigenfrequenzanalyse

Da eine Antwortspektrum-Analyse als Näherungslösung bestenfalls die Genauigkeit einer modal transienten Analyse erreichen kann, kommt ihre Anwendung aus numerischer Sicht nur dann in Frage, wenn eine **modal transiente Analyse zu aufwendig** wird. Nun handelt es sich hierbei jedoch bereits um eine sehr effiziente Berechnungsprozedur (siehe z. B. Tabelle 4.1), so dass nur **sehr große Systeme** (> 100000 bis hin zu mehreren Millionen FHG) in Frage kommen.

Die **Extraktion der Eigenfrequenzen ist weitaus aufwendiger als die Antwortspektrum-Analyse** selbst, so dass es sich lohnt, folgende Punkte zu beachten:

- Auswahl eines Gleichungslösers, der für große Systeme optimiert ist.
- Nicht mehr Moden extrahieren, als vom Antwortspektrum angeregt werden können.
- Herausschreiben von **Restart**-Daten, damit sich einmal extrahierte Eigenmoden für mehrere Antwortspektrum-Analysen verwenden lassen.

Aus Gründen der Übersichtlichkeit soll jedoch weiterhin das (kleine) Rahmenbeispiel (Eigenmoden siehe Abbildung 4.26) verwendet werden.

4. Schritt: Antwortspektrum-Analyse

Merkmale:

- Selbst lineares Verhalten wird nur **näherungsweise** beschrieben.
- Nur primäre Fußpunktanregung.
- Üblicherweise nur translatorische Fußpunktanregungen.
- Aufbringung eines oder mehrerer „Antwortspektren" als **äußere Last** (irreführender Name, da es sich nicht um das Ergebnis (Response), sondern den Input der Antwortspektrum-Analyse handelt).

Ermittlung maximaler modaler Antworten:

- Generalisierte Beschleunigungen (negativ, wenn in Gegenphase):

$$\boxed{\ddot{q}_i^{\max} = \ddot{u}_j^{\max}(f_i)\,\Gamma_{ij}}$$

(4.27)

  Γ_{ij}: Beteiligungsfaktor (participation factor) des Modes i in j-Richtung

- Generalisierte Verschiebungen (Annahme: keine/schwache Dämpfung):

$$\boxed{q_i^{\max} = \frac{\ddot{q}_i^{\max}}{\omega_i^2}}$$

(4.28)

- Beliebige (skalare) Ergebnisgröße (Verschiebungs-, Beschleunigungs-, Dehnungs-, Kraft- oder Spannungskomponente usw.) an einem bestimmten Ort:

$$R_i = R_i(q_i^{\max}, \boldsymbol{\Phi}_i)$$

(4.29)

Der Analyse ist nicht bekannt, zu welchem Zeitpunkt die Maximalwerte $q_i^{\max}$ bzw. R_i (Response) auftreten.

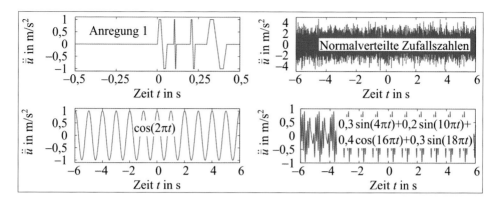

$$\Downarrow \quad \text{Autokorrelation: } R_{\ddot{\bar{u}}}(\tau) = \frac{1}{T_{\text{mess}}} \int\limits_{-T_{\text{mess}}/2}^{T_{\text{mess}}/2} \ddot{\bar{u}}(t)\,\ddot{\bar{u}}(t+\tau)\,dt$$

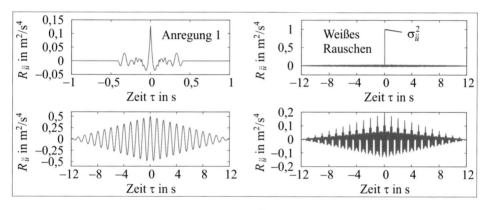

$$\Downarrow \quad \text{Fouriertransformation: } S_{\ddot{\bar{u}}}^{+}(\omega) = 4 \int\limits_{0}^{T_{\text{mess}}} R_{\ddot{\bar{u}}}(\tau)\cos(\omega\tau)\,d\tau \ \text{ mit } \ \omega \geq 0$$

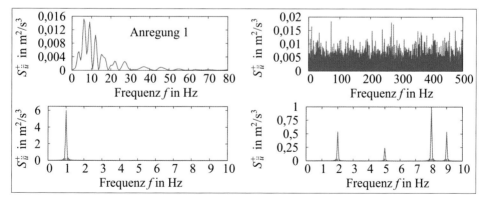

Abbildung 4.43: Erzeugung von Leistungsdichtespektren $S_{\ddot{\bar{u}}}^{+}$ (PSD-Spektren)

Halbanalytische Fouriertransformation

Fouriertransformation des autokorrelierten Signals $R_x(\tau)$ (exakte Lösung):

$$S_x(\omega) = \lim_{T\to\infty} \int\limits_{-T/2}^{T/2} R_x(\tau)\exp(-\mathrm{i}\omega\tau)\,d\tau \quad \text{mit} \quad \omega \in [-\infty, \infty]$$

Endlicher (Mess-)Zeitraum:

$$S_x(\omega) = \int\limits_{-T_{\mathrm{mess}}}^{T_{\mathrm{mess}}} R_x(\tau)\exp(-\mathrm{i}\omega\tau)\,d\tau$$

Ausnutzung der Symmetrie $R_x(\tau) = R_x(-\tau) \in \mathbb{R}$:

$$S_x(\omega) = 2 \int\limits_{0}^{T_{\mathrm{mess}}} R_x(\tau)\cos(\omega\tau)\,d\tau$$

Verwendung nur positiver Frequenzen (Symmetrie $S_x(\omega) = S_x(-\omega) \in \mathbb{R}$):

$$\boxed{S_x^+(\omega) = 2S_x(\omega) \quad \text{mit} \quad \omega \geq 0}$$

(4.44)

Stückweise Linearisierung von $R_x(\tau)$ (mit $\tau_0 = 0$ und $\tau_N = T_{\mathrm{mess}}$):

$$S_x^+(\omega) = 4 \sum_{i=0}^{N-1} \int\limits_{\tau_i}^{\tau_{i+1}} \left[R_{x,i} + \frac{R_{x,i+1} - R_{x,i}}{\tau_{i+1} - \tau_i}(\tau - \tau_i) \right] \cos(\omega\tau)\,d\tau$$

Analytische Integration (einige Umformungen später):

$$S_x^+(\omega) = 4 \sum_{i=0}^{N-1} \left[\frac{R_{x,i+1} - R_{x,i}}{\omega^2\,(\tau_{i+1} - \tau_i)} \left[\cos(\omega\tau_{i+1}) - \cos(\omega\tau_i) \right] + \frac{R_{x,i+1}}{\omega}\sin(\omega\tau_{i+1}) - \frac{R_{x,i}}{\omega}\sin(\omega\tau_i) \right]$$

Kontrollmöglichkeiten (Berechnung der Varianz der Variablen $x(t)$):
- Varianz muss gleich dem mittleren quadratischen Fehler sein: $\sigma_x^2 = E_{x^2}$.
- Ablesen der Varianz aus dem autokorrelierten Signal: $\sigma_x^2 = R_x(\tau = 0)$.
- Integration der spektralen Leistungsdichte $S_x^+(\omega)$ bzw. $S_x^+(f)$ mit $f = \frac{\omega}{2\pi}$:

$$\boxed{\sigma_x^2 = \int\limits_{0}^{\infty} S_x^+(f)\,df = \int\limits_{-\infty}^{\infty} S_x(f)\,df}$$

(4.45)

Ermittlung der Antwort

Berechnung der Leistungsdichte (PSD) einer Antwortgröße z (z. B. Verschiebung, Beschleunigung, Spannung oder Kraft) mittels **Übertragungsfunktion** $H_{xz}(f)$:

$$S_z(f) = S_x(f)\, H_{xz}^2(f) \quad \text{bzw.} \quad S_z^+(f) = S_x^+(f)\, H_{xz}^2(f) \tag{4.46}$$

Näherungsweise Bestimmung der Standardabweichung (RMS) für z durch numerische Integration der PSD-Kurve:

$$\sigma_z = \sqrt{\sigma_z^2} \quad \text{mit} \quad \sigma_z^2 \approx \int_0^{f_{\max}} S_z^+(f)\, df = \int_{-f_{\max}}^{f_{\max}} S_z(f)\, df \tag{4.47}$$

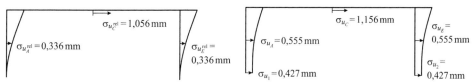

(a) Standardabweichung der Relativverschiebung   (b) Standardabweichung der Gesamtverschiebung

Abbildung 4.44: Zufallsantwort-Analyse (Anregung 1 mit Lehrscher Dämpfung $\xi = 0{,}01$)

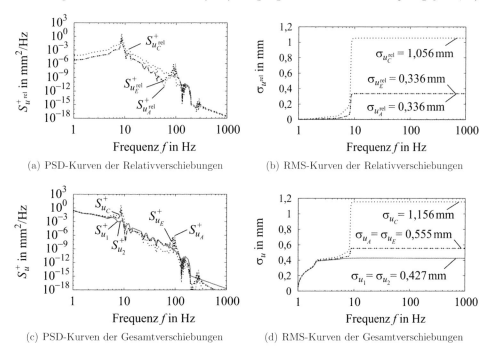

(a) PSD-Kurven der Relativverschiebungen   (b) RMS-Kurven der Relativverschiebungen

(c) PSD-Kurven der Gesamtverschiebungen   (d) RMS-Kurven der Gesamtverschiebungen

Abbildung 4.45: Ermittlung von Standardabweichungen aus spektralen Leistungsdichten

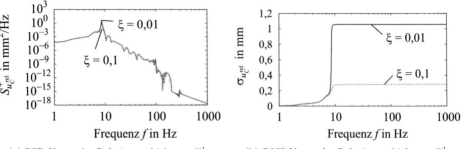

(a) PSD-Kurve der Relativverschiebung u_C^{rel} (b) RMS-Kurve der Relativverschiebung u_C^{rel}

Abbildung 4.46: Einfluss der Dämpfung

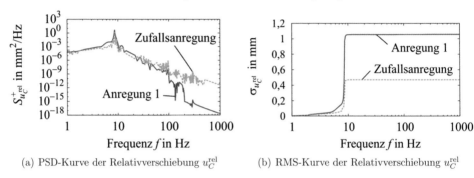

(a) PSD-Kurve der Relativverschiebung u_C^{rel} (b) RMS-Kurve der Relativverschiebung u_C^{rel}

Abbildung 4.47: Einfluss der Anregungsart

Interpretation der Ergebnisse

- Im Gegensatz zur Antwortspektrum-Analyse besitzt die **Dämpfung einen großen Einfluss** (unendlich großer Zeitraum: System kann sich aufschaukeln).

- Folglich führen Zufallsantwort-Analysen, bei denen keine Dämpfung benutzt wird, zu unendlich großen Werten sowohl für die PSD- als auch für die RMS-Kurven.

- Auch die in Abbildung 4.37(a) und (c) gezeigte transiente Analyse kann nicht als Referenz dienen, da dort ebenfalls eine einmalige Anregung betrachtet wird.

- Maximum in PSD-Kurve führt zu einem Sprung in der zugehörigen RMS-Kurve.

Manuelles Vorgehen (falls FE-Programm keine Zufallsantwort-Analyse anbietet und keine Kreuzkorrelationen zu berücksichtigen sind):

1. Frequenzganganalyse mit Einheitslast.

2. Verwendung des Betrags der (komplexen) Antwortfunktion als Übertragungsfunktion $H_{xz}(f)$ (Einheiten kontrollieren).

3. Multiplikation von spektraler Leistungsdichte der Anregung $S_x^+(f)$ und H_{xz}^2 liefert spektrale Leistungsdichte der Antwort $S_z^+(f)$.

4. Numerische Integration (Postprozessing) von $S_z^+(f)$ liefert Varianz σ_z^2.

5. Wurzelziehen liefert gesuchte Standardabweichung σ_z.

4.1.10 Komplexe Eigenfrequenzanalyse

Komplexes Eigenwertproblem

DGL (Bewegungsgleichung) einer gedämpften freien Schwingung auf globaler Ebene:

$$\mathbf{M}\ddot{\mathbf{u}} + \mathbf{D}\dot{\mathbf{u}} + \mathbf{K}\mathbf{u} = \mathbf{0} \tag{4.48}$$

Lösungsansatz:

$$\mathbf{u} = \mathbf{\Phi}^* \exp(\mu t) \tag{4.49}$$

Einsetzen in DGL liefert komplexes Eigenwertproblem (mit $\exp(\mu t) \neq 0$):

$$(\mu^2 \mathbf{M} + \mu \mathbf{D} + \mathbf{K})\mathbf{\Phi}^* = \mathbf{0} \tag{4.50}$$

Charakteristische Gleichung:

$$\det(\mathbf{K} + \mu \mathbf{D} + \mu^2 \mathbf{M}) = 0 \tag{4.51}$$

Nichttriviale Lösungen:

$\mu_{1/2,i} = -\delta_i \pm \mathrm{i}\omega_{\mathrm{d},i}$:	Komplexe Eigenwerte
δ_i:	Reeller Anteil: Abklingkoeffizient
$\omega_{\mathrm{d},i}$:	Imaginärer Anteil: Kreisfrequenz der gedämpften Schwingung
$\mathbf{\Phi}_i^*$:	Komplexe Eigenvektoren

Stabilitätsparameter (Effektives Dämpfungsverhältnis):

$$\eta_i = 2\frac{\delta_i}{|\omega_{\mathrm{d},i}|} \tag{4.52}$$

- Alle $\eta_i \geq 0$: System ist stabil
- Es gibt ein $\eta_i < 0$: System ist instabil (Lösung wächst exponentiell mit der Zeit)
- Für schwache gedämpfte Systeme gilt: $\eta_i \approx 2\xi_i$ (ξ_i: Lehrsche Dämpfung)

Komplexe Eigenfrequenzanalyse im Unterraum

Eine Reduktion des numerischen Aufwands ist möglich, wenn die komplexe Eigenfrequenzanalyse nicht auf globaler Ebene, sondern im Unterraum durchgeführt wird:
- Voraussetzung: System ist nur schwach gedämpft, damit die komplexen Eigenvektoren $\mathbf{\Phi}_i^*$ mittels **Linearkombination** von (ungedämpften) Eigenvektoren $\mathbf{\Phi}_i$ angenähert werden können.
- Zuvor muss reelles Eigenwertproblem (4.5) gelöst werden. Eigenvektor-Matrix:

$$\boldsymbol{\varphi} = [\mathbf{\Phi}_1, \mathbf{\Phi}_2, \dots, \mathbf{\Phi}_M] \tag{4.53}$$

- Komplexes Eigenwertproblem nach Unterraum-Projektion:

$$\boxed{(\mu^2 \tilde{\mathbf{M}} + \mu \tilde{\mathbf{D}} + \tilde{\mathbf{K}})\mathbf{\Phi}^* = \mathbf{0}} \tag{4.54}$$

Modale Massenmatrix $\tilde{\mathbf{M}} = \boldsymbol{\varphi}^{\mathrm{T}}\mathbf{M}\boldsymbol{\varphi}$:

- **Diagonalmatrix** (keine Nebendiagonalelemente) wegen Orthogonalität von $\boldsymbol{\Phi}_i$.
- Hauptdiagonalelemente: Generalisierte Massen m_i.

Modale Dämpfungsmatrix $\tilde{\mathbf{D}} = \boldsymbol{\varphi}^{\mathrm{T}}\mathbf{D}\boldsymbol{\varphi}$:

- Diagonalmatrix, wenn nur **Rayleigh-Dämpfung** verwendet wird.
- Schiefsymmetrische Anteile durch **Reibung** (positiv und negativ)
- Schiefsymmetrische Anteile durch **Corioliskräfte**

Modale Steifigkeitsmatrix $\tilde{\mathbf{K}} = \boldsymbol{\varphi}^{\mathrm{T}}\mathbf{K}\boldsymbol{\varphi}$:

- Unsymmetrisch bei **Reibung**
- Zusätzliche Anteile durch **Zentrifugalkräfte und Anfangsspannungen**

Modaler Lastvektor $\tilde{\mathbf{P}} = \boldsymbol{\varphi}^{\mathrm{T}}\mathbf{P}$:

- Im Allgemeinen komplexer Vektor.
- Beispiel **Unwuchtanregung** um z-Achse:
  * Last in x-Richtung in Phase (Realteil)
  * Last in y-Richtung in Gegenphase (Imaginärteil)

- Berücksichtigung **schwacher Material-Nichtlinearitäten** möglich: Frequenzabhängige Steifigkeiten (auch bei reeller Eigenfrequenzanalyse) und Dämpfungskoeffizienten z. B. bei viskoelastischem Material.

Trägheitskräfte bei rotierendem Bezugssystem

Auf einen Massenpunkt wirkende **Trägheitskräfte** (**Scheinkräfte**), wenn sich der Beobachter in einem mit $\boldsymbol{\omega}$ und $\dot{\boldsymbol{\omega}}$ um eine raumfeste Achse rotierenden Bezugssystem befindet:

$$\mathbf{F} = \underbrace{-m\boldsymbol{\omega} \times (\boldsymbol{\omega} \times \mathbf{r})}_{\text{Zentrifugalkraft}} \underbrace{-2m\boldsymbol{\omega} \times \mathbf{v}}_{\text{Corioliskraft}} \underbrace{-m\dot{\boldsymbol{\omega}} \times \mathbf{r}}_{\text{Euler-Kraft}} \tag{4.55}$$

Dynamisches Kräftegleichgewicht:

$$m\mathbf{a} + \mathbf{I} = \mathbf{P} + \mathbf{F} \tag{4.56}$$

m:	Masse des rotierenden Körpers
$\boldsymbol{\omega}$:	Winkelgeschwindigkeit im Inertialsystem (nicht rotierendes KOS)
$\dot{\boldsymbol{\omega}} = \frac{d\boldsymbol{\omega}}{dt}$:	Winkelbeschleunigung im Inertialsystem
$\mathbf{r}$:	Ortsvektor
$\mathbf{v}$:	Geschwindigkeit
$\mathbf{a}$:	Beschleunigung
$\mathbf{I}$:	Vektor der inneren Kräfte
$\mathbf{P}$:	Vektor der äußeren Kräfte

Trägheitskräfte müssen als **zusätzliche äußere Lasten** in dem der Eigenfrequenzanalyse **vorausgehenden statischen Berechnungsschritt** eingeführt werden.

Anwendung #1: Rotordynamik

Prinzipielles Vorgehen:

Schritt 1: Reelle Eigenfrequenzanalyse eines Rotors in Ruhe

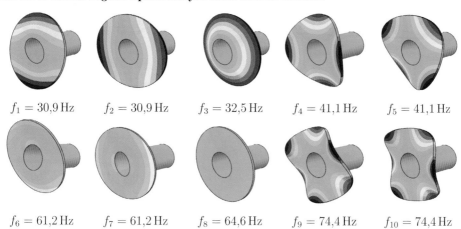

$f_1 = 30{,}9\,\text{Hz}$ $f_2 = 30{,}9\,\text{Hz}$ $f_3 = 32{,}5\,\text{Hz}$ $f_4 = 41{,}1\,\text{Hz}$ $f_5 = 41{,}1\,\text{Hz}$

$f_6 = 61{,}2\,\text{Hz}$ $f_7 = 61{,}2\,\text{Hz}$ $f_8 = 64{,}6\,\text{Hz}$ $f_9 = 74{,}4\,\text{Hz}$ $f_{10} = 74{,}4\,\text{Hz}$

- Die Untersuchung eines Systems in Ruhelage ist für die komplexe Eigenwertanalyse ohne Bedeutung und hier nur aus Vergleichsgründen vorgenommen worden.
- Ergebnis: Zwei einfache (3: Axialmode, 8: Torsionsmode) und vier **doppelte Moden**.

Schritt 2: Statische Analyse der Versteifung durch Trägheitskräfte

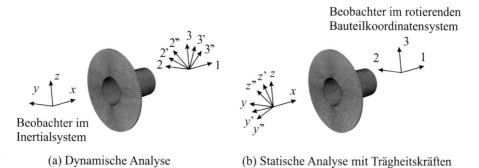

(a) Dynamische Analyse   (b) Statische Analyse mit Trägheitskräften

Abbildung 4.48: Drehung um die x-Achse

- Gewählte Drehzahl: $n = 30$ Umdrehungen/s
- Theoretisch lässt sich der Betriebszustand (konstante Drehzahl) auch im Rahmen einer dynamischen Analyse ermitteln.
  - Vorteil: Definition zusätzlicher Kräfte entfällt (intuitiver Zugang)
  - Nachteil: Hoher numerischer Aufwand
- Für statische Analyse erforderlich: **Coriolis- und Zentrifugalkräfte (Fliehkräfte)**

Schritt 3: Reelle Eigenfrequenzanalyse des Betriebszustandes

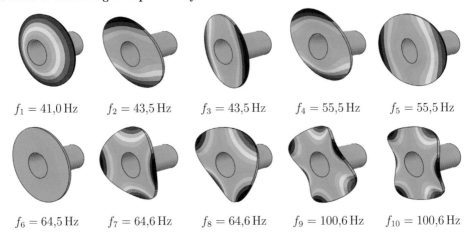

$f_1 = 41{,}0\,\text{Hz}$ $f_2 = 43{,}5\,\text{Hz}$ $f_3 = 43{,}5\,\text{Hz}$ $f_4 = 55{,}5\,\text{Hz}$ $f_5 = 55{,}5\,\text{Hz}$

$f_6 = 64{,}5\,\text{Hz}$ $f_7 = 64{,}6\,\text{Hz}$ $f_8 = 64{,}6\,\text{Hz}$ $f_9 = 100{,}6\,\text{Hz}$ $f_{10} = 100{,}6\,\text{Hz}$

- Man beachte den Anstieg der Eigenfrequenzen.
- Die Versteifungseffekte wirken sich unterschiedlich aus, so dass es zu einem **Wechsel der Reihenfolge** kommt. Zum Beispiel hat sich der Axialmode von Platz 3 auf 1 geschoben, und der doppelte Mode 4/5 ist auf Platz 7/8 abgerutscht.

Schritt 4: Komplexe Eigenfrequenzanalyse des Betriebszustandes

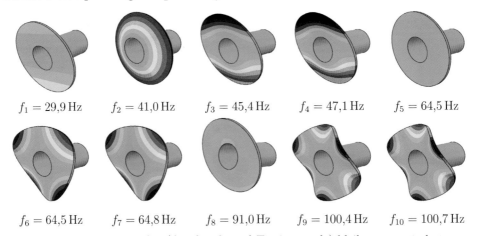

$f_1 = 29{,}9\,\text{Hz}$ $f_2 = 41{,}0\,\text{Hz}$ $f_3 = 45{,}4\,\text{Hz}$ $f_4 = 47{,}1\,\text{Hz}$ $f_5 = 64{,}5\,\text{Hz}$

$f_6 = 64{,}5\,\text{Hz}$ $f_7 = 64{,}8\,\text{Hz}$ $f_8 = 91{,}0\,\text{Hz}$ $f_9 = 100{,}4\,\text{Hz}$ $f_{10} = 100{,}7\,\text{Hz}$

- Die beiden Einzelmoden (Axialmode und Torsionsmode) bleiben unverändert.
- Aus dem reellen Modenpaar 7/8 wird das komplexe Modenpaar 6/7 gebildet, und das reelle Modenpaar 9/10 wird zum komplexen Modenpaar 9/10.
- Es kommt zu einem **Frequenzsplit**, z. B. wird aus $2 \times 100{,}56\,\text{Hz}$ $f_9 = 100{,}42\,\text{Hz}$ für den **gegendrehenden** und $f_{10} = 100{,}70\,\text{Hz}$ für den **mitdrehenden** Mode. Der Frequenzunterschied ist relativ gering, würde aber mit größerer Drehzahl zunehmen.
- Die verbleibenden 4 reellen Moden (Paare 2/3 und 4/5) haben sich zu 4 komplexen Moden „vermischt": 1, 3, 4 und 8.

- Der sehr große Frequenzunterschied zwischen $f_1 = 29{,}9\,\text{Hz}$ und $f_9 = 91{,}0\,\text{Hz}$ ist auf die **Corioliskraft** zurückzuführen, die hier größer als bei den anderen komplexen Modenpaaren ist, denn es kommt durch die Biegeschwingung des Rohres zu einer Bewegung senkrecht zur Drehachse.

- Um die typische **Kreiselbewegung** zu erkennen, muss man einen komplexen Eigenmode für verschiedene **Phasenwinkel** darstellen. Das gleiche Verhalten lässt sich durch Schwingung eines reellen Modenpaares mit 90° Phasenunterschied simulieren.

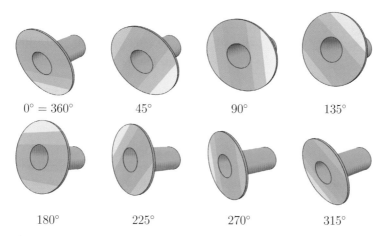

Abbildung 4.49: Darstellung des ersten komplexen Eigenmodes über dem Phasenwinkel

Schritt 5: Frequenzganganalyse unter Verwendung der komplexen Eigenformen

- Bewegungsgleichung im **Unterraum**:

$$\boxed{\tilde{\mathbf{M}}\ddot{\mathbf{q}} + \tilde{\mathbf{D}}\dot{\mathbf{q}} + \tilde{\mathbf{K}}\mathbf{q} = \tilde{\mathbf{P}}} \tag{4.57}$$

  $\mathbf{q}^{\mathrm{T}} = [q_1, q_2, \ldots, q_M]$:   Lösungsvektor (generalisierte Verschiebungen)

- Komplexe Frequenzganganalysen sind auch auf **globaler Ebene** durchführbar:
  - Es entfällt die Bedingung, dass sich die komplexen aus den reellen Eigenmoden zusammensetzen lassen müssen, da keine Eigenmoden benötigt werden.
  - Geeignet auch für starke gedämpfte Systeme.
  - Nachteil: Größerer Berechnungsaufwand

- Es ist möglich, frequenzabhängige modale Dämpfungs- und Steifigkeitsmatrizen zu verwenden. Bei transienten Analysen im Unterraum müssen $\tilde{\mathbf{D}}$ und $\tilde{\mathbf{K}}$ konstant sein.

- Beispiel: Volumenlast $\mathbf{b}_{\mathrm{y}} = 1\,{}^{\text{N}}/_{\text{mm}^3} + 0\,\mathrm{i}$ und $\mathbf{b}_{\mathrm{z}} = 0 + 1\,{}^{\text{N}}/_{\text{mm}^3}\,\mathrm{i}$ (**Unwuchtanregung**); konstante Strukturdämpfung $s = 0{,}02$.

- Ergebnis: Es liegt ein **Resonanzproblem** vor, da die Anregungsdrehzahl $n = 30\,\text{Hz}$ mit einer komplexen Eigenfrequenz (der ersten: $f_1 = 29{,}9\,\text{Hz}$) übereinstimmt.

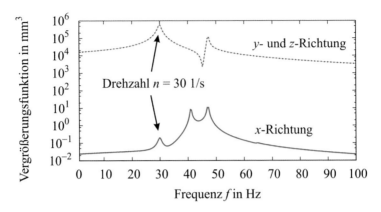

Abbildung 4.50: Einspannkräfte infolge Volumeneinheitslast in y- und z-Richtung

---

Ermittlung von Maximalantworten im Resonanzfall:

Da (bei Unwuchterregung) die **Drehzahl n gleich der Erregerfrequenz f** ist und sich die Eigenfrequenzen mit der Drehzahl ändern, muss die gesamte Berechnungsprozedur (einschließlich der statischen Analyse) so lange mit geänderter Drehzahl wiederholt werden, bis diese **gleich einer Eigenfrequenz** (relevante Schwingungsform) ist.

Anwendung #2: Bremsenquietschen

Bremsenquietschen zählt zur Klasse der **selbsterregten Schwingungen** (instabiles Systemverhalten). Vernetzung und instabiler (komplexer) Mode (aus Abaqus-Beispielsammlung):

- Im Gegensatz zum Rotorbeispiel, bei dem es sich um ein stabiles System handelt ($\delta_i = 0$ für alle 10 Moden) und somit lediglich Resonanzprobleme zu untersuchen sind, können sich selbsterregte Schwingungen **von alleine aufschaukeln**.
- Beispiel Specht (Kinderspielzeug), bei dem Höhenenergie („unerschöpfliche" Energiequelle) in kinetische Energie (Picken gegen Holzstange) umgewandelt wird.
- Bei der Bremse führt Reibung dazu, dass (mindestens) ein komplexer Eigenwert einen negativen Realteil δ_i besitzt (δ_i des konjugiert komplexen Eigenwerts ist positiv), also der Stabilitätsparameter η_i negativ wird („**negative Dämpfung**").

4.2 Nichtlineare Dynamik mit impliziter Zeitintegration

Bewegungsgleichung eines gedämpften nichtlinearen Systems:

$$\boxed{\mathbf{R} = \mathbf{M}\ddot{\mathbf{u}} + \mathbf{I} - \mathbf{P} = 0} \tag{4.58}$$

R: Residuenvektor

M: Massenmatrix (Annahme: zeitlich konstant)

ü: Beschleunigungsvektor

I: Vektor der inneren Lasten (Beiträge der Spannungen, Annahme: $\mathbf{I} = \mathbf{I}(\mathbf{u}, \dot{\mathbf{u}})$)

P: Vektor der äußeren Lasten (Annahme: $\mathbf{P} = \mathbf{P}(\mathbf{u}, \dot{\mathbf{u}})$)

Die Wahl des Zeitintegrationsverfahrens hängt maßgeblich vom zu lösenden Problem ab. Falls das FEM-Programm keine Voreinstellung vornimmt, gelten folgende Empfehlungen:

- Erste Wahl für die meisten Aufgabenstellungen ist das **HHT-Verfahren**.
- Vom **Newmark-Verfahren** wird aus Konvergenzgründen eher abgeraten.
- Das **Euler-Rückwärts-Verfahren** empfiehlt sich bei quasistatischen Fragestellungen.
- Bei kurzen Zeiträumen und bei hochgradig nichtlinearen Problemen bietet sich die in Abschnitt 4.3 vorgestellte **explizite Mittelpunktsregel** an.

4.2.1 Newmark-Verfahren

Das von Newmark (1959) entwickelte implizite Zeitintegrationsverfahren lässt sich als **Taylorreihenentwicklung** der Verschiebungen

$$\boxed{\mathbf{u}_{n+1} = \mathbf{u}_n + \Delta t\, \dot{\mathbf{u}}_n + \Delta t^2 \left[\left(\tfrac{1}{2} - \beta\right)\ddot{\mathbf{u}}_n + \beta \ddot{\mathbf{u}}_{n+1}\right] \quad \text{mit} \quad \beta \in (0;1]} \tag{4.59}$$

und Geschwindigkeiten

$$\boxed{\dot{\mathbf{u}}_{n+1} = \dot{\mathbf{u}}_n + \Delta t\left[(1-\gamma)\ddot{\mathbf{u}}_n + \gamma\ddot{\mathbf{u}}_{n+1}\right] \quad \text{mit} \quad \gamma \in (0;1]} \tag{4.60}$$

formulieren, bei der die Restglieder mittels Quadraturformel approximiert werden. Nach kurzer Umformung erhält man die Geschwindigkeiten zum Zeitpunkt t_{n+1}

$$\dot{\mathbf{u}}_{n+1} = \frac{\gamma}{\beta\Delta t}(\mathbf{u}_{n+1} - \mathbf{u}_n) + \left(1 - \frac{\gamma}{\beta}\right)\dot{\mathbf{u}}_n + \Delta t\left(1 - \frac{\gamma}{2\beta}\right)\ddot{\mathbf{u}}_n \tag{4.61}$$

und die Beschleunigungen zum Zeitpunkt t_{n+1}

$$\ddot{\mathbf{u}}_{n+1} = \frac{1}{\beta\Delta t^2}(\mathbf{u}_{n+1} - \mathbf{u}_n) - \frac{1}{\beta\Delta t}\dot{\mathbf{u}}_n + \left(1 - \frac{1}{2\beta}\right)\ddot{\mathbf{u}}_n \tag{4.62}$$

als Funktion der unbekannten aktuellen Verschiebungen $\mathbf{u}_{n+1}$.

Für **lineare Problemstellungen** lässt sich zeigen, dass das Einschrittverfahren **unbedingte Stabilität** (keine Beschränkung von Δt) besitzt, wenn für die **Quadraturparameter** gilt: $\gamma \geq \frac{1}{2}$ und $\beta \geq \frac{1}{4}\left(\gamma + \frac{1}{2}\right)^2$. Aus Gründen der Genauigkeit kann es allerdings vorteilhaft sein, für β auch Werte unterhalb der Stabilitätsgrenze zuzulassen.

Sonderfälle

- **Trapezregel**

  Mit $\beta = \frac{1}{4}$ und $\gamma = \frac{1}{2}$ ergibt sich eine **konstante Beschleunigung** im Zeitintervall $t \in [t_n, t_{n+1}]$:

  $$\ddot{\mathbf{u}}(t) = \ddot{\mathbf{u}}_n = \ddot{\mathbf{u}}_{n+1} \tag{4.63}$$

  Trotz der unbedingten Stabilität der Trapezregel (bei linearen Problemen) empfiehlt sich eine Begrenzung des Zeitinkrements, damit eine hinreichend genaue Lösung erzielt werden kann.

- **Lineares Beschleunigungsverfahren**

  Für $\beta = \frac{1}{6}$ und $\gamma = \frac{1}{2}$ stellt sich eine linear veränderliche Beschleunigung ein:

  $$\ddot{\mathbf{u}}(t) = \ddot{\mathbf{u}}_n + \frac{\ddot{\mathbf{u}}_{n+1} - \ddot{\mathbf{u}}_n}{t_{n+1} - t_n}(t - t_n) \tag{4.64}$$

  Das maximal zulässige Zeitinkrement lässt sich bei einem ungedämpften linearen System als Funktion der größten Eigenkreisfrequenz angeben: $\Delta t < \frac{2\sqrt{3}}{\omega_{\max}}$

- **Methode von Fox und Goodwin**

  Die Kombination $\beta = \frac{1}{12}$ und $\gamma = \frac{1}{2}$ liefert das Fox-Goodwin-Verfahren mit einem stabilen Zeitinkrement $\Delta t < \frac{\sqrt{6}}{\omega_{\max}}$.

- **Einschrittiges zentrales Differenzenverfahren**

  Die zentrale Differenzenmethode gibt es als Einschritt- und als Zweischrittverfahren. Für $\beta = 0$ und $\gamma = \frac{1}{2}$ erhält man die einschrittige Variante mit $\Delta t \leq \frac{2}{\omega_{\max}}$, welche wie auch das Newmark-Verfahren selbst zu den impliziten Methoden gehört.

  Wie auf Seite 119 gezeigt, stellt die zweischrittige Variante eine explizite Zeitintegrationsmethode dar, welche auch als explizite Mittelpunktsregel bekannt ist.

Überführung des Differentialgleichungssystems in ein Gleichungssystem

Setzt man die Beschleunigungen (4.62) beispielsweise in die DGL eines ungedämpften linearen Systems

$$\mathbf{M}\ddot{\mathbf{u}} + \mathbf{K}\mathbf{u} = \mathbf{P} \tag{4.65}$$

ein, so erhält man das lineare Gleichungssystem

$$\mathbf{K}_{\mathrm{eff}}\,\mathbf{u}_{n+1} = \mathbf{R}_{\mathrm{eff}} \tag{4.66}$$

mit

$$\mathbf{K}_{\mathrm{eff}} = \mathbf{K} + \frac{1}{\beta \Delta t^2}\,\mathbf{M} \tag{4.67}$$

als der effektiven Gesamtsteifigkeitsmatrix und

$$\mathbf{R}_{\mathrm{eff}} = \mathbf{P} + \left[\frac{\mathbf{u}_n}{\beta \Delta t^2} + \frac{\dot{\mathbf{u}}_n}{\beta \Delta t} + \frac{(1 - 2\beta)\ddot{\mathbf{u}}_n}{2\beta} \right]\mathbf{M} \tag{4.68}$$

als dem effektiven Gesamtresiduenvektor.

4.2.2 HHT-Verfahren

Das von Hilber, Hughes und Taylor (1977) entwickelte Zeitintegrationsverfahren ist eine **Erweiterung der Newmark-Methode**:

- Terme $\mathbf{M\ddot{u}}$ und $\mathbf{I} - \mathbf{P}$ werden für **verschiedene Zeitpunkte** ausgewertet.
- Vorteil: Stabilisierung der Zeitintegration
- Mit α kommt ein dritter Parameter hinzu, weshalb die Methode gelegentlich auch als „α-Verfahren" bezeichnet wird.
- Achtung: Die Definition von α ist vom FEM-Programm abhängig.

FEM-Programm 1

Modifikation der Bewegungsgleichung (4.58):

$$\mathbf{M\ddot{u}}|_{t_{n+1}} + (\mathbf{I} - \mathbf{P})|_{t_{n+\alpha}} = \mathbf{0} \tag{4.69}$$

Die zur Berechnung von $\mathbf{I}$ und $\mathbf{P}$ benötigten Verschiebungen

$$u_{n+\alpha} = (1 - \alpha)\mathbf{u}_n + \alpha\mathbf{u}_{n+1} \tag{4.70}$$

und Geschwindigkeiten

$$v_{n+\alpha} = (1 - \alpha)\mathbf{v}_n + \alpha\mathbf{v}_{n+1} \tag{4.71}$$

hängen über den Parameter $\alpha \in [0, 1]$ von den Ergebnissen des vorangegangenen Zeitpunktes t_n ab. Andere Schreibweise:

$$\mathbf{M\ddot{u}}|_{t_{n+1}} + \alpha(\mathbf{I} - \mathbf{P})|_{t_{n+1}} + (1 - \alpha)(\mathbf{I} - \mathbf{P})|_{t_n} = \mathbf{0} \tag{4.72}$$

Der Sonderfall $\alpha = 1$ liefert das Newmark-Verfahren.

FEM-Programm 2

Bei der folgenden Definition erhält man das Newmark-Verfahren für den Sonderfall $\alpha = 0$:

$$\boxed{\mathbf{M\ddot{u}}|_{t_{n+1}} + (1 + \alpha)(\mathbf{I} - \mathbf{P})|_{t_{n+1}} - \alpha(\mathbf{I} - \mathbf{P})|_{t_n} = \mathbf{0}} \tag{4.73}$$

Varianten (4.72) und (4.73) sind äquivalent und wie folgt ineinander überführbar:

$$\alpha_{\text{FEM2}} = \alpha_{\text{FEM1}} - 1 \tag{4.74}$$

Empfohlene Parametersätze:

- Allgemein: $\beta = \frac{1}{4}(1 - \alpha)^2$ und $\gamma = \frac{1}{2} - \alpha$ mit $\alpha \in \left[-\frac{1}{2}, 0\right]$.
- Geringe numerische Dämpfung: $\alpha = -0{,}05$, $\beta = 0{,}276$, $\gamma = 0{,}55$ (Abkürzung HHT$_1$)
- Moderate Dämpfung: $\alpha = -0{,}414$, $\beta = 0{,}5$, $\gamma = 0{,}914$ (für Kontaktprobleme, HHT$_2$)

Ergebnisverfälschung durch numerische Dämpfung ist in der Regel vernachlässigbar.

Stabilisierung durch numerische Dämpfung der hochfrequenten Schwingungsanteile

Ob eine Schwingung hoch- oder niederfrequent ist, hängt nicht vom Absolutwert der Frequenz, sondern vom Zeitinkrement ab. Abbildung 4.51 zeigt den Ausschwingversuch eines ungedämpften Einmassenschwingers mit der Eigenkreisfrequenz $\omega = 1\,\text{Hz}$:

- Referenz: Explizite Zeitintegration (keine numerische Dämpfung)
- $\Delta t = 1\,\text{s}$: Deutliche Amplitudenabnahme (HHT$_2$ stärker gedämpft als HHT$_1$)
- $\Delta t = 0{,}1\,\text{s}$: Nahezu identische Ergebnisse für die beiden HHT-Varianten und die explizite Zeitintegration (niederfrequente Schwingungen bleiben unbeeinflusst)
- Zum Vergleich: sehr starke numerische Dämpfung beim Euler-Rückwärts-Verfahren, selbst bei kleinem Zeitinkrement

Es gibt keine Dämpfungsmatrix (keine geschwindigkeitsabhängigen inneren Kräfte).

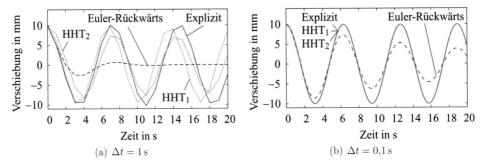

Abbildung 4.51: Einfluss des Zeitinkrements auf das numerische Dämpfungsverhalten

---

Dämpfung in der nichtlinearen Dynamik

Folgende Dämpfungsarten sind verfügbar:

- Inelastisches Materialgesetz: Viskoelastizität, Plastizität
- Interface-Dämpfung: Kontaktdämpfung, Reibkontakt
- Rayleigh-Dämpfung (Nachteil: ungleichförmige Dämpfungscharakteristik)
- Diskrete Dämpferelemente
- Oberflächendämpfung (viskoser Druck)

Anmerkungen:

- Die aufgeführten Dämpfungarten sind (nahezu) unabhängig vom Zeitinkrement.
- Nur in der linearen Dynamik: Lehrsche Dämpfung und Strukturdämpfung
- (Unerwünschte) Dämpfung durch Stabilisierung: HHT-Verfahren, Hourglassing-Stabilisierung, Kontaktstabilisierung bei Starrkörperverschiebungen, etc.

4.2.3 Euler-Rückwärts-Verfahren

Verschiebungen:

$$\boxed{\mathbf{u}_{n+1} = \mathbf{u}_n + \Delta t\, \dot{\mathbf{u}}_{n+1}} \tag{4.75}$$

Geschwindigkeiten:

$$\boxed{\dot{\mathbf{u}}_{n+1} = \dot{\mathbf{u}}_n + \Delta t\, \ddot{\mathbf{u}}_{n+1}} \tag{4.76}$$

Nach kurzer Umformung erhält man die Geschwindigkeiten

$$\dot{\mathbf{u}}_{n+1} = \frac{1}{\Delta t}(\mathbf{u}_{n+1} - \mathbf{u}_n) \tag{4.77}$$

und Beschleunigungen

$$\ddot{\mathbf{u}}_{n+1} = \frac{1}{\Delta t^2}(\mathbf{u}_{n+1} - \mathbf{u}_n) - \frac{1}{\Delta t}\dot{\mathbf{u}}_n \tag{4.78}$$

als Funktion der unbekannten Verschiebungen $\mathbf{u}_{n+1}$. Das Einsetzen in die DGL (4.65) eines ungedämpften linearen Systems $\mathbf{M\ddot{u}} + \mathbf{Ku} = \mathbf{P}$ liefert das LGS $\mathbf{K}_{\text{eff}}\, \mathbf{u}_{n+1} = \mathbf{R}_{\text{eff}}$ mit der effektiven Steifigkeitsmatrix

$$\mathbf{K}_{\text{eff}} = \mathbf{K} + \frac{1}{\Delta t^2}\mathbf{M} \tag{4.79}$$

und dem effektiven Lastvektor (Residuum)

$$\mathbf{R}_{\text{eff}} = \mathbf{P} + \left[\frac{\mathbf{u}_n}{\Delta t^2} + \frac{\dot{\mathbf{u}}_n}{\Delta t}\right]\mathbf{M} \quad . \tag{4.80}$$

Das Einschrittverfahren ist kein Sonderfall der Newmark-Methode, vgl. (4.67) und (4.68).

Unbedingte Stabilität

Auch für große Zeitinkremente Δt existiert eine (mehr oder weniger richtige) Lösung.

Starke numerische Dämpfung

Hochfrequente Schwingungen werden überproportional stark gedämpft (wie beim HHT-Verfahren), d. h. die Dämpfung **steigt mit dem Zeitinkrement**:

- Wie man dem Ausschwingversuch aus Abbildung 4.51 entnehmen kann, müsste das Zeitinkrement unrealistisch klein sein, um Dämpfungseffekte zu vermeiden.
- Folglich ist das Euler-Rückwärts-Verfahren für Schwingungsprobleme und andere Problemstellungen der Dynamik ungeeignet.
- Bei **quasistatischen Problemen** wird die numerische Dämpfung gezielt eingesetzt, um kinetische Energie zu dissipieren: Konformationsanalyse auf Seite 3, von Mises-Fachwerk mit Kontakt auf Seite 135.

Alternativen

- Stabilisierte statische Analyse (meist effizienter)
- Explizit dynamische Analyse (insbesondere bei großflächigem Kontakt)

4.3 Nichtlineare Dynamik mit expliziter Zeitintegration

4.3.1 Explizite Mittelpunktsregel

Im Gegensatz zu impliziten Zeitintegrationsverfahren kommt das explizite Verfahren **ohne Steifigkeitsmatrix und ohne konventionellen Gleichungslöser** aus. Es muss also **nicht iteriert** werden (**kein Newton-Raphson-Verfahren**).

Algorithmus

1. Gegeben:

   $\mathbf{u}_n$:   Verschiebungen des alten Zeitpunktes t_n

   $\ddot{\mathbf{u}}_n$:   Beschleunigungen des alten Zeitpunktes t_n

   $\dot{\mathbf{u}}_{n-1/2}$: Geschwindigkeiten des (alten) **Zwischenzeitpunktes** $t = t_{n-1/2}$

2. Berechnung der Geschwindigkeiten mittels **expliziter Mittelpunktsregel**:

$$\dot{\mathbf{u}}_{n+1/2} = \dot{\mathbf{u}}_{n-1/2} + \frac{\Delta t_{n+1} + \Delta t_n}{2}\ddot{\mathbf{u}}_n \qquad (4.81)$$

3. Berechnung der Verschiebungen ebenfalls mittels expliziter Mittelpunktsregel:

$$\mathbf{u}_{n+1} = \mathbf{u}_n + \Delta t_{n+1}\dot{\mathbf{u}}_{n+1/2} \qquad (4.82)$$

4. Berechnung der inneren Kräfte:

$$\mathbf{I}_{n+1} = \mathbf{I}(\mathbf{u}_{n+1}, \dot{\mathbf{u}}_{n+1/2}) \qquad (4.83)$$

5. Berechnung der äußeren Kräfte:

$$\mathbf{P}_{n+1} = \mathbf{P}(\mathbf{u}_{n+1}, \dot{\mathbf{u}}_{n+1/2}) \qquad (4.84)$$

6. Berechnung der Beschleunigungen:

$$\ddot{\mathbf{u}}_{n+1} = \mathbf{M}^{-1}(\mathbf{P}_{n+1} - \mathbf{I}_{n+1}) \qquad (4.85)$$

Die Massenmatrix sollte eine **Diagonalmatrix** (lumped mass matrix) sein, damit sie leicht zu invertieren ist. Folglich werden konsistente Massenmatrizen (Einträge auf den Nebendiagonalen) in der expliziten Dynamik nicht verwendet.

7. Berechnung des nächsten Inkrements: Gehe zu Schritt 1.

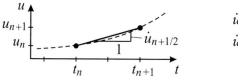
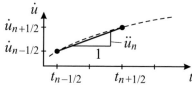

Abbildung 4.52: Veranschaulichung der expliziten Mittelpunktsregel

Die beiden Varianten des zentralen Differenzenverfahrens

Aus dem Newmark-Verfahren (4.60) und (4.59) erhält man mit $\gamma = \frac{1}{2}$ und $\beta = 0$ das **einschrittige**, **implizite** zentrale Differenzenverfahren (Funktion von $\ddot{\mathbf{u}}_{n+1}$):

$$\dot{\mathbf{u}}_{n+1} = \dot{\mathbf{u}}_n + \frac{\Delta t}{2}(\ddot{\mathbf{u}}_n + \ddot{\mathbf{u}}_{n+1}) \tag{4.86}$$

$$\mathbf{u}_{n+1} = \mathbf{u}_n + \Delta t\,\dot{\mathbf{u}}_n + \frac{\Delta t^2}{2}\ddot{\mathbf{u}}_n \tag{4.87}$$

Ein Zeitinkrement früher:

$$\dot{\mathbf{u}}_n = \dot{\mathbf{u}}_{n-1} + \frac{\Delta t}{2}(\ddot{\mathbf{u}}_{n-1} + \ddot{\mathbf{u}}_n) \tag{4.88}$$

$$\mathbf{u}_n = \mathbf{u}_{n-1} + \Delta t\,\dot{\mathbf{u}}_{n-1} + \frac{\Delta t^2}{2}\ddot{\mathbf{u}}_{n-1} \tag{4.89}$$

Elimination der Beschleunigungen durch Einsetzen von (4.87) und (4.89) in (4.88):

$$\dot{\mathbf{u}}_n = \frac{\mathbf{u}_{n+1} - \mathbf{u}_{n-1}}{2\Delta t} \tag{4.90}$$

Elimination der Geschwindigkeiten durch Einsetzen von (4.87) und (4.89) in (4.88):

$$\ddot{\mathbf{u}}_n = \frac{\mathbf{u}_{n+1} - 2\mathbf{u}_n + \mathbf{u}_{n-1}}{\Delta t^2} \tag{4.91}$$

Beim **zweischrittigen**, **expliziten** zentralen Differenzenverfahren wird die Stützweite für den zentralen Differenzenquotienten der zweiten Ableitung (4.91) verdoppelt:

$$\ddot{\mathbf{u}}_n = \frac{\mathbf{u}_{n+2} - 2\mathbf{u}_n + \mathbf{u}_{n-2}}{(2\Delta t)^2} = \frac{(\mathbf{u}_{n+2} - \mathbf{u}_n) - (\mathbf{u}_n - \mathbf{u}_{n-2})}{(2\Delta t)^2} \tag{4.92}$$

Die Stützweite der ersten Ableitung (4.90) bleibt unverändert. Einsetzen von

$$\dot{\mathbf{u}}_{n+1} = \frac{\mathbf{u}_{n+2} - \mathbf{u}_n}{2\Delta t} \quad \text{und} \quad \dot{\mathbf{u}}_{n-1} = \frac{\mathbf{u}_n - \mathbf{u}_{n-2}}{2\Delta t} \tag{4.93}$$

in (4.92) liefert die Geschwindigkeiten zum Zeitpunkt t_{n+1} (unabhängig von $\ddot{\mathbf{u}}_{n+1}$):

$$\dot{\mathbf{u}}_{n+1} = \dot{\mathbf{u}}_{n-1} + 2\Delta t\,\ddot{\mathbf{u}}_n \tag{4.94}$$

Aus (4.93a) erhält man die Verschiebungen zum Zeitpunkt t_{n+2}:

$$\mathbf{u}_{n+2} = \mathbf{u}_n + 2\Delta t\,\dot{\mathbf{u}}_{n+1} \tag{4.95}$$

Methode ist gleich der **expliziten Mittelpunktsregel**: $\Delta t \to \frac{\Delta t}{2}$ liefert (4.81) und (4.82).

4.3.2 Stabiles Zeitinkrement

Es existieren unterschiedliche Ansätze zur Ermittlung des zulässigen Zeitinkrements:

- Exakte Lösung (**optimales Zeitinkrement**) für ein lineares System:

$$\Delta t \leq \frac{2}{\omega_{\text{max}}} \left(\sqrt{1 + \xi_{\text{max}}^2} - \xi_{\text{max}} \right) \tag{4.96}$$

ω_{max}:   Eigenkreisfrequenz des höchsten Eigenmodes
ξ_{max}:   Lehrsche Dämpfung des höchsten Eigenmodes

Für große Systeme ist es unpraktikabel, den höchsten Eigenmode ω_{max} zu ermitteln.
Stabiles Zeitinkrement ist ohne Dämpfung größer: $\Delta t \leq \frac{2}{\omega_{\text{max}}} = \frac{T_{\text{min}}}{\pi}$.

- Man kann jedes Element isoliert für sich betrachten und das mit der größten Eigenfrequenz als Näherungslösung für das stabile Zeitinkrement benutzen:

$$\Delta t \leq \frac{2}{\omega_{\text{max}}^{\text{elem}}} \tag{4.97}$$

- Die **elementweise Abschätzung** des stabilen Zeitinkrements lässt sich auch wie folgt schreiben (**Courant-Friedrichs-Lewy-Stabilitätskriterium**):

$$\Delta t \leq \frac{L_{\text{min}}}{c} \tag{4.98}$$

L: **Charakteristische Elementabmessung**
L_{min}:   Kleinste charakteristische Elementabmessung (**Element mit größter Eigenfrequenz**; Beispiel Gesamtfahrzeugmodell: $L_{\text{min}} \approx 5 \, \text{mm}$)
c: **Wellenausbreitungsgeschwindigkeit** (**Schallgeschwindigkeit**); für isotropes, lineares Material: $c = \sqrt{\frac{E(1-\nu)}{\rho(1+\nu)(1-2\nu)}}$ (Volumenelement, $c_{\text{Stahl}} \approx 6000 \, \text{m/s}$), $c = \sqrt{\frac{E}{\rho(1-\nu^2)}}$ (Schalenelement) oder $c = \sqrt{\frac{E}{\rho}}$ (Stab- und Balkenelement)

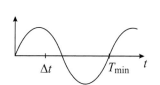

(a) Beschränkung des Zeitinkrements durch höchsten Eigenmode

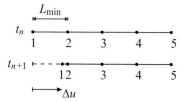

(b) Vermeidung von Selbstdurchdringungen $\left(v = \frac{\Delta u}{\Delta t} \Rightarrow \Delta t \leq \frac{L_{\text{min}}}{c} \text{ mit } c = \sqrt{\frac{E}{\rho}} \right)$

Abbildung 4.53: Varianten zur Ermittlung des stabilen Zeitinkrements

---

Abhängigkeit des stabilen Zeitinkrements von der Querkontraktionszahl

---

Beispiel: Elastomerbauteil mit $L_{min} = 1\,\text{mm}$, $\mu = 2\,\text{MPa}$ und $\rho = 1 \cdot 10^{-9}\,\text{t/mm}^3$

$\dfrac{\kappa}{\mu}$	$\nu = \dfrac{3\kappa/\mu - 2}{6\kappa/\mu + 2}$	$\Delta t = L_{min}\sqrt{\dfrac{\rho(1 - \nu - 2\nu^2)}{2\mu(1 - \nu^2)}}$
$0,\overline{6}$	0	$15,811\,\mu s$
1	0,1250	$14,639\,\mu s$
$2,1\overline{6}$	0,3	$11,952\,\mu s$
10	0,4516	$6,642\,\mu s$
20	0,4754	$4,841\,\mu s$
$33,\overline{3}$	0,4851	$3,798\,\mu s$
50	0,4901	$3,121\,\mu s$
100	0,4950	$2,221\,\mu s$
500	0,4990	$0,999\,\mu s \approx 1\,\mu s$
1000	0,4995	$0,707\,\mu s$
5000	0,4999	$0,316\,\mu s$
10000	0,49995	$0,224\,\mu s$
50000	0,49999	$0,100\,\mu s$
100000	0,499995	$0,071\,\mu s$

Materialparameter bei linearer Elastizität:

Schubmodul μ, Querkontraktionszahl ν, Dichte ρ, Elastizitätsmodul $E = 2\mu(1 + \nu)$ und Kompressionsmodul $\kappa = \frac{E}{3(1-2\nu)}$

Hinweise:

- Weil sich insbesondere bei hyperelastischem Material durch große Deformationen sowohl die kleinste Elementabmessung L_{min} als auch die Steifigkeiten ändern, muss das stabile Zeitinkrement vom FE-Programm in jedem Inkrement aktualisiert werden: Verwendung von **aktuellen Längen und tangentialen Steifigkeiten**.

- **Massenskalierung** bei quasistatischen Analysen: Um z. B. für $\nu = 0,499$ das stabile Zeitinkrement $\Delta t = 1\,\mu s$ um den Faktor $n = 10$ auf $\Delta t = 10\,\mu s$ zu erhöhen, muss die Dichte um den Faktor $n^2 = 100$ gesteigert werden.

- Mit zunehmender Inkompressibilität steigt die Gefahr des **Hourglassings**, so dass auch bei expliziter Zeitintegration ggf. voll integrierte Elemente anzuwenden sind.

- Zum Vergleich Stahl mit $\nu = 0,3$, $E = 210000\,\text{MPa}$ und $\rho = 7,85 \cdot 10^{-9}\,\text{t/mm}^3$: $\Delta t = 0,1666\,\mu s$ für $L_{min} = 1\,\text{mm}$ und $\Delta t = 0,8332\,\mu s$ für $L_{min} = 5\,\text{mm}$.

Reduziert integrierte Elemente

> Reduziert integrierte Elemente erfreuen sich in der expliziten Dynamik überaus großer Beliebtheit, weil sie ca. drei- bis fünfmal schneller als voll integrierte Elemente sind.

Begründung:

- Wie in Abschnitt 5.2 erläutert, kommt bei voll integrierten Elementen die **Gauß-Integration** zum Einsatz:

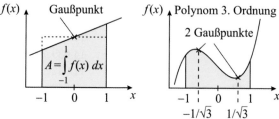

- Die Anzahl der **Gaußpunkte** (Integrationspunkte) hängt vom Elementtyp ab, z. B.:
  - Lineares Schalenelement: $2 \times 2 = 4$
  - Lineares Hexaederelement: $2 \times 2 \times 2 = 8$
- Die entsprechenden unterintegrierten Schalen- und Hexaederelemente besitzen **nur einen Integrationspunkt** (befindet sich in der Elementmitte und wird nicht als Gaußpunkt bezeichnet), so dass für die reine „Elementberechnung" nur ca. ein Viertel bzw. ein Achtel an Rechenzeit benötigt wird.
- Gleichungslöser:
  - Bei einer statischen oder implizit dynamischen Analyse ist der Mehraufwand der vollen Integration vernachlässigbar, denn der zur Lösung des Gleichungssystems erforderliche numerische Aufwand ist weitaus größer.
  - Die explizite Dynamik hingegen kommt **ohne Gleichungslöser** aus, so dass die Gesamtrechenzeit maßgeblich von der Anzahl an Integrationspunkten abhängt.

Allgemeiner Kontakt

> Der allgemeine Kontakt (Mehrflächenkontakt) ist effizienter als der Zweiflächenkontakt.

Begründung:

- Zweiflächenkontakt:
  - Geringerer Implementationsaufwand (ältere Methode, in allen FE-Programmen verfügbar).
  - Mögliche Kontaktpaare (Flächen A und B, Flächen A und C, usw.) müssen vom Anwender definiert werden, was bereits vor der eigentlichen Analyse sehr aufwändig sein kann.
- Mehrflächenkontakt:
  - Das FE-Programm sucht **automatisch** nach potentiellen Kontaktpaaren.
  - Im Gegensatz zu einer statischen oder auch einer implizit dynamischen Analyse ist das Zeitinkrement ausgesprochen klein, weshalb auch die **Suchumgebung sehr klein** sein kann, vgl. Abschnitt 7.4.3.

Ruckarme Verschiebungsrandbedingungen bei quasistatischer Analyse

Verschiebung (Polynom fünfter Ordnung, smooth step):

$$u_A = u_{max}\left[10\left(\frac{t}{T}\right)^3 - 15\left(\frac{t}{T}\right)^4 + 6\left(\frac{t}{T}\right)^5\right] \quad \text{für} \quad t \in [0, T] \qquad (4.99)$$

Geschwindigkeit: $v_A = \dfrac{30u_{max}}{T}\left[\left(\frac{t}{T}\right)^2 - 2\left(\frac{t}{T}\right)^3 + \left(\frac{t}{T}\right)^4\right] \quad \text{für} \quad t \in [0, T]$

Beschleunigung: $a_A = \dfrac{60u_{max}}{T^2}\left[\dfrac{t}{T} - 3\left(\frac{t}{T}\right)^2 + 2\left(\frac{t}{T}\right)^3\right] \quad \text{für} \quad t \in [0, T]$

Ruck (jerk, 3. Ableitung): $j_A = \dfrac{60u_{max}}{T^3}\left[1 - 6\dfrac{t}{T} + 6\left(\frac{t}{T}\right)^2\right] \quad \text{für} \quad t \in [0, T]$

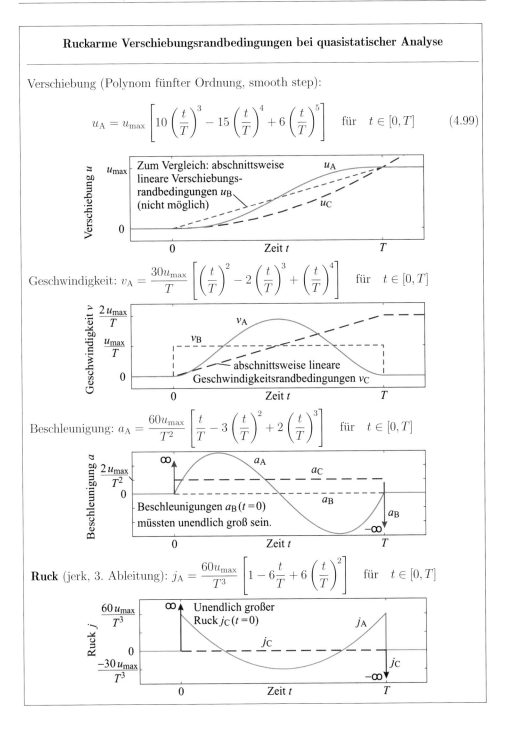

4.3.3 Massenskalierung

Kurzzeitdynamik

Massenskalierung darf nur in geringem Umfang eingesetzt werden:
- Daumenwert: Zunahme der Gesamtmasse um bis zu 5 % (lokal ggf. deutlich höher)
- Da das stabile Zeitinkrement sehr klein ist (Größenordnung 10^{-7} bis 10^{-6} s), sind die in Frage kommenden Zeiträume auf wenige Millisekunden begrenzt.
- Tipp: Anfangsgeschwindigkeit vorgeben (z. B. bei Fallversuchen)

Beispiele: Crashanalysen, Bordsteinüberfahrt, Stabilitätsprobleme mit lokalem Beulen

Quasistatische Probleme

Erhöhung der Masse um mehrere Größenordnungen, ohne dass sich das Ergebnis ändert:
- Zeiträume können beliebig groß sein (einige Sekunden oder sogar Stunden)
- Keine Konvergenzprobleme (**Materialversagen oder großflächiger Reibkontakt**)

Beispiele: Umformsimulationen (Tiefziehen, Walzen, usw.) und andere Prozesse, bei denen eine statische oder implizit dynamische Analyse zu aufwändig oder gar unmöglich ist.

Funktionsweise

> Idee: Eine **Anhebung der Dichte** ρ um den Faktor n^2 erhöht das stabile Zeitinkrement um den Faktor n. Zum Vergleich: ein höherer Elastizitätsmodul reduziert Δt.
>
> Kontrolle: **Kinetische Energie** max. 5 % (Daumenwert) der inneren Energie (ggf. nicht nur Gesamtenergien, sondern auch Elementenergien überprüfen).

Zeitlich konstante oder variable Massenskalierung:
- Bei kleinen Verzerrungen ist die konstante Massenskalierung in der Regel effizienter:
  - Einsparung von ca. 5 % Rechenzeit, da die Masse nicht aktualisiert wird.
  - Infolge der konstanten Masse muss das Zeitinkrement bei Elementverkürzung (etwas) reduziert werden. Folge: mehr Inkremente.
- Bei großen Verzerrungen ist in jedem Fall die **variable Massenskalierung** effizienter:
  - Ständige Aktualisierung der Masse: Zeitinkrement bleibt konstant.
  - Die eingesparte Rechenzeit (Anzahl Inkremente muss nicht erhöht werden) überwiegt den Mehraufwand der Massenaktualisierung.
  - Empfehlung: Aktualisierung der Masse **in jedem Inkrement** (anstatt z. B. alle zehn Inkremente, sinnvoll insbesondere bei extremen Verformungen)

Räumlich konstante oder variable Massenskalierung:
- Einfache Methode: gleicher Faktor für alle Elemente (maßgebend: $L_{\min}$)
- **Elementweise** Anpassung an ein vorgegebenes stabiles Zeitinkrement, z. B. $\Delta t = 2 \cdot 10^{-5}$ s bei $t_{\text{ges}} = 1$ s: individuelle Anhebung der Dichte (falls Element „zu klein")
- Option: Reduktion der Dichte bei „zu großen" Elementen (minimale Gesamtmasse)

Alternativen:
- Dichte (bei der Materialkarte) von Hand hochsetzen (nicht empfohlen, weil z. B. Gravitationslasten falsch berechnet werden)
- Verkürzung des Analysezeitraums (denkbar bei Elastizität und Plastizität; nicht möglich bei zeitabhängigem Material: Viskoelastizität, ratenabhängige Plastizität)

4.3.4 Filtern bei expliziter Analyse

Wie wichtig das Thema Filtern bei einer explizit
dynamischen Analyse ist, lässt sich anhand des aus
Abbildung 3.12 bekannten Beispieles (modifiziertes
von Mises-Fachwerk hier als dynamisches Kontaktproblem) veranschaulichen.

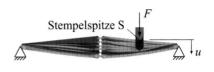

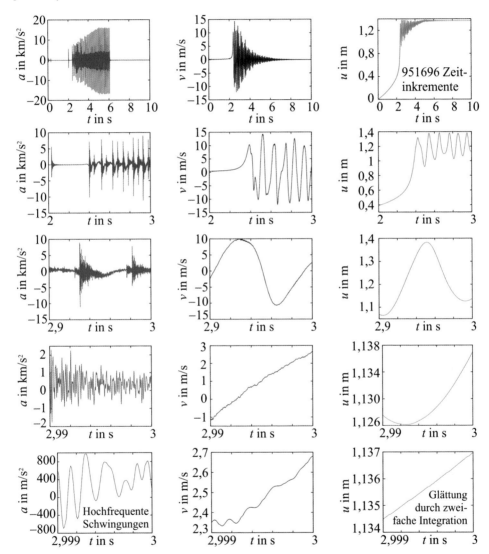

Abbildung 4.54: Vollständige Ergebnisausgabe für den Knoten der Stempelspitze S

Aliasing bei ungefilterter, selektiver Ausgabe

Eine vollständige Ergebnisausgabe kommt in der Praxis nicht in Frage:

- Die Anzahl an Inkrementen ist ausgesprochen hoch (Größenordnung: 100000, hier: 951696), so dass schon aus Speichergründen eine vollständige Ausgabe nur für ausgewählte Knoten (hier: Stempelspitze) und Elemente möglich wäre.
- Hochfrequente Schwingungsanteile unbedeutend für die Auslegung von Bauteilen.

Vorsicht bei selektiver Ausgabe ohne (Echtzeit-)Filterung: **Insbesondere bei Einzelkräften und Beschleunigungen** kann es zum gefürchteten Aliasing-Effekt kommen.

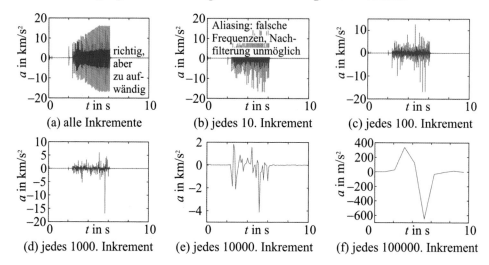

Abbildung 4.55: Unvollständige Ergebnisausgabe ohne Filterung

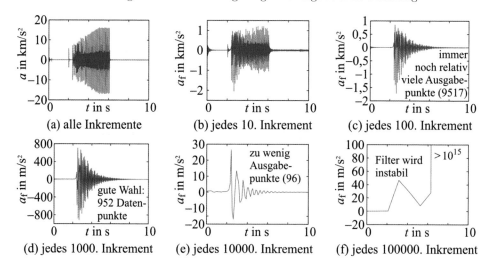

Abbildung 4.56: Ausgabe mit (Echtzeit-)Filterung

Das ideale Filter

(Eingangs-)Zeitsignal, z. B. berechnete Beschleunigung $a(t)$:

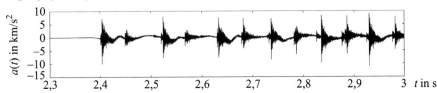

Symmetrische Ergänzung des (endlichen) Zeitraums zur Vermeidung komplexer Zahlen: $a(t) = a(-t)$. Überführung in den Frequenzraum mittels **Fouriertransformation**:

$$F_{\text{in}}(\omega) = \int_{-t_{\max}}^{t_{\max}} a(t)\exp(-i\omega t)\,dt = 2\int_0^{t_{\max}} a(t)\cos(\omega t)\,dt = F_{\text{in}}(-\omega) \in \mathbb{R} \quad \text{mit}\quad \omega \in [-\infty,\infty]$$

Numerische Auswertung mit $t_0 = 0$ und $t_N = t_{\max}$ (vgl. Seite 104):

$$F_{\text{in}}(\omega) = 2\sum_{i=0}^{N-1}\left[\frac{a_{i+1}-a_i}{\omega^2\,(t_{i+1}-t_i)}\left[\cos(\omega t_{i+1})-\cos(\omega t_i)\right] + \frac{a_{i+1}}{\omega}\sin(\omega t_{i+1}) - \frac{a_i}{\omega}\sin(\omega t_i)\right]$$

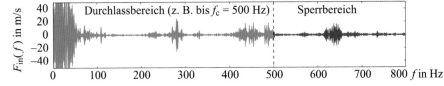

Anwendung des **idealen Filters** $H(\omega)$:

$$F_{\text{out}}(\omega) = H(\omega)F_{\text{in}}(\omega) = F_{\text{out}}(-\omega) \quad \text{mit}\quad H(\omega) = \begin{cases} 1 & \text{für}\quad \omega \le \omega_c = 2\pi f_c \\ 0 & \text{für}\quad \omega > \omega_c \end{cases}$$

Eine **inverse Fouriertransformation** liefert als Ergebnis das gefilterte Zeitsignal:

$$a_{\text{f}}(t) = \frac{1}{2\pi}\int_{-\infty}^{\infty} F_{\text{out}}(\omega)\exp(i\omega t)\,d\omega = \frac{1}{\pi}\int_0^{\infty} F_{\text{out}}(\omega)\cos(\omega t)\,d\omega$$

$$= \frac{1}{\pi}\sum_{i=0}^{N-1}\left[\frac{F_{\text{out},i+1}-F_{\text{out},i}}{t^2\,(\omega_{i+1}-\omega_i)}\left[\cos(\omega_{i+1}t)-\cos(\omega_i t)\right] + \frac{F_{\text{out},i+1}}{t}\sin(\omega_{i+1}t) - \frac{F_{\text{out},i}}{t}\sin(\omega_i t)\right]$$

Nyquist-Shannon-Abtasttheorem

Ein kontinuierliches Signal mit der Maximalfrequenz $f_{\max}$ muss mit **mindestens der doppelten Frequenz** (gleichförmig) abgetastet werden, um einen Informationsverlust (hinsichtlich des Frequenzspektrums) zu vermeiden.

Das eigentliche Problem des **Aliasing**-Effekts (auch: Alias-Effekt) ist weniger die Tatsache, dass die hohen Frequenzen aus dem Spektrum verschwinden, sondern das Phänomen, dass stattdessen falsche, niedrigere (Alias-) Frequenzen hinzukommen.

Einfluss der Cutoff-Frequenz

Um den Einfluss der Cutoff- oder Grenzfrequenz f_c unabhängig von der Ausgabefrequenz untersuchen zu können, wird zunächst das **ideale Filter** auf den vollständigen Datensatz (Beschleunigung der Stempelspitze) angewandt:

- Das ideale Filter ist nur für **zeitdiskrete Daten** möglich (digitale Signalverarbeitung: FIR-Filter, Finite Impulse Response).
- Bei kontinuierlichen Daten (analoge Signale) würde es zu einer Überschwingung im Bereich der Grenzfrequenz kommen (**Gibbsches Phänomen**).
- Für die Praxis (explizite Dynamik) zu (speicher-)aufwändig.
- Je mehr hochfrequente Anteile aus dem Spektrum herausgefiltert werden, desto klarer zeichnet sich die Grundschwingung mit $f = \frac{1}{T} \approx 10\,\text{Hz}$ ab.

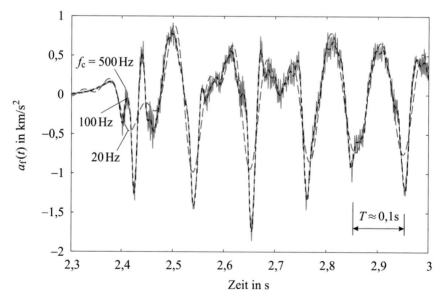

Abbildung 4.57: Nachträgliche Filterung mittels idealem Filter (Referenzlösung)

Eigenschaften eines analogen Filters

Viele der in der expliziten Dynamik eingesetzten (Tiefpass-)Filter haben ihren Ursprung in der analogen Signalverarbeitung:

- **Übertragungsfunktion** (rationale Funktion mit Polen und Nullstellen):

$$H(s) = \frac{F_{\text{out}}(s)}{F_{\text{in}}(s)} = \frac{a_0 + a_1 s + a_2 s^2 + \ldots + a_m s^m}{b_0 + b_1 s + b_2 s^2 + \ldots + b_n s^n} \quad \text{mit} \quad s = \sigma + \mathrm{i}\omega \qquad (4.100)$$

- Üblicherweise wird von der **komplexen (Kreis-)Frequenz** s nur der imaginäre Anteil verwendet ($\sigma = 0$) und eine Normierung auf die Grenzfrequenz vorgenommen. Somit erhält man den Betrag der Übertragungsfunktion (gain, **Amplitude**) zu:

$$G(\Omega) = |H(s)| \quad \text{mit} \quad s = \mathrm{i}\Omega \quad \text{und} \quad \Omega = \frac{\omega}{\omega_{\text{c}}} = \frac{f}{f_{\text{c}}} \qquad (4.101)$$

- Elektrische Komponenten: Widerstände (R), Spulen (L), Kondensatoren (C) oder auch Quarze (Q)

- Auswahl bekannter Filter:
  - Bessel
  - Butterworth
  - Cauer (elliptisches Filter)
  - Tschebyscheff (engl.: Chebyshev Type I)
  - Tschebyscheff invers (Chebyshev Type II)

- Die Grenzfrequenz f_{c} wird nicht vorgegeben, sondern ergibt sich (wie auch der Typ und die Ordnung des letztendlich gewählten Filters) indirekt aus den zugelassenen **Welligkeiten** des Durchlass- und Sperrbereichs (Amplituden G_{d} und G_{s}) sowie der geforderten **Trennschärfe** (Frequenzen f_{d} und f_{s}): $20 \log_{10} \frac{G_{\text{c}}}{G_0} \approx -3{,}01\,\text{dB} \approx -3\,\text{dB}$.

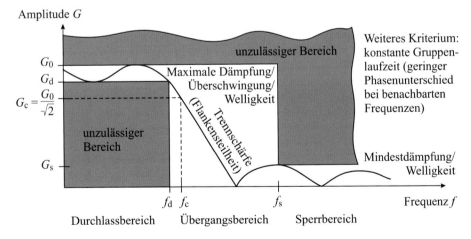

Abbildung 4.58: Filterschablone eines Tiefpassfilters

Das Butterworth-Filter

Übertragungsfunktion des Butterworth-Filters 1. Ordnung:

$$H_1(s) = \frac{1}{1+s} \tag{4.102}$$

2. Ordnung:

$$H_2(s) = \frac{1}{1+\sqrt{2}s+s^2} \tag{4.103}$$

3. Ordnung:

$$H_3(s) = \frac{1}{1+2s+2s^2+s^3} \tag{4.104}$$

Butterworth-Filter der Ordnung n:

$$H_n(s) = \begin{cases} \dfrac{1}{\displaystyle\prod_{j=1}^{\frac{n}{2}}\left[1-2s\cos\left(\dfrac{2j+n-1}{2n}\pi\right)+s^2\right]} & \text{für} \quad n \text{ gerade} \\[4ex] \dfrac{1}{(1+s)\displaystyle\prod_{j=1}^{\frac{n-1}{2}}\left[1-2s\cos\left(\dfrac{2j+n-1}{2n}\pi\right)+s^2\right]} & \text{für} \quad n \text{ ungerade} \end{cases} \tag{4.105}$$

Amplitude:

$$G_n(\Omega) = \frac{1}{\sqrt{1+\Omega^{2n}}} \tag{4.106}$$

Eigenschaften:
- Möglichst flacher Verlauf im Durchlassbereich (kein Überschwingen)
- Folglich ist die Cutoff-Frequenz gleich der Grenze des Durchlassbereichs: $f_c = f_d$.
- Keine Welligkeit im Sperrbereich
- Relativ frequenzabhängige Gruppenlaufzeit

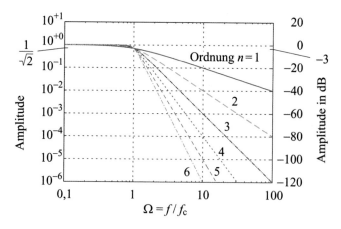

Abbildung 4.59: Amplitudenfrequenzgang des Butterworth-Filters

Beispiel: Modifiziertes von Mises-Fachwerk mit Kontakt

Problem: Schwingungen infolge des dynamischen Durchschlags

Ziel: Dissipation der kinetischen Energie

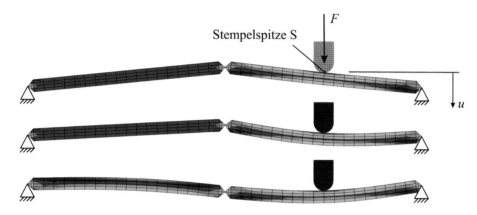

Abbildung 4.63: Potentielle Energie durch Biegung (Abmessungen siehe Abbildung 3.12)

Die in Abbildungen 4.64 und 4.65 gezeigten Weg-Zeit-Verläufe der Stempelspitze belegen, dass sich mit **Rayleigh-Dämpfung nur sehr schlecht Energie dissipieren** lässt:

- Hauptschwierigkeit: Eine gleichmäßige Dämpfung aller Moden ist unmöglich.
- Das Problem des Dämpfungslochs betrifft auch die implizite Dynamik.
- Außerdem reduziert Dämpfung das stabile Zeitinkrement.

Wie Abbildung 4.66 entnommen werden kann, lässt sich im Rahmen einer dynamischen Analyse die freigesetzte Energie am besten mit der **impliziten Euler-Rückwärts-Methode** dissipieren. Für den Vergleich der Zeitintegrationsverfahren gilt $\Delta t_{max} = 0{,}01\,\mathrm{s}$:

- Das Euler-Rückwärts-Verfahren ist deutlich effizienter als Rayleigh-Dämpfung. Es muss weder (zusätzliche) Material- noch Strukturdämpfung eingeführt werden.
- Explizite Analyse: überhaupt keine Dämpfung
- Newmark mit $\beta = 0{,}25$ und $\gamma = 0{,}5$: auch ungedämpft, aber Konvergenzprobleme
- HHT_1 mit $\alpha = -0{,}05$, $\beta = 0{,}276$ und $\gamma = 0{,}55$: vernachlässigbare Dämpfung
- HHT_2 mit $\alpha = -0{,}414$, $\beta = 0{,}5$ und $\gamma = 0{,}914$: moderate Dämpfung

Dämpfung durch sonstige Stabilisierungstechniken:

- Abbildung 4.54: Ursache der Energiedissipation ist die (für Schwingungsprobleme weniger geeignete) voreingestellte Hourglassing-Stabilisierungstechnik: die für kurzzeitdynamische Probleme konzipierte „Methode der relaxierten Steifigkeit". Weil die Stabilisierung mit der Zeit abnimmt, tritt etwas Hourglassing auf.
- Abbildungen 4.64 bis 4.66: volle Integration oder „Enhanced"-Stabilisierung

Empfehlung für **explizite Analysen**: Energiedissipation mittels **Oberflächendämpfung**

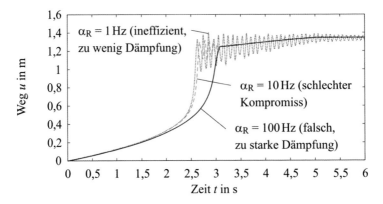

Abbildung 4.64: Dynamische Analyse mit Rayleigh-α_R-Dämpfung

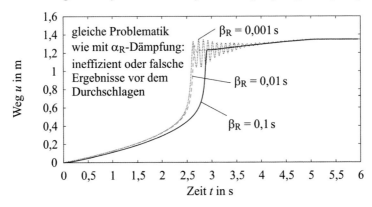

Abbildung 4.65: Dynamische Analyse mit Rayleigh-β_R-Dämpfung

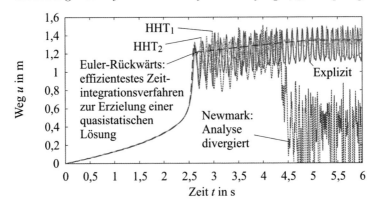

Abbildung 4.66: „Ungedämpfte" dynamische Analyse (nur numerische Dämpfung)

5 Elemente

Die meisten FE-Programme stellen **weit mehr als 100** verschiedene Finite Elemente zur Verfügung. Als Anwender hat man folglich die Qual der Wahl.

5.1 Klassifizierung

Um besser herausfinden zu können, welche Elemente für das eigene Problem am besten geeignet sind, sollte man sich zunächst über folgende Punkte Gedanken machen:

- **Dimension des Berechnungsmodells**:
  - 1D (sehr selten)
  - 2D (ebener Dehnungs- oder Spannungszustand oder axialsymmetrisch)
  - 3D (am aufwendigsten und genauesten)

  Nicht zu verwechseln mit der **Elementdimension**: So werden (gekrümmte) Schalenelemente als 2D-Elemente bezeichnet, selbst wenn man sie für 3D-Analysen einsetzt.

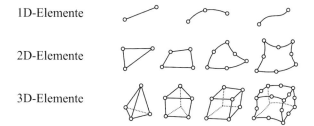

| 1D-Elemente |
| 2D-Elemente |
| 3D-Elemente |

- **Strukturelemente oder Volumenelemente**:
  - Strukturelemente: Stab-, Balken-, Platten-, Membran- und Schalenelemente.
  - Allgemeine Volumenelemente: Hexaeder-, Tetraeder- und Keilelemente (bekannt auch als Pentaederelemente). Selten verwendet bzw. bei Fluid-Struktur-Interaktion (FSI): Pyramidenelemente (viereckiger Grundfläche) und Prismen.
  - Spezielle Volumenelemente, z. B. für den ebenen Dehnungszustand.

- **Ansatzfunktionen**:
  - Lineare Elemente: empfohlen bei Kontaktproblemen und explizit dynamischen Fragestellungen (vor allem bei diagonaler Massenmatrix); vergleichsweise unempfindlich gegenüber verzerrten Netzen.
  - Quadratische Elemente: bei Spannungsanalysen und linearer Dynamik
  - Höhere Polynom- und sonstige Ansätze, z. B. für zylindrische Elemente

- **Bei quadratischen Ansatzfunktionen: Lagrange- oder Serendipity-Elemente**:
  - **Serendipity-Elemente** kommen **ohne Mittelknoten** aus. Obwohl in der Praxis seit langem bewährt, fehlt immer noch der mathematische Beweis, dass diese Elementklasse stabil ist (mittlerweile kümmert dies nur noch wenige).
  - **Lagrange-Elemente** besitzen Mittelknoten. So lässt sich aus einem Serendipity-Hexaeder mit 20 Knoten durch Hinzufügen von 6 Flächenmittelknoten und einem Volumenmittelknoten ein Lagrange-Hexaeder mit 27 Knoten erzeugen.
  - Bei 2D-Elementen hat man die Wahl zwischen 8 und 9 Knoten:

  Serendipity-Element: Lagrange-Element:

  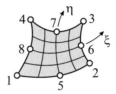 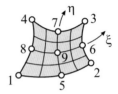

  Aus dem **Pascalschen Polynomschema** (Dreieck)

$$
\begin{array}{ccccc}
 & & 1 & & \\
 & \xi & & \eta & \\
\xi^2 & & \xi\eta & & \eta^2 \\
 & \xi^2\eta & & \xi\eta^2 & \\
 & & \overline{\xi^2\eta^2} & &
\end{array}
$$

  lässt sich ablesen, dass das Serendipity-Element ohne $\xi^2\eta^2$-Ansatz auskommen muss, da nur 8 Formfunktionen möglich sind.
  - Die fehlenden Mittelknoten machen sich nur bei kombinierter Belastung bemerkbar, z. B. bei Überlagerung von Biegung und Torsion.
  - 3D-Übergangselemente: z. B. mit 21 Knoten (ein Flächenmittelknoten)
- **Vernetzbarkeit**:
  - Ziel: Hexaedernetz (linear oder quadratisch)
  - Ist aufgrund komplexer Geometrie (in endlicher Zeit) nur ein Tetraedernetz realisierbar, sollte man quadratische Ansätze wählen.
  - Lineare Tetraederelemente gehören aufgrund ihres überaus steifen Verhaltens zu den schlechtesten Elementen überhaupt und sollten höchstens als Füllerelemente (in einem Hexaedernetz) in unkritischen Bereichen eingesetzt werden.
  - Flächentragwerke (Schalen) lassen sind mit Viereckselementen vernetzen.
  - Um verzerrte Vierecke zu vermeiden, kann gegebenenfalls eine Mischung mit bis zu ca. 10 % Dreieckselementen benutzt werden.
- **Formulierung**: siehe nächster Abschnitt.

5.2 Formulierungen

5.2.1 Verschiebungselemente

Merkmale (Herleitung für Hexaederelemente siehe Abschnitt 2.2.4):

- Verschiebungen (und Rotationen) sind die alleinigen Freiheitsgrade.
- **Gauß-Integration** (volle Integration):

> Mit n Gaußpunkten ist ein Polynom der Ordnung $(2n - 1)$ exakt integrierbar.

  Lässt sich auch für Flächen- und Volumenintegrale anwenden, z. B. $3 \times 3 \times 3$ Integrationspunkte bei Polynom 4. Ordnung (quadratischer Verschiebungsansatz).

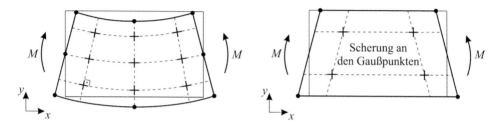

Vorteile:

- Einfache Herleitung, geringer Implementationsaufwand
- (Nahezu) **exakte Integration** (vernachlässigbarer Fehler bei z. B. Plastizität).
- Bei quadratischen Elementen: Kein Schublocking (bei Biegung ist ein Element über die Höhe hinreichend), anwendbar für Spannungsanalysen.
- Lassen sich **degenerieren** (wie alle isoparametrischen Elemente).
  - Durch die Verwendung von Knoten mit gleichen Koordinaten lässt sich z. B. aus einem 8-Knoten-Hexaederelement ein 7-Knoten-Element erzeugen.
  - Vorgehen nicht grundsätzlich empfohlen: Anstelle eines zu einem Keil degenerierten Hexaeders (von 8 Knoten sind 2 mal 2 gleich) sollte lieber ein richtiges Keilelement (effizienter bei gleicher Lösung) verwendet werden.
  - Geeignet für bruchmechanische Analyse (J-Integral, Energiefreisetzungsrate)

Nachteile:

- Hoher **Aufwand** durch volle Integration, besonders bei expliziten Analysen.
- **Schublocking bei linearen Elementen**: Scherung an den Gaußpunkten bei Biegung.
- **Volumetrisches Locking** bei **(nahezu) inkompressiblem Material** ($\nu \to 0{,}5$).
  - Inkompressible Materialien: Elastomere sowie Metalle im plastischen Bereich (plastische Querkontraktionszahl $\to 0{,}5$)
  - Gedankenexperiment: Bei einem unendlich feinen 3D-Hexaedernetz kommen im Mittel (pro Element) auf 3 FHG 8 Zwangsbedingungen (8 Gaußpunkte)
- Einige FE-Programme bieten deshalb keine linearen Verschiebungselemente an.

5.2.2 B-bar-Elemente

Andere Bezeichnung: **Selektiv reduziert integrierte Elemente**, siehe Nagtegaal, Parks und Rice (1977):

- Statt der aktuellen Volumenänderung $J = \det \underline{\mathbf{F}}$ an den Gaußpunkten verwendet man eine über das Element gemittelte Volumenänderung:

$$\overline{J} = \frac{1}{V_{\mathrm{el}}} \int_{V_{\mathrm{el}}} J \, dV_{\mathrm{el}} \tag{5.1}$$

  Folglich ist eine reduzierte Integration für den volumetrischen Anteil hinreichend.

- Analog zum modifizierten Deformationsgradienten

$$\underline{\overline{\mathbf{F}}} = \underline{\mathbf{F}} \left(\frac{\overline{J}}{J} \right)^{\frac{1}{n}} \tag{5.2}$$

  mit dem Dimensionsparameter $n = 2$ für 2D- und $n = 3$ für 3D-Elemente wird auch die **B**-Matrix (Ableitungen der Ansatzfunktionen) durch eine $\overline{\mathbf{B}}$-Matrix ersetzt, die für diese Elementtechnologie namensgebend ist.

Vorteil: **Verringerung von Schublocking** gegenüber linearen, voll integrierten Elementen

Nachteil: Gauß-Integration für deviatorischen Anteil: langsamer als reduzierte Integration

5.2.3 Gemischte/hybride Elemente

Bei gemischten Elementen (andere Bezeichnungsweise: hybride Elemente) führt man neben den Verschiebungen noch mindestens eine weitere Größe als Unbekannte (Kopplung übers Stoffgesetz) ein, deren Ansatz von einer Ordnung niedriger gewählt wird. Beispiele:

- Q1P0-Element: linearer Ansatz für die Verschiebungen, konstanter Druck
- Q2P1-Element: quadratischer Verschiebungsansatz, linear veränderlicher Druck

Es existieren eine Reihe **verschiedener Ansätze**:

- Basierend auf Zweifeld-Funktional: Verschiebungen und **Druck** als Unbekannte.
- Basierend auf Dreifeld-Funktional (bekannt als Hu-Washizu-Variationsprinzip): Verschiebungen **u**, Druck p und **Volumenänderung** J als Unbekannte.
- Mit Elimination der zusätzlichen Freiheitsgrade auf Elementebene: Größe des Gleichungssystems wie beim Verschiebungsansatz.
- Ohne Elimination der zusätzlich eingeführten Freiheitsgrade: z. B. 4 (**u** und p bei Q1P0-Hexaeder) statt 3 Unbekannte pro Knoten.
- Volle Integration oder reduzierte Integration.

Vorteil: **Verringerung/Vermeidung von volumetrischem Locking** bei **inkompressiblem Material**.

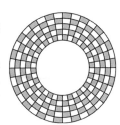

Nachteile: Größerer numerischer Aufwand; bei regelmäßigen Netzen Gefahr von **Checkerboarding**: oszillierender hydrostatischer Druck. Achtung: Schachbrettmuster bleibt oft unentdeckt infolge der Mittelung von Knoten-Spannungen.

5.2.4 Reduziert integrierte Elemente

Bei reduziert integrierten Elementen werden **weniger Integrationspunkte** als bei der Gauß-Integration (z. B. nur 1 statt 8 bei linearem Hexaederelement) verwendet:

Elementtyp	Integrations-punkte	Anzahl FHG	Physikalische Moden	Starrkörper-moden	Hourglassing-Moden
4-Knoten-Viereck	1×1	8	3	3	2
			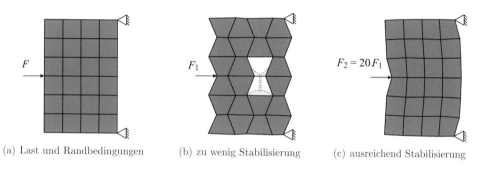		
8-Knoten-Viereck	2×2	16	12	3	1
8-Knoten-Hexaeder	$1 \times 1 \times 1$	24	6	6	12
20-Knoten-Hexaeder	$2 \times 2 \times 2$	60	48	6	6

Vorteile: Sehr **schnell**, Verringerung/**Vermeidung von volumetrischem und Schublocking**

Nachteil: **Hourglassing bei zu groben Netzen** und/oder unzureichender Stabilisierung

(a) Last und Randbedingungen   (b) zu wenig Stabilisierung   (c) ausreichend Stabilisierung

Abbildung 5.1: Hourglassing bei linearen, reduziert integrierten Elementen

Was ist Hourglassing?

- Es bildet sich ein **regelmäßiges Muster**, das bei linearen, reduziert integrierten Elementen wie eine Aneinanderreihung von **Sanduhren** (Hourglasses) aussieht.
- Weil in jeder Raumrichtung ein Integrationspunkt zu wenig (**Unterintegration**) benutzt wird, hat das Element keine Möglichkeit festzustellen, ob es verzerrt ist: Die **Dehnung an den Integrationspunkten** ist null, weshalb Hourglassing-Moden auch als **Null-Energie-Moden** bezeichnet werden.

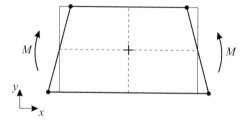

Wie kann man Hourglassing feststellen?

- Visuelle Überprüfung des Ergebnisses
- Überprüfung, dass (gesamte) **Hourglassing-Stabilisierungsenergie** (artificial strain energy) klein ist. Daumenregel: unter 1 % der (gesamten) inneren Energie. Achtung: Hourglassing kann auch lokal auftreten.

Was kann man gegen Hourglassing tun?

- **Feiner vernetzen**, z. B. 4 Elemente über die Höhe bei Biegung:

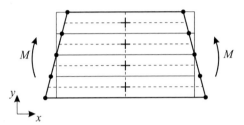

> Bei hinreichend feinen Netzen tritt kein Hourglassing auf.

- Verwendung einer geeigneten **Stabilisierungstechnik**:
    - **Steifigkeitsbasierte** Stabilisierung. Kann man sich als Federn vorstellen, die einen künstlicher Widerstand gegen Null-Energie-Moden erzeugen.
    - **Viskose** Stabilisierung (innere Dämpferelemente)
    - **Enhanced** Hourglassing-Stabilisierung durch Einführung zusätzlicher interner Knoten. Empfohlen bei sehr großen Dehnungen (Hyperelastizität). Zu steif bei plastischem Materialverhalten.
    - Kombinationen, z. B. aus steifigkeitsbasierter und viskoser Stabilisierung
    - Bei **explizit dynamischen Analysen** sind die Verformungen meistens größer als bei statischen oder implizit dynamischen Analysen, so dass man tendenziell **mehr Hourglassing-Stabilisierung** einsetzt. Variante: **mit der Zeit abnehmend**.
- **Verteilung der Last** über einen größeren Bereich (Vermeidung von Einzellasten)
- Verwendung **quadratischer Elemente**:

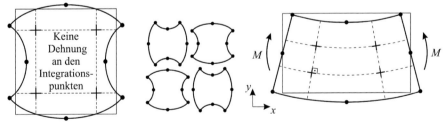

Auch bei quadratischen Elementen kann (theoretisch) Hourglassing auftreten. Die Gefahr ist jedoch sehr gering, da es zu einer **Selbstblockade** kommt: Muster kann sich nicht fortsetzen.

5.2.5 Elemente mit inkompatiblen Moden

Wie auch die gemischten/hybriden Elemente lassen sich „Elemente mit inkompatiblen Moden" (incompatible mode elements) als eine eigene Elementklasse auffassen:

- Die Idee besteht darin, **lineare Elemente (vor allem Hexaeder) mit inneren Knoten bzw. Freiheitsgraden anzureichern**, um zusätzliche Verschiebungsgradienten- bzw. Dehnungs- oder Spannungsfelder einführen zu können, siehe Simo und Rifai (1990) sowie Simo und Armero (1992).

- Je nach Ansatz spricht man deshalb auch von „**enhanced strain**" bzw. „**enhanced stress elements**".

- Der Name „inkompatible Moden" rührt daher, dass die **zusätzlichen Dehnungs- bzw. Spannungsfelder** Sprünge zwischen benachbarten Elementen aufweisen, also **inkompatibel** sind.

- Die inneren Freiheitsgrade werden auf Elementebene eliminiert.

- Auch gemischte/hybride Elemente lassen sich mit inkompatiblen Moden anreichern.

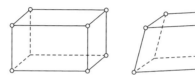

Vorteile:

- **Weder Schublocking noch Hourglassing**, wenn die Elemente (anfänglich) unverzerrt sind. Optimal: **Quader**; auch in Ordnung: **Parallelepiped**.

- **Kein/geringes volumetrisches Locking** bei (nahezu) inkompressiblem Material (als gemischtes Element).

- Sehr **effizient bei biegedominierten Problemen** (schneller als quadratische Elemente bei vergleichbarer Genauigkeit).

- Sogar mit nur einem („linearen") 8-Knoten-Hexaederelement über die Höhe lässt sich Biegung exakt abbilden.

- Für 3D- und 2D-Modelle (z. B. ebener Dehnungszustand) einsetzbar.

- Kompatibel zu anderen Volumenelementen.

Nachteile:

- Bedingt durch die zusätzlichen inneren Freiheitsgrade und volle Integration ist der **Aufwand bei der Aufstellung der Elementsteifigkeitsmatrix** höher als bei anderen linearen Elementen (gleiche Bandbreite der Gesamtsteifigkeitsmatrix).

- Sehr **steifes Verhalten** (ähnlich wie beim Schublocking) **bei verzerrter (Ausgangs-) Geometrie** (gegenüberliegende Flächen nicht parallel).

5.2.6 Korrekturfaktor für transversale Schubsteifigkeit

Balken- und Schalentheorien gehen von ebenen Querschnitten aus. Weil diese Annahme bei transversaler Schubbeanspruchung falsch ist, verwenden viele Balken- und Schalen-elemente einen Schubkorrekturfaktor.

Verwölbung des Querschnitts

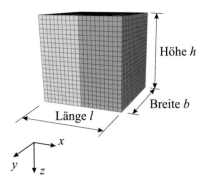

Wie das mit Volumenelementen vernetzte Beispiel eines Quaders zeigt, führt die Querkraft Q zu einer Verwölbung des yz-Querschnitts:

- Keine Scherung an der Ober- und Unterseite (keine Schubspannungen)

- Maximale Scherung $\gamma_{\max}$ und (transversale) Schubspannung $\tau_{\max}$ bei der neutralen Faser

- Biegung infolge Moment $M = Ql$ spielt eine untergeordnete Rolle (relativ kurze Länge l).

- Die Schubspannungen in der xz-Ebene sind (nahezu) konstant (keine Verwölbung).

Höhe h

Breite b

Länge l

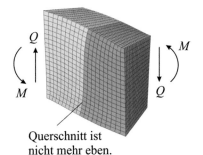

Querschnitt ist nicht mehr eben.

Transversale Schubspannungen

Parabolische Verteilung über die Höhe:

$$\tau(z) = \tau_{\max}\left(1 - \frac{4z^2}{h^2}\right) \qquad (5.3)$$

Integration liefert die Querkraft:

$$Q = \int_A \tau \, dA = b \int_{-\frac{h}{2}}^{\frac{h}{2}} \tau(z) \, dz = \frac{2}{3}\tau_{\max}bh \quad (5.4)$$

Aus dem Hookeschen Stoffgesetz mit dem Schub-modul G folgt, dass die Gleitungen (Scherungen) $\gamma = \frac{\tau}{G}$ ebenfalls parabolisch verteilt sind.

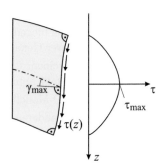

Spezifische Formänderungsenergie der Schubspannungen

Energie pro Volumen:

$$u_{\mathrm{spez}} = \int_0^\gamma \tau \, d\bar{\gamma} = \int_0^\gamma G\bar{\gamma} \, d\bar{\gamma} = \frac{\tau^2}{2G} \qquad (5.5)$$

Energie pro Länge (Integration über Querschnittsfläche $A = bh$):

$$U_{\mathrm{spez}} = \int_A u_{\mathrm{spez}} \, dA = \frac{b}{2G}\int_{-\frac{h}{2}}^{\frac{h}{2}} \tau_{\max}^2\left(1 - \frac{4z^2}{h^2}\right)^2 dz = \frac{4\tau_{\max}^2 A}{15G} = \frac{3}{5}\frac{Q^2}{GA} \qquad (5.6)$$

Bernoulli-Balken und Kirchhoff-Schalenelemente

Bei sehr schlanken Tragwerken kann ausgenutzt werden, dass Querschnitte eben und senkrecht zur neutralen Faser bleiben:

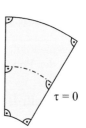

- Nur Biegung, keine Scherung

- Ein Schubkorrekturfaktor wird folglich nicht benötigt.

Timoshenko-Balken und Reissner-Mindlin-Schalenelemente

Querschnitte können sich gegenüber der neutralen Achse verdrehen, mögen aber eben bleiben:

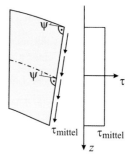

- Schubspannungen sind folglich konstant: $\tau(z) = \tau_{\mathrm{mittel}}$

- Scherung ist ebenfalls gleichmäßig über die Höhe verteilt:

$$\psi = \frac{\tau_{\mathrm{mittel}}}{G} \tag{5.7}$$

Die falsche Annahme lässt sich durch Einführung einer **Schubfläche** (fiktiv reduzierte Fläche) korrigieren:

$$A_{\mathrm{S}} = \kappa A \tag{5.8}$$

Querkraft berechnet sich nicht aus $\tau_{\mathrm{mittel}}A$, sondern wie folgt:

$$Q = \tau_{\mathrm{mittel}}A_{\mathrm{S}} \tag{5.9}$$

Spezifische Formänderungsenergie der Schubspannungen:

$$U_{\mathrm{spez}} = \int_{A_{\mathrm{S}}} \frac{\tau_{\mathrm{mittel}}^2}{2G}\, dA_{\mathrm{S}} = \frac{\tau_{\mathrm{mittel}}^2 A_{\mathrm{S}}}{2G} = \frac{1}{2}\frac{Q^2}{GA_{\mathrm{S}}} \tag{5.10}$$

Schubkorrekturfaktor für Balkenelemente mit Rechteckprofil und Schalenelemente

Gleichsetzen von (5.6) und (5.10) liefert den gesuchten Schubkorrekturfaktor:

$$\kappa = \frac{5}{6} \tag{5.11}$$

Berücksichtigung des räumlichen Spannungszustands (Cowper, 1966):

$$\kappa = \frac{10\,(1+\nu)}{12 + 11\nu} \tag{5.12}$$

In Abhängigkeit der Querdehnzahl ν erhält man u. a. folgende Werte:

- $\kappa = \frac{5}{6}$ für $\nu = 0$
- $\kappa \approx 0{,}8497$ für $\nu = 0{,}3$ (Stahl)
- $\kappa \approx 0{,}8571$ für $\nu = 0{,}5$

Die Voreinstellung hängt vom FEM-Programm ab: meist $\kappa = \frac{5}{6}$ oder $0{,}85$.

5.3 Balkenelemente

> Ganz allgemein gilt: Mit einem **Verschiebungsansatz der Ordnung** n lässt sich eine **Biegelinie der Polynomordnung** $n + 1$ berechnen: Knotenverschiebungen sind exakt.

5.3.1 Bernoulli-Balken

Balkenelemente sind **schubsteif** und deshalb (nur) für **schlanke Träger** einsetzbar:

- Annahme: Der **Querschnitt bleibt eben und senkrecht** zur (verformten) Balkenachse.

- Das Verhältnis von Balkenhöhe h zur Länge l sollte kleiner als 1 zu 15 sein (max. $1/10$).

- Maßgebliche Länge l:

  - Statik: Kleinster Abstand zwischen den Auflager- bzw. Lasteinleitungspunkten

  - Bei dynamischer Analyse: Wellenlänge der höchsten Eigenform

  - Elementlänge l_{elem} ist nicht maßgebend.

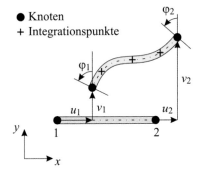

FE-Implementation

Der Bernoulli-Balken (oder auch: Euler-Bernoulli-Balken) besitzt 2 Knoten:

- Insgesamt 12 FHG im 3D: pro Knoten 3 Verschiebungen und 3 Rotationen
- **Ansatzfunktionen** im 3D:
  - Linear für Verschiebung in Längsrichtung (lokale 3-Achse): u (2 Terme)
  - Linear für Torsion um Längsachse (lokale 3-Achse): Θ (2 Terme)
  - **Kubisch für Biegung** um lokale 1-Achse: w_2 (4 Terme)
  - Kubisch für Biegung um lokale 2-Achse: w_1 (4 Terme)

  Die Anzahl von insgesamt 12 Freiwerten stimmt erwartungsgemäß mit der Anzahl der Elementfreiheitsgrade überein.

- Im 2D pro Knoten zwei Verschiebungs- und ein Rotationsfreiheitsgrad: u, v und φ
- Der Anwender muss entscheiden, wann **Querschnittseigenschaften** wie die Biegesteifigkeit ermittelt werden sollen:
  - Vor der Analyse (am effizientesten bei linearem Materialverhalten)
  - Während der Analyse (erforderlich bei elastoplastischem Material)
- Aktualisierung der Eigenschaften mit Hilfe von Querschnittsintegrationspunkten:
  - Untergliederung der drei in Längsrichtung angeordneten Integrationspunkte in sogenannte „Section Points"
  - Die Anzahl und Position ist vom Balkenprofil abhängig.

Vorteil: **Grobes Netz hinreichend**, da kubischer Ansatz für Biegung.

Nachteil: Keine Berücksichtigung von Schubdeformationen

Querschnittsintegrationspunkte von ausgewählten Balkenprofilen

2D-Balkenelemente:

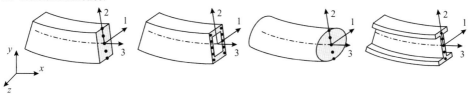

3D-Balkenelemente:

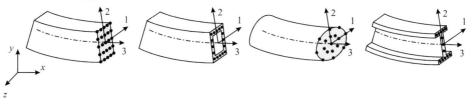

Fließgelenk

Querschnittsintegrationspunkte sind erforderlich, um die Ausbildung eines Fließgelenks simulieren zu können:

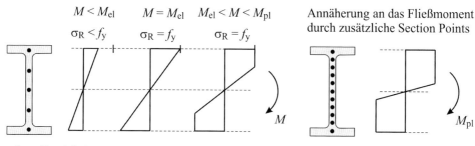

f_y: Festigkeit

σ_R: Randfaserspannung

M_{el}:   Elastisches Grenzmoment (Spannungsverteilung noch linear)

M_{pl}:   Plastisches Grenzmoment (Fließmoment)

Arbeitskonforme Lasten

Streckenlasten werden automatisch in Einzellasten umgewandelt:

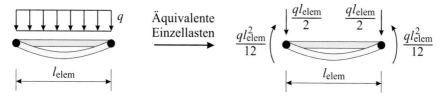

Ohne Momente würde sich der (aus einem Element bestehende) Balken nicht krümmen.

Analytische Balkenlösung nach Bernoulli

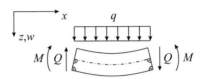

Gegeben: Streckenlast $q(x)$, Biegesteifigkeit $EI(x)$

Querkraft:
$$Q(x) = -\int q(x)\,dx + c_1 \tag{5.13}$$

Biegemoment:
$$M(x) = \int Q(x)\,dx + c_2 \tag{5.14}$$

Krümmung (**DGL des Biegebalkens**):
$$\boxed{w''(x) = -\frac{M(x)}{EI(x)}} \tag{5.15}$$

Steigung:
$$\boxed{w'(x) = \int w''(x)\,dx + c_3} \tag{5.16}$$

Biegelinie:
$$w(x) = \int w'(x)\,dx + c_4 \tag{5.17}$$

Beispiele:

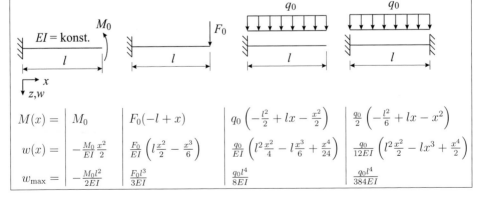

$M(x) =$	M_0	$F_0(-l + x)$	$q_0\left(-\frac{l^2}{2} + lx - \frac{x^2}{2}\right)$	$\frac{q_0}{2}\left(-\frac{l^2}{6} + lx - x^2\right)$
$w(x) =$	$-\frac{M_0}{EI}\frac{x^2}{2}$	$\frac{F_0}{EI}\left(l\frac{x^2}{2} - \frac{x^3}{6}\right)$	$\frac{q_0}{EI}\left(l^2\frac{x^2}{4} - l\frac{x^3}{6} + \frac{x^4}{24}\right)$	$\frac{q_0}{12EI}\left(l^2\frac{x^2}{2} - lx^3 + \frac{x^4}{2}\right)$
$w_{\max} =$	$-\frac{M_0 l^2}{2EI}$	$\frac{F_0 l^3}{3EI}$	$\frac{q_0 l^4}{8EI}$	$\frac{q_0 l^4}{384EI}$

5.3.2 Timoshenko-Balken

Balkenelemente sind **schubweich**:

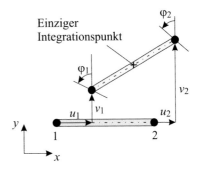

- Annahme: Der Querschnitt bleibt **eben**, kann sich allerdings unabhängig von der Balkenachse **verdrehen**.

- Folglich ist eine **Scherung** ψ des Querschnitts möglich, wie auf Seite 151 gezeigt.

- Timoshenko-Balken dürfen etwas dicker als Bernoulli-Balken sein: Das Verhältnis von Balkenhöhe h zur maßgeblichen Länge l sollte kleiner als 1 zu 10 sein (max. 1/8).

FE-Implementation

Gemeinsamkeiten von 2-Knoten-Timoshenko-Balken und Bernoulli-Balken:
- Insgesamt 12 FHG im 3D: pro Knoten 3 Verschiebungen und 3 Rotationen
- Insgesamt 6 FHG im 2D: pro Knoten 2 Verschiebungen und 1 Rotation: u, v und φ
- Querschnittseigenschaften können vor oder während der Analyse berechnet werden.

Unterschiede zum Bernoulli-Balken:
- **Ansatzfunktionen**, z. B. im 3D:
  - Linear für Verschiebung in Längsrichtung: u (2 Terme)
  - Linear für Torsion: Θ (2 Terme)
  - **Linear für Schub** in lokaler 23-Ebene: ψ_2 (2 Terme)
  - Linear für Schub in lokaler 13-Ebene: ψ_1 (2 Terme)
  - **Linear für Biegung** um lokale 1-Achse: w_2 (2 Terme)
  - Linear für Biegung um lokale 2-Achse: w_1 (2 Terme)

  Plausibilitätskontrolle: 12 Freiwerte und genauso viele Elementfreiheitsgrade
- Zusätzliche Parameter: Transversale Schubsteifigkeiten
- Optional: Effektive transversale Schubsteifigkeiten
- Es gibt einen 3-Knoten-Timoshenko-Balken:

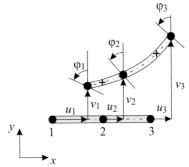

  - Verwendung von **quadratischen** Ansatzfunktionen

  - 18 FHG im 3D

  - 9 FHG im 2D

  - Im Vergleich zum linearen 2-Knoten-Element kann ein etwas gröberes Netz gewählt werden.

Vorteil: Berücksichtigung von Schubdeformationen (genauer als Bernoulli-Theorie)
Nachteil: Relativ feines Netz erforderlich

Transversale Schubsteifigkeiten

Es handelt sich um eine Mischung aus Material- und Geometrieparametern:

$$K_{23} = \kappa_{23} G_{23} A \quad , \quad K_{13} = \kappa_{13} G_{13} A \tag{5.18}$$

G_{23}, G_{13}: Schubmodule
A: Querschnittsfläche
κ_{23}, κ_{13}: **Schubkorrekturfaktoren**, Beispiele (Cowper, 1966):

Rechteck:	0,85
Kastenträger:	0,44
Kreis:	0,89
Dünner Kreisring:	0,53
I- und T-Profil:	0,44
L-Profil:	1,0

Effektive transversale Schubsteifigkeiten

Timoshenko-Balken weisen bei zu grober Vernetzung (bei „zu schlanken" Elementen) ein zu steifes Verhalten auf. Eine mögliche Gegenmaßnahme besteht in der Reduktion der transversalen Schubsteifigkeiten:

$$K_{23}^{\text{eff}} = K_{23} \frac{12 I_1}{12 I_1 + \beta l_{\text{elem}}^2 A} \quad , \quad K_{13}^{\text{eff}} = K_{13} \frac{12 I_2}{12 I_2 + \beta l_{\text{elem}}^2 A} \tag{5.19}$$

I_1, I_2: Flächenträgheitsmomente
β: **Schlankheitskorrekturfaktor**, z. B. $\beta = 0{,}25$
l_{elem}: Länge des Balkenelementes
Für den Grenzfall $l_{\text{elem}} \to 0$ erhält man die Ausgangswerte (5.18).

Arbeitskonforme Lasten

Linearer Timoshenko-Balken (keine Krümmung möglich):

Quadratischer Timoshenko-Balken:

Analytische Balkenlösung nach Timoshenko

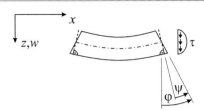

Unterschiede zum Bernoulli-Ansatz:

$$\varphi'(x) = \frac{M(x)}{EI(x)} \tag{5.20}$$

$$w'(x) = \psi(x) - \varphi(x) \quad \text{mit} \quad \varphi(x) = \int \varphi'(x)\, dx + c_3 \quad \text{und} \quad \psi(x) = \frac{Q(x)}{\kappa GA} \tag{5.21}$$

φ: Verdrehung

ψ: Scherung

G: Schubmodul

A: Querschnittsfläche

κ: Schubkorrekturfaktor

Grenzfall: $\frac{\kappa GAl^2}{EI} \to \infty$ liefert Bernoulli-Lösung $w'(x) = -\varphi(x)$

Beispiele (Höhe $h = l/10$, $\nu = 0{,}3$ bzw. $G = E/2{,}6$ und $\kappa = 5/6$):

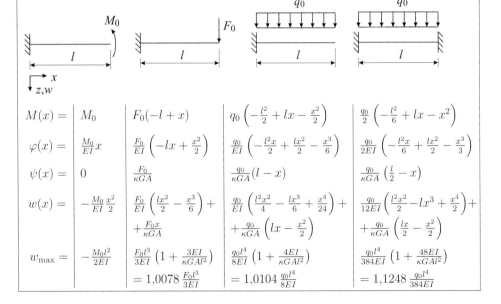

	M_0	F_0	q_0	q_0
$M(x) =$	M_0	$F_0(-l + x)$	$q_0\left(-\frac{l^2}{2} + lx - \frac{x^2}{2}\right)$	$\frac{q_0}{2}\left(-\frac{l^2}{6} + lx - x^2\right)$
$\varphi(x) =$	$\frac{M_0}{EI}x$	$\frac{F_0}{EI}\left(-lx + \frac{x^2}{2}\right)$	$\frac{q_0}{EI}\left(-\frac{l^2 x}{2} + \frac{lx^2}{2} - \frac{x^3}{6}\right)$	$\frac{q_0}{2EI}\left(-\frac{l^2 x}{6} + \frac{lx^2}{2} - \frac{x^3}{3}\right)$
$\psi(x) =$	0	$\frac{F_0}{\kappa GA}$	$\frac{q_0}{\kappa GA}(l - x)$	$\frac{q_0}{\kappa GA}\left(\frac{l}{2} - x\right)$
$w(x) =$	$-\frac{M_0}{EI}\frac{x^2}{2}$	$\frac{F_0}{EI}\left(\frac{lx^2}{2} - \frac{x^3}{6}\right) +$ $+\frac{F_0 x}{\kappa GA}$	$\frac{q_0}{EI}\left(\frac{l^2 x^2}{4} - \frac{lx^3}{6} + \frac{x^4}{24}\right) +$ $+\frac{q_0}{\kappa GA}\left(lx - \frac{x^2}{2}\right)$	$\frac{q_0}{12EI}\left(\frac{l^2 x^2}{2} - lx^3 + \frac{x^4}{2}\right) +$ $+\frac{q_0}{\kappa GA}\left(\frac{lx}{2} - \frac{x^2}{2}\right)$
$w_{\max} =$	$-\frac{M_0 l^2}{2EI}$	$\frac{F_0 l^3}{3EI}\left(1 + \frac{3EI}{\kappa GAl^2}\right)$ $= 1{,}0078\,\frac{F_0 l^3}{3EI}$	$\frac{q_0 l^4}{8EI}\left(1 + \frac{4EI}{\kappa GAl^2}\right)$ $= 1{,}0104\,\frac{q_0 l^4}{8EI}$	$\frac{q_0 l^4}{384EI}\left(1 + \frac{48EI}{\kappa GAl^2}\right)$ $= 1{,}1248\,\frac{q_0 l^4}{384EI}$

Netzkonvergenzstudie

Linear statische Analyse (kleine Dehnungen) mit linearen Timoshenko-Balkenelementen:

- Um den Einfluss der Scherung besser beurteilen zu können, sind die Verschiebungen in Abbildung 5.2 auf die Bernoulli-Lösung normiert.
- Die Anzahl der erforderlichen Elemente korreliert mit der Komplexität der Belastung bzw. der **Polynomordnung der Biegelinie**:
  - 1 Timoshenko-Element bei Kragarm mit Moment am freien Ende (quadratische Biegelinie; gleiche Lösung wie mit Bernoulli-Ansatz, da keine Querkraft).
  - Mindestens 10 Elemente bei beidseitig eingespanntem Balken mit konstanter Streckenlast (Biegelinie 4. Ordnung).
  - Zum Vergleich: 1 Bernoulli-Element genügt selbst bei (Bernoulli-)Biegelinie 4. Ordnung.
- Bei **zu groben Netzen** hängt das Ergebnis vom Schlankheitskorrekturfaktor β ab:
  - **Ohne Schlankheitskorrektur** ($\beta = 0$) liegt man immer **auf der sicheren Seite (tendenziell zu steifes Verhalten)**: Verschiebungen sind richtig (Kragarm mit Moment und Kragarm mit Streckenlast trotz $w_{\text{analy}} = w_{\text{analy}}(x^4)$!) oder zu klein (Kragarm mit Einzellast und beidseitig eingespannter Balken mit Streckenlast).
  - **Mit Schlankheitskorrektur** ($\beta = 0{,}25$) **verbessern sich Ergebnisse im Mittel**: Die beiden zu steifen Ergebnisse sind nicht mehr ganz so steif. Dafür handelt man sich einen Fehler beim Kragarm mit Streckenlast ein (zu weich). Einzig der Kragarm mit Einzelmoment ist unabhängig von β.
- Bei hinreichend feiner Vernetzung wird (immer) die analytische Referenzlösung getroffen (hier: mindestens 5 Stellen Genauigkeit bei 1000 Elementen).

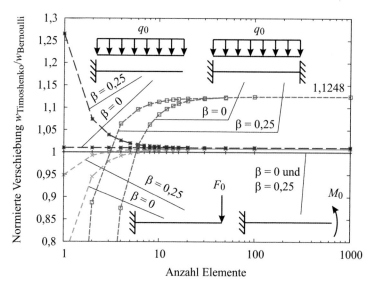

Abbildung 5.2: Einfluss des Schlankheitskorrekturfaktors β auf die Netzkonvergenz

5.3.3 Balkenelemente mit Verwölbungsfreiheitsgrad

Verwölbung:

- **Verformung des Querschnitts in Längsrichtung** bei tordierten Linienträgern.
- Bei **Wölbbehinderung** durch eine feste Einspannung oder eine Endplatte tritt neben der **Saint Venantschen Torsion** (lineare Torsionstheorie: Torsion mit unbehinderter Verwölbung) auch eine **Wölbkrafttorsion** auf.

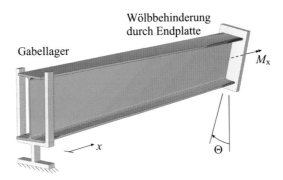

Bei folgenden Querschnitten kann Wölbkrafttorsion in der Regel vernachlässigt werden:

- Vollquerschnitte: nur geringe Verwölbung
- Dünnwandige geschlossene Profile (z. B. Hohlkasten): nur geringe Verwölbung
- Dünnwandige offene Profile, wenn sie sich aus Rechtecken zusammensetzen lassen, deren Mittellinien sich alle in einem Punkt schneiden (z. B. T-Profil oder L-Profil): keine Verwölbung
- Kreis- und Kreisringquerschnitte: keine Verwölbung

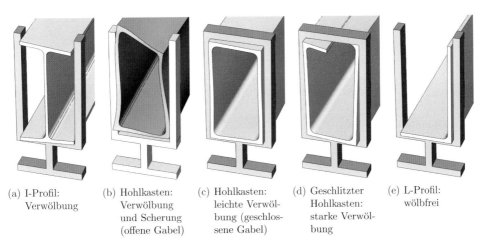

(a) I-Profil: Verwölbung

(b) Hohlkasten: Verwölbung und Scherung (offene Gabel)

(c) Hohlkasten: leichte Verwölbung (geschlossene Gabel)

(d) Geschlitzter Hohlkasten: starke Verwölbung

(e) L-Profil: wölbfrei

Abbildung 5.3: Verwölbung verschiedener Querschnitte

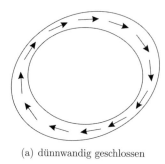

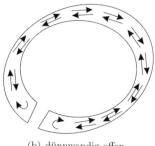

(a) dünnwandig geschlossen   (b) dünnwandig offen

Abbildung 5.4: Schubfluss verschiedener Querschnitte

Analytische Lösung bei Wölbkrafttorsion

Allgemeiner Ansatz:

Verdrehung	$\Theta \quad = a_0 + a_1 x + a_2 \sinh(\lambda x) + a_3 \cosh(\lambda x)$
Verdrillung	$\Theta' \quad = \frac{d}{dx}\Theta$
St. Venant Torsionsmoment	$T_S \quad = G I_T \Theta'$
Bimoment	$M_\omega = E I_\omega \Theta''$ (Einheit: Nm^2)
Wölbkrafttorsionsmoment	$T_\omega = -\frac{d}{dx}M_\omega = -E I_\omega \Theta'''$
Gesamttorsionsmoment	$M_T = T_S + T_\omega = G I_T \Theta' - E I_\omega \Theta'''$ (DGL 3. Ordnung)

Material- und Geometrieparameter

E: Elastizitätsmodul

G: Schubmodul

I_T: Torsionsflächenträgheitsmoment/polares Flächenträgheitsmoment

$G I_T$: Torsionssteifigkeit

I_ω: Wölbträgheitsmoment

$E I_\omega$: Verwölbungssteifigkeit

$\lambda = \sqrt{\frac{G I_T}{E I_\omega}}$

Randbedingungen

Feste Einspannung		$\Theta = 0$	$\wedge \; \Theta' = 0 \; (T_S = 0)$
Gabellager		$\Theta = 0$	$\wedge \; \Theta'' = 0 \; (M_\omega = 0)$
Freies Ende		$\Theta'' = 0 \; (M_\omega = 0)$	$\wedge \; G I_T \Theta' - E I_\omega \Theta''' = 0 \; (M_T = 0)$
Endplatte		$\Theta' = 0 \; (T_S = 0)$	$\wedge \; G I_T \Theta' - E I_\omega \Theta''' = 0 \; (M_T = 0)$

Beispiel: Verwölbung eines Kragarms

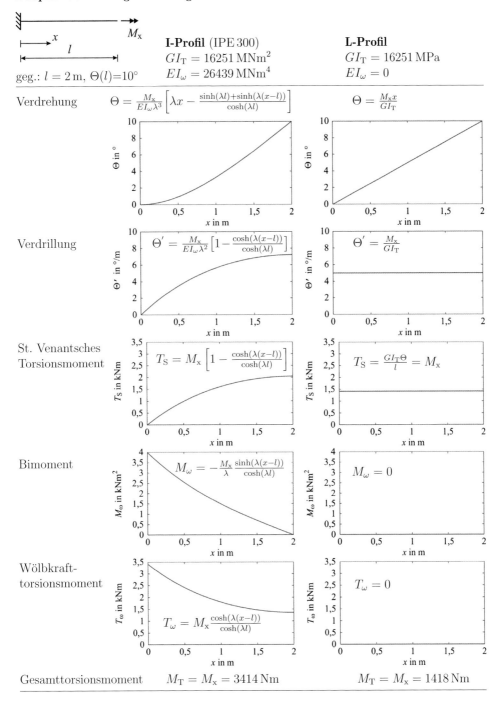

geg.: $l = 2\,\mathrm{m}$, $\Theta(l) = 10°$

I-Profil (IPE 300)
$GI_\mathrm{T} = 16251\,\mathrm{MNm}^2$
$EI_\omega = 26439\,\mathrm{MNm}^4$

L-Profil
$GI_\mathrm{T} = 16251\,\mathrm{MPa}$
$EI_\omega = 0$

Verdrehung

$$\Theta = \frac{M_\mathrm{x}}{EI_\omega \lambda^3}\left[\lambda x - \frac{\sinh(\lambda l) + \sinh(\lambda(x-l))}{\cosh(\lambda l)}\right]$$

$$\Theta = \frac{M_\mathrm{x} x}{GI_\mathrm{T}}$$

Verdrillung

$$\Theta' = \frac{M_\mathrm{x}}{EI_\omega \lambda^2}\left[1 - \frac{\cosh(\lambda(x-l))}{\cosh(\lambda l)}\right]$$

$$\Theta' = \frac{M_\mathrm{x}}{GI_\mathrm{T}}$$

St. Venantsches Torsionsmoment

$$T_\mathrm{S} = M_\mathrm{x}\left[1 - \frac{\cosh(\lambda(x-l))}{\cosh(\lambda l)}\right]$$

$$T_\mathrm{S} = \frac{GI_\mathrm{T}\Theta}{l} = M_\mathrm{x}$$

Bimoment

$$M_\omega = -\frac{M_\mathrm{x}}{\lambda}\frac{\sinh(\lambda(x-l))}{\cosh(\lambda l)}$$

$$M_\omega = 0$$

Wölbkraft-torsionsmoment

$$T_\omega = M_\mathrm{x}\frac{\cosh(\lambda(x-l))}{\cosh(\lambda l)}$$

$$T_\omega = 0$$

Gesamttorsionsmoment $\quad M_\mathrm{T} = M_\mathrm{x} = 3414\,\mathrm{Nm}$ $\qquad M_\mathrm{T} = M_\mathrm{x} = 1418\,\mathrm{Nm}$

- Trotz gleicher Torsionssteifigkeit GI_T ist beim L-Profil weniger als das halbe Torsionsmoment M_T erforderlich, um die gleiche Endverdrehung von $10°$ (Vernachlässigung plastischer Effekte) zu erhalten.
- Das mit dem L-Profil erzielte Ergebnis ist äquivalent zur Berechnung eines gabelgelagerten I-Profils (Doppel-T-Träger).

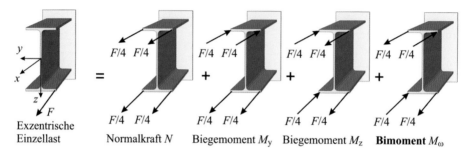

Abbildung 5.5: Anschauliche Interpretation des Bimoments (Einheit: Nm^2, hier: $M_\omega < 0$)

Normalspannungen (zusätzlicher Anteil durch Bimoment):

$$\sigma_{xx} = \frac{N}{A} + \frac{M_y}{I_y}z + \frac{M_z}{I_z}y + \frac{M_\omega}{I_\omega}\omega \qquad (5.22)$$

ω: Verwölbung (Einheit: m^2)

FE-Implementation

- Um eine Verwölbung berücksichtigen zu können, muss ein spezieller Verwölbungsfreiheitsgrad (**siebter FHG** neben den 3 translatorischen und 3 rotatorischen FHG) eingeführt werden.
- Bezeichnung auch als OS-Balkenelemente (open section).

Vergleich von analytischer und FE-Lösung anhand des Bimoments:

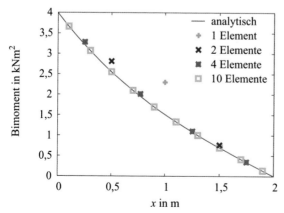

- FE-Lösungsansatz:

$$\Theta = a_0 + a_1 x + a_2 x^2 + a_3 x^3 \qquad (5.23)$$

- Bimoment:

$$M_\omega = \int_A \Omega \sigma_{xx}\, dA \qquad (5.24)$$

Ω: Klassische Verwölbungsfunktion mit einem flächengewichteten Mittelwert von null (Einheit: m^2)

Verwölbungsfunktion

- Man unterscheidet zwischen **Verwölbungsfreiheitsgrad** (skalarer Vorfaktor, 7. FHG, abhängig von der Last) und **Verwölbungsfunktion** Ω (konstant). Das Produkt beider Größen ist die **Verwölbung** ω.

- Einige FE-Programme bieten die Möglichkeit, bei einem **zusammengesetzten Querschnitt** (z. B. Steg und Flansche des I-Profils aus verschiedenen Materialen) die Verwölbungsfunktion durch eine vorgeschaltete FE-Untersuchung zu ermitteln. Dabei wird der Querschnitt durch spezielle **Verwölbungselemente** diskretisiert.

- Die Verwölbungsfunktion ist abhängig von der Balkenorientierung. Folglich müssen bei T-Stößen oder Rahmenecken doppelte Knoten definiert und durch geeignete **Übergangsbedingungen** gekoppelt werden.

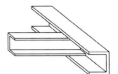

Biegedrillknicken

- Balkenelemente mit Verwölbungsfreiheitsgrad sind deutlich effizienter als Schalen- oder Volumenelemente.

- Querschnittsänderungen infolge Scherung oder lokalem Stabilitätsversagen (z. B. Beulen des Steges beim I-Profil) werden jedoch nicht erfasst.

- **Lineare Eigenwertberechnung** ist ausreichend (gutmütiges Stabilitätsversagen).

- Man beachte, dass die kritische Last vom Lastangriffspunkt innerhalb des Querschnitts (z. B. Schwerpunkt, Ober- oder Untergurt) abhängt.

(a) Schalen- oder Volumenmodell: lokales Stabilitätsversagen kann gegebenenfalls erfasst werden

(b) Balkenmodell: sehr geringe CPU-Zeit

Abbildung 5.6: Berechnung von Biegedrillknicken

5.4 Schalenelemente

Im topologischen Sinne handelt es sich bei (konventionellen) Schalenelementen um **2D-Elemente**:

- **Geringe Dicke** im Verhältnis zu den Modellabmessungen:
  - Unter 1/15 (max. 1/10) bei Kirchhoff-Schalenelementen
  - Unter 1/10 (max. 1/8) bei Reissner-Mindlin-Schalenelementen
- Vernachlässigung von Spannungen in Dickenrichtung: **Ebener Spannungszustand**
- **Schalendicke** muss als **Querschnittseigenschaft** zusätzlich definiert werden.

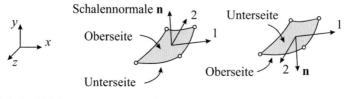

Globales KOS   Elementkoordinatensysteme

5.4.1 Übersicht

Schalenelemente können sich in folgenden Punkten voneinander unterscheiden:

- Üblicherweise befinden sich die Knoten in der **Mittelfläche** des Flächentragwerks. Bei Bedarf kann auch (mittels **Offset**) eine andere Referenzfläche gewählt werden, z. B. die Oberseite der Schale.
- Analog zu Balkenelementen unterscheidet man zwischen **Integrationspunkten** in der Ebene und solchen in Dickenrichtung (Section Points):
  - In der Ebene kann die Schale voll (Gauß-Integration wegen Polynomfunktion) oder reduziert integriert werden.
  - Weit verbreitete Kombination: Reduzierte Integration für Steifigkeitsmatrix, aber volle Integration für Massenmatrix sowie Flächen- und Volumenlasten.
  - In Dickenrichtung ist die Verteilung der Normalspannungen näherungsweise stückweise linear (infolge plastischen Fließens), so dass die **Simpson-** der **Gauß-Integration** in der Regel vorgezogen wird.
  - Die Anzahl der Integrationspunkte in Dickenrichtung kann bei Bedarf vom Anwender geändert werden.

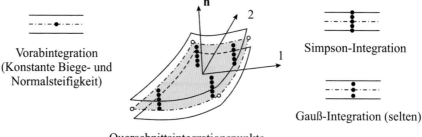

Querschnittsintegrationspunkte

- Kleine oder große **Membrandehnungen**:
  - Die meisten Schalenelemente sind für große Membrandehnungen ausgelegt, können also Dickenänderungen erfassen, siehe Abschnitt 8.2.3.
  - Im Rahmen der expliziten Dynamik kommen häufig Schalenelemente mit kleinen Membrandehnungen zum Einsatz, da sich mit ihnen ca. 20 % Rechenzeit einsparen lässt. Beispiel Fahrzeug-Crash: Große Rotationen, aber kleine Dehnungen der einzelnen Bleche.
- Die meisten Schalen können gekrümmt sein, so dass zunächst jeder Knoten eines jeden Elementes seinen eigenen **Normalenvektor** erhält. Ob die Normalen benachbarter Schalenelemente gemittelt werden, hängt von dem vom Anwender vorzugebenden **Grenzwinkel** (Voreinstellung z. B. 20°) ab.

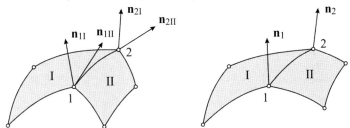

Unterschiedliche Schalennormalen   Kontinuierliche Schalennormalen
bei Überschreitung des Grenzwinkels   nach Mittelung an den Knoten

- Die meisten Schalenelemente besitzen **6 FHG**: 3 Verschiebungs- und 3 Rotationsfreiheitsgrade pro Knoten.
  - Insbesondere bei unterschiedlichen Schalennormalen (Bauteilkanten) sind alle 3 Rotationsfreiheitsgrade zwingend erforderlich.
  - Bei kontinuierlicher Schalennormale muss eine künstliche **Drillsteifigkeit** (Elimination der Singularität) eingeführt werden, da nur die beiden Rotationen in der Ebene mit Biege- bzw. transversaler Schubsteifigkeit versehen sind.

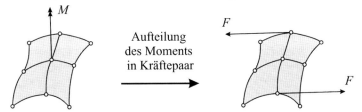

Aufteilung
des Moments
in Kräftepaar

Singularität bei kontinuierlicher Schalennormale   Keine Konvergenzprobleme

- Auch möglich: Schalenelemente mit nur **2 Rotationsfreiheitsgraden** pro Knoten
  - Etwas effizienter als 6 FHG-Variante
  - Nur einsetzbar bei kontinuierlichem Normalenvektor (keine Bauteilkante)
- Nur noch historisch interessant: Schalenelemente lassen sich als 2- und 3-Knoten-Elemente auch für 2D- und axialsymmetrische Analysen einsetzen, z. B. für Kühltürme unter Windlast (Fourierreihenansatz in Umfangsrichtung für Biegung).

- **Transversale Schubsteifigkeiten** (bei linear elastischem, orthotropem Material):

$$K_{11} = \kappa G_{13} t \quad , \quad K_{22} = \kappa G_{23} t \quad , \quad K_{12} = K_{21} = 0 \qquad (5.25)$$

G_{13}, G_{23}: Schubmodule

t: Schalendicke

κ: **Schubkorrekturfaktor**, Standardwert: $\kappa = \frac{5}{6}$ (parabolische Verteilung der transversalen Schubspannungen, Herleitung in Abschnitt 5.2.6)

- Effektive transversale Schubsteifigkeiten:

$$K_{11}^{\mathrm{eff}} = f K_{11} \quad , \quad K_{22}^{\mathrm{eff}} = f K_{22} \quad , \quad K_{12}^{\mathrm{eff}} = f K_{12} \quad \mathrm{mit} \quad f = \frac{1}{1 + \gamma A_{\mathrm{elem}}/t^2} \qquad (5.26)$$

γ: **Schlankheitskorrekturfaktor**, z. B. $\gamma = 2{,}5 \cdot 10^{-5}$

A_{elem}: Fläche des Schalenelementes

Korrektur eines zu steifen Verhaltens bei zu grober Vernetzung: Je „schlanker" die Schale, desto geringer die effektiven transversalen Schubsteifigkeiten.

- Außerdem existieren noch eine Reihe weiterer möglicher Unterschiede:
  - Bei voll integrierten Schalen kann es sein, dass die Membranspannungen mit inkompatiblen Moden angereichert werden, um Biegung in der Ebene exakt (ohne Locking und Hourglassing) berechnen zu können.
  - Es gibt Schalenelemente für Verwölbung.
  - usw.

Vorteil: Effiziente Modellierung von **biegedominierten** Problemen und Verformungen **in der Ebene** (Membranspannungen)

Nachteile: Vernachlässigung von Spannungen in **Dickenrichtung** (ungeeignet für Lasteinleitungsprobleme); **Kombination mit Volumenelementen erfordert Koppelbedingungen**

> Aufgrund der Vielzahl unterschiedlicher Schalenelemente ist es ratsam, nicht nur das **Handbuch** zu konsultieren, sondern auch eine **Netzkonvergenzstudie** durchzuführen.

Für die nachfolgend gezeigten Netzkonvergenzstudien werden die in Abbildung 5.2 für Timoshenko-Balkenelemente eingeführten Beispiele auf Schalenelemente angewandt:

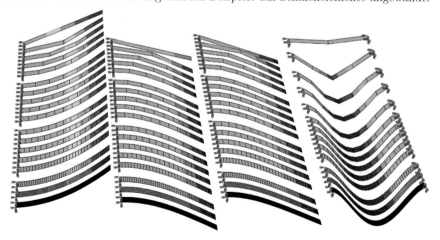

5.4.2 Kirchhoff-Schalenelemente

Kirchhoff- oder **Kirchhoff-Love-Schalen** werden auch als **dünne Schalen** bezeichnet:

- Wie Bernoulli-Balken sind sie **schubsteif**.
- **Klassische Schalentheorie**: Querschnitte bleiben eben und senkrecht zur Schalen-mittelebene; keine transversalen Scherungen und transversalen Schubspannungen.
- Geringer Verbreitungsgrad
- Das untersuchte 3-Knoten-Element zeigt eine schlechte Netzkonvergenz: Selbst bei $2 \cdot 1000 = 2000$ Elementen beträgt die Abweichung zur Referenzlösung (Bernoulli-Balkentheorie) ungefähr 1% (zu steif).

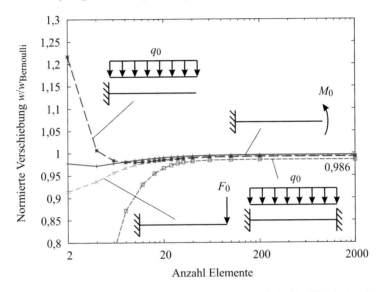

Abbildung 5.7: Netzkonvergenzstudie eines **dreieckigen Kirchhoff-Schalenelementes**

5.4.3 Reissner-Mindlin-Schalenelemente

Reissner-Mindlin-Schalen (oder nur: Mindlin-Schalen) nennt man umgangssprachlich auch **dicke Schalen**:

- Wie Timoshenko-Balken sind sie **schubweich**.
- Annahme: Querschnitte bleiben **eben**, müssen aber nicht senkrecht zur Mittelebene bleiben.
- Berücksichtigung von **transversalen Schubdeformationen**
- Reissner-Mindlin-Schalenelemente sollten aus Konvergenzgründen nicht auf dünne Flächentragwerke angewandt werden. Die Performance würde sich noch weiter verschlechtern, wenn zudem ein verzerrtes Ausgangsnetz verwendet wird.

- Die Grenze zwischen dünnen und dicken Schalen ist fließend und hängt von folgenden Kriterien ab:
  - Geometrie: Schalendicke im Vergleich zu Bauteilabmessungen
  - Lasten und Randbedingungen (siehe Netzkonvergenz-Beispiele)
  - Material bzw. Aufbau
- Bei **Sandwich-Strukturen** sind transversale Schubdeformationen besonders ausgeprägt, so dass sie von ihren Abmessungen (z. B. $h/l = 1/15$) her wie dünne Schalen aussehen mögen, sich aber aufgrund ihrer **geringen transversalen Schubsteifigkeit** wie dicke Schalen verhalten.

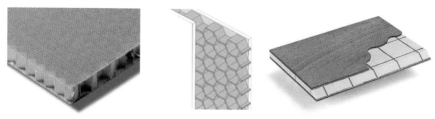

- Exemplarisch gewählt: ein reduziert integriertes quadratisches 8-Knoten-Element. Erwartungsgemäß ist die Netzkonvergenz sehr gut. Auch wenn das Verhalten geringfügig zu steif ist, würden ein bzw. zwei Elemente ausreichen, um alle vier Lastfälle mit hinreichender Genauigkeit berechnen zu können.

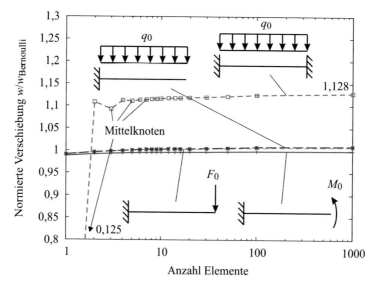

Abbildung 5.8: Netzkonvergenzstudie eines unterintegrierten **quadratischen Reissner-Mindlin-Schalenelementes**

5.5.2 Transversale Schubspannungen

Nachträgliche Berechnung der transversalen Schubspannungen

Wie bereits in Abschnitt 5.2.6 gezeigt, müssen transversale Schubspannungen mit Hilfe von **Energiebetrachtungen** ermittelt werden:

- Selbst bei einem quadratischen Verschiebungsansatz können die Scherungen nur einen linearen Verlauf über die Dicke annehmen. Würde man die transversalen Schubspannungen aus dem **Stoffgesetz** berechnen, hätten sie folglich ebenfalls einen linearen Verlauf, was im **Widerspruch** zu der Forderung steht, dass die Schubspannungen an der Oberfläche verschwinden.
- Unterscheidung:
  - Keine Tilde bei Verwendung des Stoffgesetzes, z. B. bei Schubspannungen in der Ebene: σ_{xy}
  - Mit Tilde bei den beiden transversalen Schubspannungen: $\tilde{\sigma}_{xz}$ und $\tilde{\sigma}_{yz}$
- Der Verlauf von $\tilde{\sigma}_{xz}$ und $\tilde{\sigma}_{yz}$ über die Dicke ist **parabolisch** und lässt sich mittels dreier Punkte bestimmen:
  - Jeweils zwei Randbedingungen: $\tilde{\sigma}_{xz}$ und $\tilde{\sigma}_{yz}$ verschwinden an den Rändern.
  - Als verbleibender Freiwert bietet sich das Maximum in der Schalenmitte an.
  - $\tilde{\sigma}_{xz}^{\max}$ und $\tilde{\sigma}_{yz}^{\max}$ werden aus der Forderung bestimmt, dass die **Arbeit der Schubspannungen** genauso groß wie die der **resultierenden Querkräfte** ist.

Die FE-Analyse benötigt lediglich Schubkorrekturfaktoren, so dass $\tilde{\sigma}_{xz}$ und $\tilde{\sigma}_{yz}$ in der Regel erst im Nachgang berechnet werden.

Kontinuierliche transversale Schubspannungen

Bei gestapelten Kontinuumsschalen kommt die Zwischenbedingung hinzu, dass der Übergang zwischen den einzelnen Lagen stetig sein muss:

- Die **Schubspannung in den Grenzschichten**, die im Gegensatz zu den freien Rändern im Allgemeinen ungleich null ist, stellt eine wichtige Größe bei der **Bemessung** von geschichteten Verbundwerkstoffen dar.
- Zum Vergleich: Bei Volumenelementen ergeben sich die Spannungen immer aus den Ansatzfunktionen, so dass ein sehr feines Netz erforderlich ist, um transversale Schubspannungen hinreichend genau berechnen zu können.

Verhältnis von UD-Schichten und Elementlagen

Üblicherweise wird für jede UD-Schicht genau eine Lage von Kontinuumsschalen benutzt:

- Guter Kompromiss aus Effizienz und Genauigkeit
- Sollen $\tilde{\sigma}_{xz}^{\max}$ und $\tilde{\sigma}_{yz}^{\max}$ noch genauer berechnet werden, können mehrere Lagen pro UD-Schicht eingesetzt werden: zum Beispiel 7 UD-Schichten mit jeweils 3 Lagen von Kontinuumsschalen (insgesamt 21 Schichten).
- Die Verwendung von Kontinuumsschalen als Komposit-Schalen (eine Kontinuumsschale für 7 UD-Schichten) ist möglich, aber eher unüblich, weil man stattdessen gleich eine Komposit-Schale hätte nehmen können (identisches Ergebnis).

5.5.3 Vergleich von Komposit- und Kontinuumsschale

Empfehlungen:

- Bei schubdominierten Problemen sollten Kontinuumsschalen verwendet werden.

- Bei biegedominierten Problem sind die Unterschiede in den Ergebnissen gering, so dass aus Effizienzgründen Komposit-Schalen der Vorzug gegeben werden sollte.

Schubdominiertes Problem

Beispiel Sandwich-Platte:

- Deckplatten: Dicke 20 mm und isotropes Material mit $E = 1000$ MPa und $\nu = 0{,}4$
- Kern: 160 mm Dicke und isotropes Material mit $E = 100$ MPa und $\nu = 0{,}4$
- Abbildung 5.13: $3 \times 10 \times 10$ reduziert integrierte Kontinuumsschalen (Integration in Elementmitte) mit jeweils 5 Section Points
- Abbildung 5.14: 10×10 reduziert integrierte Komposit-Schalen mit 5 Section Points pro Schicht
- Exemplarisch betrachte man den Spannungsverlauf der Punkte A und B (Integrationspunkte der zugehörigen Elemente).

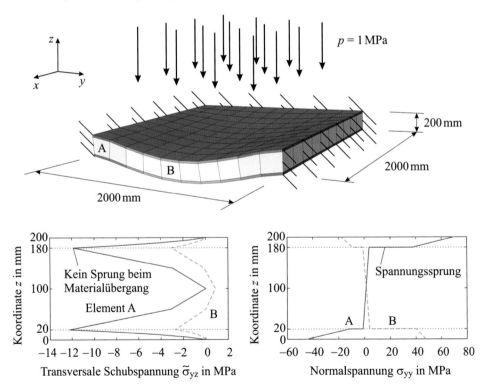

Abbildung 5.13: Sandwich-Platte aus 300 Kontinuumsschalen

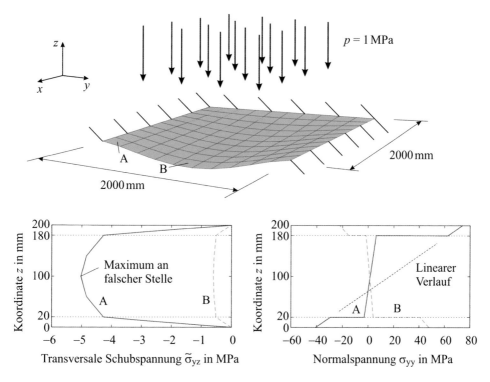

Abbildung 5.14: Sandwich-Platte aus 100 Komposit-Schalen

Während die Normalspannungen noch als gleich gut angesehen werden können, sind die mit der Komposit-Schale ermittelten transversalen Schubspannungen unbrauchbar:

- Ursache: Alle drei Schichten verwenden die gleichen Ansatzfunktionen, werden also in gleichem Maße geschert.
- Bei den Kontinuumsschalen ist die Scherung der Materialien unterschiedlich und der Verlauf von $\tilde{\sigma}_{yz}$ plausibel: Maximalwerte bei den Grenzschichten, Abfall zur Mitte.
- Die Schubspannungen betragen immerhin ca. ein Drittel der Normalspannungen.

Biegedominiertes Problem

Das Beispiel in Abbildung 5.15 zeigt, dass sich bei Biegung Komposit- und Kontinuums- schalen als gleichwertig ansehen lassen:

- Aufbau des Faserverbundwerkstoffes siehe Seite 164; konstante Flächenlast.
- Dargestellt sind die Spannungen in Längsrichtung (x-Richtung).
- Empfehlung: 20 Komposit-Schalen (eine Lage, 6 FHG pro Knoten)
- Genauso effizient: 20 Kontinuumsschalen (eine Lage, 3 FHG pro Knoten)
- Nicht genauer: 140 Kontinuumsschalen (für jede der 7 Schichten jeweils eine Lage)

20 Komposit-Schalen: 20 Kontinuumsschalen: 140 Kontinuumsschalen:

7. Schicht,
oben

7. Schicht,
mitte

7. Schicht,
unten

6. Schicht,
oben

.
.
.

2. Schicht,
oben

1. Schicht,
oben

1. Schicht,
mitte

1. Schicht,
unten

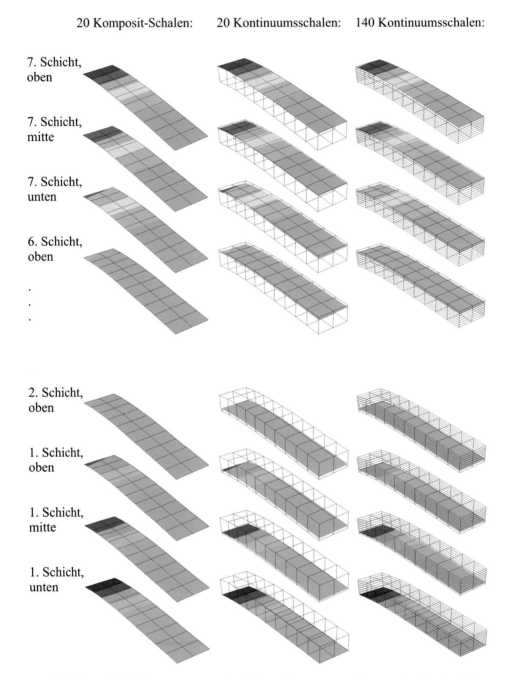

Abbildung 5.15: Längsspannungen bei einem Kragarm aus Faserverbundmaterial

5.6 Kontinuumselemente

5.6.1 3D-Volumenelemente

Elemente mit konventionellem Polynomansatz

In der Regel kommen **lineare und/oder quadratische Elemente** zum Einsatz.

- **Höhere Polynomansätze** sind u. a. wegen der großen Bandbreite der Steifigkeitsmatrix unüblich.
- Gemischt **linear-quadratische** Elemente (z. B. als 12- bzw. 16-Knoten Hexaeder)
werden ebenfalls vergleichsweise selten eingesetzt.

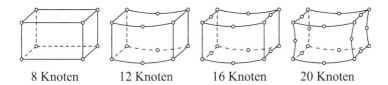

| 8 Knoten | 12 Knoten | 16 Knoten | 20 Knoten |

Zylindrische Elemente

Bauteile, die entweder vollständig oder zumindest in Teilen **(näherungsweise) rotations-
symmetrisch** sind, können mit zylindrischen Elementen vernetzt werden. Dieses ist insbesondere dann vorteilhaft, wenn ein möglichst **grobes Netz** benutzt werden soll, um
Rechenzeit zu sparen.

- Mischung aus linearen und/oder quadratischen Ansätzen in Axial- und Radial-
richtung sowie **trigonometrischen Ansatzfunktionen** in Umfangsrichtung.
  - Drei Knoten in Umfangsrichtung
  - Winkel von **bis zu 180°** mit nur einem Element
  - Durch die exakte Abbildung der Geometrie lassen sich die dynamischen Ei-
genschaften (konsistente Massenmatrix bei Gauß-Integration) besser erfassen
(selbst im Vergleich zu quadratischen Elementen; bei gleicher Anzahl FHG).
- Auch für Kontaktprobleme geeignet.
- Kompatibel zu Volumenelementen mit Polynomansatz

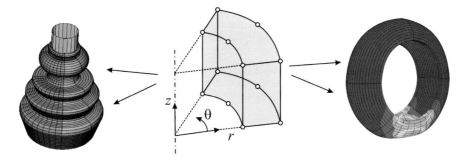

5.6.2 2D-Volumenelemente

Lineare und quadratische Elemente mit zwei Freiheitsgraden pro Knoten: u_x und u_y.

Ebener Spannungszustand

Bedingung: $\sigma_{zz} = \sigma_{xz} = \sigma_{yz} = 0$

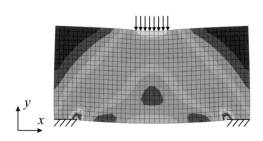

Ebener Dehnungszustand

Bedingung: $\varepsilon_{zz} = \gamma_{xz} = \gamma_{yz} = 0$

Bewehrtes Brückenlager

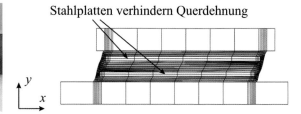

Stahlplatten verhindern Querdehnung

Verallgemeinerter ebener Dehnungszustand

Begrenzung des Modells durch **2 Ebenen**, deren **Abstand und Winkel** sich ändern können:

- Drei zusätzliche Freiheitsgrade gegenüber einem Modell mit (reinem) ebenem Dehnungszustand

- Dehnung in Dickenrichtung:

$$\varepsilon_{zz} = \varepsilon_{zz}(x, y)$$

Bei parallelen Ebenen, die lediglich ihren Abstand ändern, gilt $\varepsilon_{zz} =$ konst.

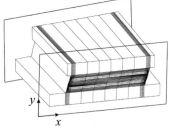

- Winkeländerungen seien klein, so dass Scherungen vernachlässigbar sind:

$$\gamma_{xz} \approx 0 \quad \text{und} \quad \gamma_{yz} \approx 0$$

- Anwendungsbeispiele: Krümmung eines L-Profils beim Walzen infolge thermischer Dehnung als thermomechanisch gekoppelte Analyse; Brückenlager mit unterschiedlichen Temperaturen an Ober- und Unterseite als sequentiell gekoppeltes Problem.

5.6.3 Axialsymmetrische Volumenelemente

Hinsichtlich ihrer Topologie unterscheiden sich axialsymmetrische Elemente nicht von 2D-Volumenelementen, d. h. sie werden ebenfalls zur Vernetzungen von 2D-Modellen eingesetzt und können lineare und quadratische Ansatzfunktionen besitzen, eine gleichzeitige Anwendung schließt sich jedoch aus.

Rein axialsymmetrische Elemente

Üblicherweise werden rotationssymmetrische Bauteile axialsymmetrisch belastet:

- Zylindrisches Koordinatensystem
- Zwei Freiheitsgraden pro Knoten: u_r in radialer Richtung und u_z in axialer Richtung
- Dehnungen ungleich null: ε_{rr}, ε_{zz}, $\varepsilon_{\Theta\Theta}$, γ_{rz}

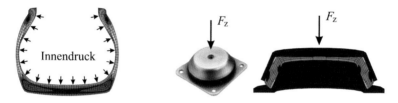

Aufpumpen eines Reifens   Axiale Belastung eines Topflagers

Antisymmetrische Belastung

Diese Elementklasse stellt eine Erweiterung der rein axialsymmetrischen Elemente dar:

- Voraussetzung: Es existiert eine **Symmetrieebene** $\Theta = 0°$.
- **Fourierreihenansatz** in Umfangsrichtung
- Stabilitätsprobleme (Beulen von Druckbehältern) werden nicht erfasst, da die Anzahl der Fourierreihenglieder unverhältnismäßig groß sein müsste.
- Ungeeignet für Torsion
- Noch exotischer, aber möglich: Axialsymmetrische Schalenelemente für antisymmetrische Belastung (linear als 2-Knoten- und quadratisch als 3-Knoten-Elemente)

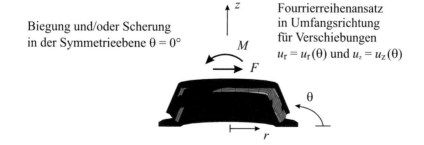

Biegung und/oder Scherung in der Symmetrieebene $\theta = 0°$

Fourrierreihenansatz in Umfangsrichtung für Verschiebungen $u_r = u_r(\theta)$ und $u_z = u_z(\theta)$

Axialsymmetrische Belastung und Torsion

Auch hierbei handelt es sich um eine Erweiterung der rein axialsymmetrischen Elemente:

- **Drei Freiheitsgraden pro Knoten**:
    - Radiale Richtung: u_r
    - Axiale Richtung: u_z
    - Zusätzlicher **Rotationsfreiheitsgrad** um die Drehachse: φ_z
- Anwendungen:
    - Aufpumpen eines Reifens: Im Gegensatz zur rein axialsymmetrischen Analyse kann simuliert werden, wie der Reifen aufgrund anisotropen Materialverhaltens (Stahleinlagen) in Umfangsrichtung verzerrt wird.
    - Analyse von Bremsen und Kupplungen (auch thermomechanisch gekoppelt)

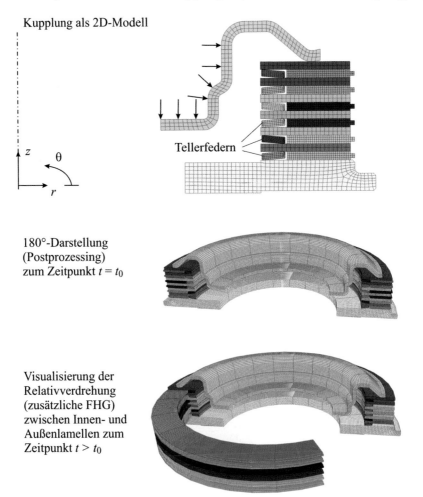

Kupplung als 2D-Modell

Tellerfedern

180°-Darstellung
(Postprozessing)
zum Zeitpunkt $t = t_0$

Visualisierung der
Relativverdrehung
(zusätzliche FHG)
zwischen Innen- und
Außenlamellen zum
Zeitpunkt $t > t_0$

5.6.4 Halbunendliche Elemente

Einsatzgebiet:

- Berechnung von sehr großen bzw. im Grenzfall sogar unendlich großen Gebieten
- Statische und dynamische Analysen
- 2D- und 3D-Modelle

Bei herkömmlichen Elementen werden **Schockwellen** an den Modellrändern reflektiert:

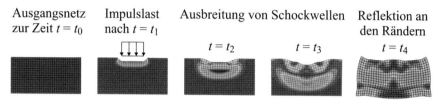

Um zu verhindern, dass es innerhalb des betrachteten Zeitraums zu der **unerwünschten Reflektion** kommt, könnte man ein größeres Gebiet diskretisieren. Man beachte, dass sich die **Longitudinal-** (Primärwelle) schneller als die **Scherwelle** (Sekundärwelle) ausbreitet.

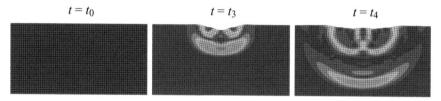

Effizienter ist es, wenn man herkömmliche Elemente (kritische Bereiche: Lasteinleitung, Nahfeld) mit halbunendlichen Elementen (infinite elements) für das Fernfeld kombiniert. Die Energie der Schockwellen wird vollständig **absorbiert**, so dass es auch für Zeitpunkte $t > t_4$ zu keiner Verfälschung der Ergebnisse im Lasteinleitungsbereich kommt.

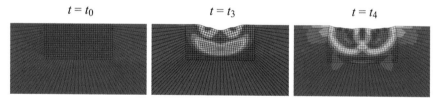

Merkmale:

- Halbunendliche Elemente sollten ihre Pole im Bereich der Lasteinleitung haben und in radialer Richtung genauso groß wie der konventionell vernetzte Bereich sein.
- **Ansatzfunktionen**: $1/r$ und $1/r^2$
- Bei statischen Analysen geht die Verschiebung gegen unendlich:
  - Verschiebungslösung bei ebenen Spannungs- und Dehnungsproblemen besitzt typischerweise einen logarithmischen Verlauf: $\ln(r)$.
  - Die absoluten Verschiebungen hängen von der Modellgröße ab (mehrdeutig).
  - Eindeutig: relative Verschiebungen, Dehnungen und Spannungen

5.7 Konnektor-Elemente

5.7.1 2-Knoten-Elemente

Konnektor-Elemente stammen aus der **Mehrkörpersimulation** (MKS) und können als Erweiterung klassischer Feder- und Dämpferelemente angesehen werden:

- Sie verbinden ebenfalls zwei Knoten miteinander.

- Die einzelnen Freiheitsgrade sind je nach Konnektortyp entweder frei oder gekoppelt und können mit Eigenschaften versehen sein.

- Beispiel: Konnektor-Element vom Typ Scharnier zwischen Rad und Achsschenkel bei einem Kinderroller (wesentlich effizienter als ein detailliert modelliertes Kugellager)

- Einsatz als reines **Messinstrument**: Konnektor-Element als **Beschleunigungsaufnehmer** bei einer expliziten Analyse.

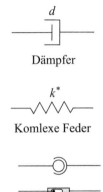

Dämpfer

Komlexe Feder

Konnektor-Elemente

5.7.2 Relative Freiheitsgrade

Beschreibung einer Bewegung nicht durch absolute, sondern durch **relative Freiheitsgrade**:

- Jeder Knoten besitzt sein eigenes KOS.

- Der Anwender muss entscheiden, welcher von beiden der Bezugsknoten sein soll.

- Kinderroller: Die Verdrehung des Rads kann relativ zum Achsschenkel definiert sein oder umgekehrt (Vorzeichenwechsel).

- Option: Vorgabe einer **Relativbewegung** (analog zu einer Randbedingung)

5.7.3 Eigenschaften

Die 6 relativen FHG können ggf. auch mehrere der folgenden Eigenschaften besitzen:

- Steifigkeiten, Festigkeiten, Reibung usw.

- Stop-Funktion (Stoßdämpfer mit endlicher Länge, Achsschenkel mit Anschlag)

- Konstitutive Längen (vorgespannte Feder)

- **Kinematik**: Gleichlaufgelenk oder Kardangelenk, Einrasten von Scharnieren, usw.

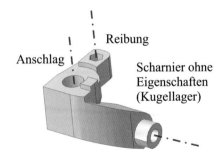

Achsschenkel   Rad

Reibung

Anschlag

Scharnier ohne Eigenschaften (Kugellager)

5.8 Spezielle Elemente

Membranelemente

Einsatz bei sehr dünnen Strukturen:

- Keine Biegesteifigkeit

- Nur Verschiebungsfreiheitsgrade an den Knoten

- Spannungen: σ_{11}, σ_{22} und σ_{12}

Oberflächenelemente

Zweck: Definition zusätzlicher **Kontaktflächen**:

- Nur Verschiebungsfreiheitsgrade

- Weder Normal- noch Biegesteifigkeit, so dass jeder Knoten zu mindestens einem herkömmlichen Element gehören muss.

- Bsp.: Verkleidung eines Balkenelementes (Kopplung über Zwangsbedingungen)

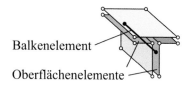

Balkenelement

Oberflächenelemente

Starrkörperflächen-Elemente

Zweck: Vernetzung von Starrkörpern:

- Oberflächennetz aus „rigid elements"

- Beschreibung der Starrkörperbewegung mittels Referenzknoten

- Empfohlene Alternative: Starrkörper aus Volumenelementen

Referenzknoten

Rebar-Elemente

Einsatz bei **bewehrten** Strukturen:

- Beispiele: Stahlbeton, Stahleinlagen bei Reifen

- **Trägerelement**: Volumen- oder Schalenelement

- **Verstärkung mittels eingebetteter Elemente** (embedded elements): Einzelne Balken/Stäbe bis hin zu kompletten Schichten aus z. B. Membranelementen.

- Verwendung der Ansatzfunktionen des Trägerelementes

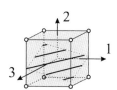

Punktelemente

Punktelemente dienen der Definition zusätzlicher Massenträgheit:

- Reine **Massenelemente** (drei Verschiebungsfreiheitsgrade)

- Elemente mit **Massenträgheitsmomenten** (Tensor zweiter Stufe, drei Rotationsfreiheitsgrade)

Klebeelemente

Zweck: Analyse von **Grenzschichtversagen** (**Delaminationen**):

- 2D- und 3D-Modelle
- Dicke kann (anfänglich) null sein oder auch einen endlichen Wert annehmen.
- **Schädigungskriterien** (Definition des Schädigungsbeginns):
    - **Festigkeiten** (einfacher Ansatz, bei „cohesive elements")
    - **Energiefreisetzungsraten** (VCCT, virtual crack closure technique); bruchmechanischer Ansatz, für den ein Anriss modelliert werden muss.
- Rissfortschritt hängt von **Bruchenergie** (vorzugebender Materialparameter) ab.
- **Mixed-Mode-Versagen** kann simuliert werden.
- Bei **instabilem Risswachstum** muss stabilisiert oder eine dynamische Analyse vorgenommen werden.

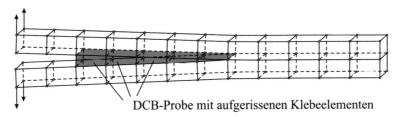

DCB-Probe mit aufgerissenen Klebeelementen

XFEM-Elemente

Zweck: Analyse von **allgemeinem Risswachstum**:

- Elemente besitzen innere FHG (Knoten), die bei Bedarf aktiviert werden können.

- **Diskontinuierliche Ansatzfunktionen**

- Rechenzeitintensiv

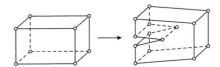

Dichtungselemente

Zweck: Abbildung von Dichtungen:

- Von der Topologie her ein 3D-Element
- Nichtlineare Federkennlinie in Hauptrichtung

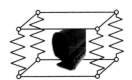

Verwölbungselemente

Zweck: Berechnung der **Verwölbungsfunktion** Ω:

- Nur benötigt bei außergewöhnlichen Querschnitten:
  - Verschiedene Materialien
  - Geschlitzter Hohlkasten
- Querschnitt wird mit 2D-Elementen vernetzt (nicht gezeigt).
- Bei Standard-Profilen entfällt diese Vorstudie, da die Verwölbungsfunktion bekannt ist.

Spezielle Kontaktelemente

Es existieren eine ganze Reihe von Kontaktelementen für sehr spezielle Einsatzbereiche:

- Knoten-zu-Knoten-Kontakt
- Kontakt zwischen zwei ineinander verlegten Röhren

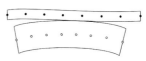

- Kontakt zwischen angrenzenden Röhren
- usw.

Elemente mit zusätzlichen/anderen Feldvariablen

Neben den in der Statik und Dynamik hauptsächlich verwendeten strukturmechanischen Elementen existiert noch eine Reihe weiterer Finiter Elemente, die bei Bedarf zum Einsatz kommen können:

- Thermische Elemente, thermomechanische Elemente (z.B. auch spezielle Elemente für Wärmequellen)
- Porendruck-Elemente (Bodenmechanik: Sättigung von Böden)
- Rohrelemente (wie Balkenelemente mit Innendruck als zusätzlichem FHG). Druck beeinflusst Stabilitätsverhalten (Knicken der Rohrelemente).
- Akustische Elemente mit akustischem Druck als FHG
- Fluid-Elemente mit hydrostatischem Druck als FHG (Strömungsmechanische Anwendungen)
- Diffusionselemente
- usw.

6 Materialmodelle

Aufgrund der Vielzahl an Materialmodellen, die sich auch hinsichtlich der numerischen Umsetzung deutlich unterscheiden können, kann hier nur eine kurze Einführung gegeben werden.

Viele FE-Programme bieten die Möglichkeit, **Materialparameter als Funktion der Temperatur, des Ortes und beliebiger sonstiger Feldvariablen** zu definieren.

6.1 Rheologische Modelle

Bei mechanischen Beanspruchungen von Materialien können elastische, plastische und viskose Verformungsanteile auftreten, die in der Rheologie Fließlehre durch entsprechende Grundelemente repräsentiert werden. Durch **Reihen- und/oder Parallelschaltung von Grundelementen** lassen sich unterschiedliche rheologische Modelle erzeugen.

6.1.1 Grundelemente

Hooke-Element (elastische Verformungsanteile, Feder)

E_0

$$\boxed{\sigma = E\varepsilon}$$

σ: Spannung
E: Elastizitätsmodul
ε: Dehnung

Newton-Element (viskose Verformungsanteile, Dämpfer D)

η

$$\boxed{\sigma = \eta\dot{\varepsilon}}$$

η: Viskosität
$\dot{\varepsilon} = \frac{d\varepsilon}{dt}$: Dehnrate

Coulomb-Element (St.-Venant-Element; plastische Verformungsanteile, Reiber R)

σ_{Y}

Bewegung aus der Ruhelage

$$\boxed{\varepsilon = \begin{cases} 0 & \sigma < \sigma_{\mathrm{Y}} \\ \varepsilon(t) & \sigma \geq \sigma_{\mathrm{Y}} \end{cases} \text{ für}}$$

σ_{Y}: Fließspannung

Softening-Element (Steifigkeitsabnahme)

Auch wenn man Softening als ein **erweitertes Hooke-Element** auffassen kann, soll an dieser Stelle ein **eigenes Grundelement** eingeführt werden, denn ohne Schädigungsmodell lassen sich viele Phänomene nicht beschreiben.

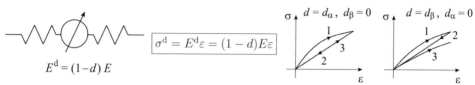

$$\sigma^d = E^d \varepsilon = (1-d)E\varepsilon$$

$$E^d = (1-d)\,E$$

E:	Ausgangssteifigkeit
E^d:	Lastabhängiger Elastizitätsmodul
$\sigma = E\varepsilon$:	Spannung ohne Schädigung ($d = 0$)
σ^d:	Spannung mit Schädigung
$d = d(d_\alpha, d_\beta)$:	Schädigungsvariable ($d \in [0; 1]$)
d_α:	**Diskontinuierliche Schädigung**; abhängig von der **maximalen Belastung** (Funktion der Spannung, Dehnung oder Energie)
d_β:	**Kontinuierliche Schädigung**; abhängig von der **Lastspielzahl** (Zunahme mit jeder Änderung des Deformations- bzw. Spannungszustands)

Was für **Effekte** lassen sich mit einem kontinuumsmechanischen Schädigungsmodell beschreiben?

- **Softening** (Materialermüdung): Tangentiale Steifigkeit bleibt positiv.
- Entfestigung: Negative tangentiale Steifigkeiten
- Erholung ($\dot{d} < 0$) und theoretisch sogar Verfestigung ($d < 0$)

6.1.2 Kombination der Grundelemente

Definitionen

- Parallelschaltung: $\varepsilon = \varepsilon_i$, $\sigma = \sum_i \sigma_i$ (somit auch: $\dot{\varepsilon} = \dot{\varepsilon}_i$, $\dot{\sigma} = \sum_i \dot{\sigma}_i$)
- Reihenschaltung: $\sigma = \sigma_i$, $\varepsilon = \sum_i \varepsilon_i$ (somit auch: $\dot{\sigma} = \dot{\sigma}_i$, $\dot{\varepsilon} = \sum_i \dot{\varepsilon}_i$)

Anmerkung: Rechenregeln gelten eigentlich nur für Kräfte F und Verschiebungen u.

Grundlegende Versuche zur Beurteilung eines rheologischen Modells

Relaxationsversuch   Kriechversuch

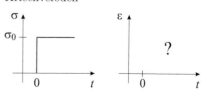

6.1.3 Zwei-Elemente-Modelle

Maxwell-Element

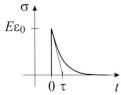

$$\boxed{\sigma + \frac{\eta}{E}\dot{\sigma} = \eta\dot{\varepsilon}}$$

Relaxationsversuch

Kein bleibender Widerstand im Grenzfall $t \to \infty$ (Relaxationszeit $\tau = \frac{\eta}{E}$).

Kriechversuch

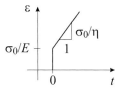

Deformationen wachsen über alle Grenzen.

Kelvin-Voigt-Element

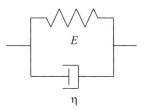

$$\boxed{\sigma = E\varepsilon + \eta\dot{\varepsilon}}$$

Relaxationsversuch

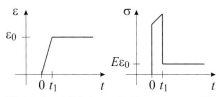

Nicht durchführbar, da Spannungen für $t_1 \to 0$ gegen unendlich gehen.

Kriechversuch

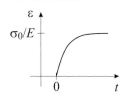

Zu Versuchsbeginn trotz Last keine Deformationen.

Prandtl-Element (1. Variante)

$$\boxed{\sigma = E(\varepsilon - \varepsilon_R) \quad \text{mit} \quad |\sigma| = |\sigma_R| \le \sigma_Y}$$

Relaxationsversuch

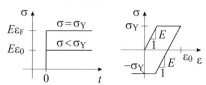

Kein Relaxieren, dafür linear elastisches, ideal plastisches Verhalten (im σ-ε-Diagramm auch Entlastung).

Kriechversuch

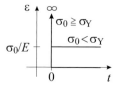

Bei Belastung unterhalb der Fließspannung kein Kriechen, bei Belastung oberhalb der Fließspannung unendliche Dehnungen.

Prandtl-Element (2. Variante)

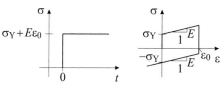

$$\boxed{\sigma = \sigma_F + \sigma_R = E\varepsilon + \sigma_R \quad \text{mit} \quad |\sigma_R| \le \sigma_Y}$$

Relaxationsversuch

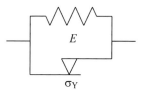

Kein Relaxieren, dafür kinematische Verfestigung (im σ-ε-Diagramm auch Entlastung).

Kriechversuch

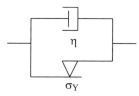

Bei Belastung unterhalb der Fließspannung keine Deformation, bei Belastung oberhalb der Fließspannung kein Kriechen.

Bingham-Element

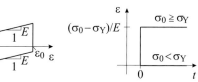

$$\boxed{\sigma = \sigma_D + \sigma_R = \eta\dot{\varepsilon} + \sigma_R \quad \text{mit} \quad |\sigma_R| \le \sigma_Y}$$

Relaxationsversuch

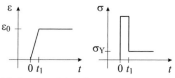

Nicht durchführbar, da Spannungen für $t_1 \to 0$ gegen unendlich gehen.

Kriechversuch

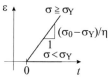

Deformationen treten erst nach Überschreiten der Fließspannung σ_Y auf, wachsen dann aber über alle Grenzen.

Newton-Coulomb-Element

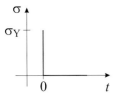

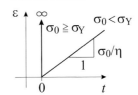

$$\sigma = \eta(\dot{\varepsilon} - \dot{\varepsilon}_R) \quad \text{mit} \quad |\sigma| = |\sigma_R| \leq \sigma_Y$$

Relaxationsversuch

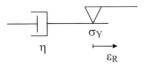

Plötzlicher Spannungsabfall auf null
unmittelbar nach Versuchsbeginn.

Kriechversuch

Deformationen wachsen über
alle Grenzen.

6.1.4 Drei-Elemente-Modelle

Aufgrund der Vielzahl von möglichen Kombinationen werden nachfolgend nur die bekann-
testen Drei-Elemente-Modelle vorgestellt.

- Mittels Grenzwertbetrachtungen (z. B. Viskosität $\eta \to 0$ oder $\eta \to \infty$) lassen sich
  die Drei-Elemente-Modelle in Zwei-Elemente-Modelle überführen.
- Während einige der Modelle bereits zur Beschreibung von Festkörpermaterialien
  geeignet sind, geben andere das Verhalten von Fluiden wieder.

Bingham-Hooke-Modell

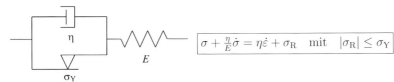

$$\sigma + \frac{\eta}{E}\dot{\sigma} = \eta\dot{\varepsilon} + \sigma_R \quad \text{mit} \quad |\sigma_R| \leq \sigma_Y$$

Relaxationsversuch

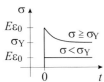

Relaxieren nur bei Überschreiten
der Fließspannung σ_Y.

Kriechversuch

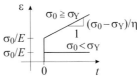

Deformationen wachsen für $\sigma > \sigma_Y$ über alle
Grenzen; unterhalb der Fließspannung rein elastisches Verhalten.

Kelvin-Coulomb-Modell

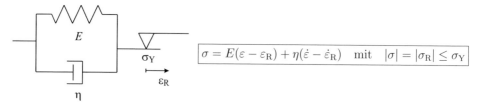

$$\boxed{\sigma = E(\varepsilon - \varepsilon_R) + \eta(\dot\varepsilon - \dot\varepsilon_R) \quad \text{mit} \quad |\sigma| = |\sigma_R| \leq \sigma_Y}$$

Relaxationsversuch

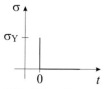

Plötzlicher Spannungsabfall auf null unmittelbar nach Versuchsbeginn.

Kriechversuch

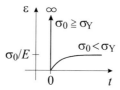

Zu Versuchsbeginn entweder keine oder unendliche Deformationen.

Jeffrey-Modell

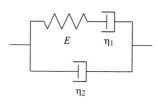

$$\boxed{\sigma + \tfrac{\eta_1}{E}\dot\sigma = (\eta_1 + \eta_2)\dot\varepsilon + \tfrac{\eta_1\eta_2}{E}\ddot\varepsilon}$$

Relaxationsversuch nicht durchführbar
(vgl. Kelvin-Voigt-Element)

Kriechversuch

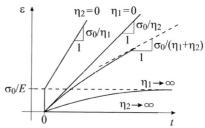

Mit Ausnahme des Grenzfalls $\eta_1 \to \infty$ wachsen Deformationen über alle Grenzen.

Lethersich-Modell

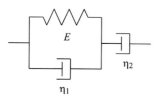

$$\boxed{\sigma + \tfrac{\eta_1 + \eta_2}{E}\dot\sigma = \eta_2\dot\varepsilon + \tfrac{\eta_1\eta_2}{E}\ddot\varepsilon}$$

Relaxationsversuch nicht durchführbar
(vgl. Kelvin-Voigt-Element)

Kriechversuch

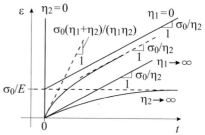

Mit Ausnahme des Grenzfalls $\eta_2 \to \infty$ wachsen Deformationen über alle Grenzen.

6.3.1 Volumetrischer Anteil

Unter einem hyperelastischen Stoffgesetz versteht man gemeinhin nur den isochoren Anteil. Die Wahl des volumetrischen Anteils ist meist von untergeordneter Bedeutung.

Ansatz 1

Volumetrischer Anteil der Formänderungsenergiefunktion (κ: Kompressionsmodul):

$$U(J) = \frac{\kappa}{2}\left(\frac{J^2 - 1}{2} - \ln J\right) \tag{6.27}$$

Volumetrischer Anteil des Kirchhoff-Spannungstensors:

$$\boldsymbol{\tau}_{\text{vol}} = J\frac{\partial U}{\partial J}\mathbf{1} = \frac{\kappa}{2}\left(J^2 - 1\right)\mathbf{1} \tag{6.28}$$

Ansatz 2

$$U(J) = \frac{\kappa}{2}(J - 1)^2 \tag{6.29}$$

$$\boldsymbol{\tau}_{\text{vol}} = \kappa\left(J^2 - J\right)\mathbf{1} \tag{6.30}$$

Ansatz 3

$$U(J) = \frac{\kappa_1}{2}(J - 1)^2 + \frac{\kappa_2}{2}(J - 1)^4 + \frac{\kappa_3}{2}(J - 1)^6 \tag{6.31}$$

$$\boldsymbol{\tau}_{\text{vol}} = J\left[\kappa_1\left(J - 1\right) + 2\kappa_2\left(J - 1\right)^3 + 3\kappa_3\left(J - 1\right)^5\right]\mathbf{1} \tag{6.32}$$

Empfehlungen:
- Ansatz 1 oder 2 bei geringer volumetrischer Kompression (κ als einziger Parameter)
- Ansatz 3 bei starker volumetrischer Kompression (flexiblere Anpassung möglich)

Grenzwertbetrachtung $J \to 1$ liefert gleiche Spannung $\boldsymbol{\tau}_{\text{vol}} \to \kappa\left(J - 1\right)\mathbf{1}$.

Volumetrisch-isochorer Split bei (quasi-)inkompressiblem Material

---

Multiplikativer Split des Deformationsgradienten $\mathbf{F} = \frac{\partial \mathbf{x}}{\partial \mathbf{X}}$:

$$\mathbf{F} = J^{\frac{1}{3}}\,\overline{\mathbf{F}} \quad \text{mit} \quad J = \det \mathbf{F} = \sqrt{\text{III}_{\underline{\mathbf{b}}}} = \frac{dv}{dV} \; (\textbf{Volumenänderung}) \tag{6.33}$$

Additiver Split der Formänderungsenergiefunktion:

$$\Psi = U(J) + W(\text{I}_{\overline{\mathbf{b}}}, \text{II}_{\overline{\mathbf{b}}}) = U(J) + W(\overline{\lambda}_1, \overline{\lambda}_2, \overline{\lambda}_3) \quad \text{mit} \quad \overline{\mathbf{b}} = \overline{\mathbf{F}}\,\overline{\mathbf{F}}^{\text{T}} \tag{6.34}$$

Additiver Split der Kirchhoff-Spannungen $\boldsymbol{\tau} = J\boldsymbol{\sigma}$:

$$\boldsymbol{\tau} = \boldsymbol{\tau}_{\text{vol}} + \boldsymbol{\tau}_{\text{iso}} \quad \text{mit} \quad \boldsymbol{\tau}_{\text{vol}} = -Jp\mathbf{1} \quad \text{bzw.} \quad p = -\frac{\text{tr}\,\boldsymbol{\tau}}{3J} \; (\textbf{Hydrostatischer Druck}) \tag{6.35}$$

Bei **exakter Inkompressibilität** ($\nu = \frac{1}{2}$ bzw. $\kappa \to \infty$ und $J = 1$) ist eine Berechnung der volumetrischen Spannungen $\boldsymbol{\tau}_{\text{vol}} = \infty(1 - 1)\mathbf{1}$ nicht möglich. Für diesen Grenzfall müssen hybride Elemente eingesetzt werden, siehe Abschnitt 5.2.3.

6.3.2 Hyperelastizität formuliert in Invarianten

In der Literatur findet sich eine Vielzahl unterschiedlicher Ansätze, von denen in diesem Abschnitt nur die wichtigsten vorgestellt werden.

Invarianten

Erste Invariante:

$$\mathrm{I}_{\overline{\mathbf{b}}} = \mathrm{tr}\,\overline{\mathbf{b}} = \overline{\lambda}_1^2 + \overline{\lambda}_2^2 + \overline{\lambda}_3^2 \tag{6.36}$$

Zweite Invariante:

$$\mathrm{II}_{\overline{\mathbf{b}}} = \frac{1}{2}\left[\mathrm{tr}^2\,\overline{\mathbf{b}} - \mathrm{tr}\,\overline{\mathbf{b}}^2\right] = \overline{\lambda}_1^2\overline{\lambda}_2^2 + \overline{\lambda}_2^2\overline{\lambda}_3^2 + \overline{\lambda}_3^2\overline{\lambda}_1^2 \tag{6.37}$$

$\overline{\mathbf{b}}$: Isochorer Anteil des linken Cauchy-Green-Verzerrungstensors
Eine dritte Invariante wird nicht bzw. lediglich für den volumetrischen Anteil benötigt:
$J = \sqrt{\mathrm{III}_{\overline{\mathbf{b}}}}$. Man beachte, dass $\mathrm{III}_{\overline{\mathbf{b}}} = \det\overline{\mathbf{b}} = \overline{\lambda}_1^2\overline{\lambda}_2^2\overline{\lambda}_3^2 = 1$.

Verallgemeinertes Mooney-Rivlin-Material (Polynommodell)

Isochorer Anteil der Formänderungsenergiefunktion (allgemeiner Ansatz):

$$W = \sum_{i=0}^{\infty}\sum_{j=0}^{\infty} C_{ij}\left(\mathrm{I}_{\overline{\mathbf{b}}} - 3\right)^i\left(\mathrm{II}_{\overline{\mathbf{b}}} - 3\right)^j \quad \text{mit} \quad C_{00} = 0 \ (\text{damit}\ W(\overline{\mathbf{b}} = \mathbf{1}) = 0) \tag{6.38}$$

Vereinfachter Ansatz mit entkoppelten Invarianten ($i = 0$ oder $j = 0$):

$$W = \sum_{i=1}^{\infty} C_i\left(\mathrm{I}_{\overline{\mathbf{b}}} - 3\right)^i + \sum_{j=1}^{\infty} C_j\left(\mathrm{II}_{\overline{\mathbf{b}}} - 3\right)^j \tag{6.39}$$

Weitere Vereinfachung zu 6-Parameter-Ansatz:

$$W = C_1\left(\mathrm{I}_{\overline{\mathbf{b}}} - 3\right) + C_2\left(\mathrm{I}_{\overline{\mathbf{b}}} - 3\right)^2 + C_3\left(\mathrm{I}_{\overline{\mathbf{b}}} - 3\right)^3 + C_4\left(\mathrm{II}_{\overline{\mathbf{b}}} - 3\right) + C_5\left(\mathrm{II}_{\overline{\mathbf{b}}} - 3\right)^2 + C_6\left(\mathrm{II}_{\overline{\mathbf{b}}} - 3\right)^3 \tag{6.40}$$

Bei Anwendung von ein wenig Tensoralgebra $\frac{\partial \mathrm{I}_{\overline{\mathbf{b}}}}{\partial \overline{\mathbf{b}}} = \mathbf{1}$, $\frac{\partial \mathrm{II}_{\overline{\mathbf{b}}}}{\partial \overline{\mathbf{b}}} = \mathrm{I}_{\overline{\mathbf{b}}}\mathbf{1} - \overline{\mathbf{b}}$ und $\frac{\partial \overline{\mathbf{b}}}{\partial \overline{\mathbf{b}}} = \mathbf{I}$ ergibt sich für den 6-Parameter-Ansatz der (isochore bzw. deviatorische) Kirchhoff-Spannungstensor $\boldsymbol{\tau}_{\mathrm{iso}} = \mathrm{dev}\,\boldsymbol{\tau}$ zu:

$$\boldsymbol{\tau}_{\mathrm{iso}} = \mathrm{dev}\left(2\frac{\partial W}{\partial \overline{\mathbf{b}}}\,\overline{\mathbf{b}}\right) = 2\left[C_1 + 2C_2\left(\mathrm{I}_{\overline{\mathbf{b}}} - 3\right) + 3C_3\left(\mathrm{I}_{\overline{\mathbf{b}}} - 3\right)^2\right]\mathrm{dev}\,\overline{\mathbf{b}} + $$
$$2\left[C_4 + 2C_5\left(\mathrm{II}_{\overline{\mathbf{b}}} - 3\right) + 3C_6\left(\mathrm{II}_{\overline{\mathbf{b}}} - 3\right)^2\right]\mathrm{dev}\left(\mathrm{I}_{\overline{\mathbf{b}}}\overline{\mathbf{b}} - \overline{\mathbf{b}}^2\right) \tag{6.41}$$

Wie auch das generalisierte Mooney-Rivlin-Modell (6.38) eignet sich die auf 6 Parameter reduzierte Variante (6.40) für sehr große Deformationen (mehrere 100 % Dehnung).

Ist zur Parameteridentifikation nur ein Versuchstyp (meist der Zugversuch) verfügbar, dann sollte über Nebenbedingungen der **Einfluss der 2. Invariante** beschränkt werden:

$$\text{Daumenwert:} \qquad \frac{C_4}{C_1}, \frac{C_5}{C_2}, \frac{C_6}{C_3} = \frac{1}{10} \cdots \frac{2}{10}$$

Neo-Hooke-Material

Das „Neue Hooke-Material" ist das einfachste für „große Verzerrungen" gültige Stoffgesetz (Treloar, 1943). Mit $C_1 = \frac{\mu}{2}$ und $C_2 = C_3 = C_4 = C_5 = C_6 = 0$ folgt aus (6.40):

$$W = \frac{\mu}{2}\left(\mathrm{I}_{\overline{\mathbf{b}}} - 3\right) \tag{6.42}$$

$$\boldsymbol{\tau}_{\mathrm{iso}} = \mu\,\mathrm{dev}\,\overline{\mathbf{b}} \tag{6.43}$$

Geeignet für relativ kleine Dehnungen (max. 10 % bis 20 %); sehr beliebt wegen einfacher Parameteridentifikation (Schubmodul μ als einziger Materialparameter).

Mooney-Rivlin-Material

Mit $C_1 = C_{10}$, $C_4 = C_{01}$ und $C_2 = C_3 = C_5 = C_6 = 0$ folgt aus (6.40):

$$W = C_{10}\left(\mathrm{I}_{\overline{\mathbf{b}}} - 3\right) + C_{01}\left(\mathrm{II}_{\overline{\mathbf{b}}} - 3\right) \tag{6.44}$$

$$\boldsymbol{\tau}_{\mathrm{iso}} = \mathrm{dev}\left((2C_{10} + 2C_{01}\mathrm{I}_{\overline{\mathbf{b}}})\overline{\mathbf{b}} - 2C_{01}\overline{\mathbf{b}}^2\right) \tag{6.45}$$

Geeignet für moderate Dehnungen (ca. 25 %).

Yeoh-Material

Mit $C_4 = C_5 = C_6 = 0$ folgt aus (6.40):

$$W = C_1\left(\mathrm{I}_{\overline{\mathbf{b}}} - 3\right) + C_2\left(\mathrm{I}_{\overline{\mathbf{b}}} - 3\right)^2 + C_3\left(\mathrm{I}_{\overline{\mathbf{b}}} - 3\right)^3 \tag{6.46}$$

$$\boldsymbol{\tau}_{\mathrm{iso}} = \left[2C_1 + 4C_2\left(\mathrm{I}_{\overline{\mathbf{b}}} - 3\right) + 6C_3\left(\mathrm{I}_{\overline{\mathbf{b}}} - 3\right)^2\right]\mathrm{dev}\,\overline{\mathbf{b}} \tag{6.47}$$

Geeignet für sehr große Dehnungen (mehrere 100 %).
Im Vergleich zum 6-Parameter-Ansatz (6.40) wird der einaxiale Zugversuch tendenziell etwas zu steif berechnet, während der einaxiale Druckversuch etwas zu weich ist.

6.3.3 Hyperelastizität formuliert in Hauptstreckungen

Materialgesetze der Ogden-Klasse $\Psi = U(J) + W(\overline{\lambda}_1, \overline{\lambda}_2, \overline{\lambda}_3) = U(J) + \sum_{i=1}^{3} W(\overline{\lambda}_i)$ basieren auf in Hauptstreckungen dargestellten Verzerrungstensoren, z. B.:

$$\overline{\mathbf{b}} = \sum_{i=1}^{3} \overline{\lambda}_i^2\,\overline{\mathbf{m}}_i \tag{6.48}$$

$\overline{\lambda}_1, \overline{\lambda}_2, \overline{\lambda}_3$:   Hauptstreckungen (Eigenwerte)

$\overline{\mathbf{n}}_1, \overline{\mathbf{n}}_2, \overline{\mathbf{n}}_3$:   Hauptrichtungen (Eigenvektoren)

$\overline{\mathbf{m}}_i = \overline{\mathbf{n}}_i \otimes \overline{\mathbf{n}}_i = \mathbf{n}_i \otimes \mathbf{n}_i = \underline{\mathbf{m}}_i$, $i = 1, 2, 3$: Eigenwertbasis

Valanis-Landel-Hypothese (1967): Entkopplung von W hinsichtlich $\overline{\mathbf{n}}_i$ ist möglich.

Ogden-Material

Potential (Potenzreihenentwicklung der Hauptstreckungen):

$$W = \sum_{p=1}^{P} \sum_{i=1}^{3} \frac{\mu_p}{\alpha_p} \left(\overline{\lambda}_i^{\alpha_p} - 1 \right) \tag{6.49}$$

Nebenbedingung: $\mu_p \alpha_p > 0$, $p = 1, \ldots, P$ (Materialparameter: μ_p und α_p)
Kirchhoff-Spannungen:

$$\boldsymbol{\tau}_{\mathrm{iso}} = \mathrm{dev}\left(\sum_{i=1}^{3} \overline{\beta}_i \, \overline{\mathbf{m}}_i \right) \quad \mathrm{mit} \quad \overline{\beta}_i = 2 \frac{\partial W}{\partial \overline{\lambda}_i^2} \overline{\lambda}_i^2 = \sum_{p=1}^{P} \mu_p \, \overline{\lambda}_i^{\alpha_p} \quad , \quad i = 1, 2, 3 \tag{6.50}$$

Spezialfälle:
$P = 1$ und $\alpha_1 = 2$: Neo-Hooke-Material ($\mu = \mu_1$).
$P = 2$, $\alpha_1 = 2$ und $\alpha_2 = -2$: Mooney-Rivlin-Material ($C_{10} = \frac{\mu_1}{2}$ und $C_{01} = -\frac{\mu_2}{2}$).

Logarithmisches Materialgesetz

Einen Sonderfall unter den hyperelastischen Modellen nimmt das logarithmische Material-gesetz

$$W(\overline{\mathbf{b}}) = \frac{\mu}{4} \sum_{i=1}^{3} \ln^2 \overline{\lambda}_i^2 \tag{6.51}$$

ein, da eine Beschreibung hyperelastischen Deformationsverhaltens nicht im Vordergrund steht. Der Vorteil dieses Ansatzes liegt vielmehr in dem besonders effizienten numerischen Verhalten im Zusammenhang mit dem in Abschnitt 6.7.3 vorgestellten elastoplastischen Materialmodell. Stichwort: Exponentielle Zeitintegration der Fließregel.
Isochorer logarithmischer Kirchhoff-Spannungstensor:

$$\boldsymbol{\tau}_{\mathrm{iso}}^{\mathrm{log}} = \mu \sum_{i=1}^{3} \ln \overline{\lambda}_i^2 \, \overline{\mathbf{m}}_i \tag{6.52}$$

μ: Schubmodul
Die Kirchhoff-Spannungen erhalten den Index „log", um zu betonen, dass das logarithmi-sche Materialgesetz ausschließlich in Kombination mit Plastizität angewandt wird.

6.3.4 Einaxialer Zugversuch

Gesucht: Kraft F als Funktion der Streckung $\lambda = l/l_0$
Annahmen:

- Zug in 1-Richtung
- **Exakte Inkompressibilität**: $J = 1$ bzw. $\sigma_{11} = \tau_{11}$ (Cauchy-Spannungen sind gleich den Kirchhoff-Spannungen)

Lösungsansatz:

- $\tau_{22} = \tau_{33} = 0$ (einaxialer Spannungszustand)
- $\tau_{\text{vol},11} = \tau_{\text{vol},22} = \tau_{\text{vol},33}$ (gilt immer)

Mit der aktuellen Fläche $A = A_0 l_0/l$ (wegen Volumenkonstanz $V = V_0$) ergibt sich:

$$F = \sigma_{11} A = \tau_{11} A_0/\lambda \quad \text{mit} \quad \tau_{11} = \tau_{\text{vol},11} + \tau_{\text{iso},11} = \tau_{\text{iso},11} - \tau_{\text{iso},22}$$

Beispiel Mooney-Rivlin-Material:

$$F = 2A_0 \left[\left(\lambda - \lambda^{-2} \right) C_{10} + \left(1 - \lambda^{-3} \right) C_{01} \right]$$

6.3.5 Invariantenebene

Eine „gute" (möglichst eindeutige) Parameteridentifikation ist nur auf der Grundlage **verschiedener Versuchstypen** möglich.

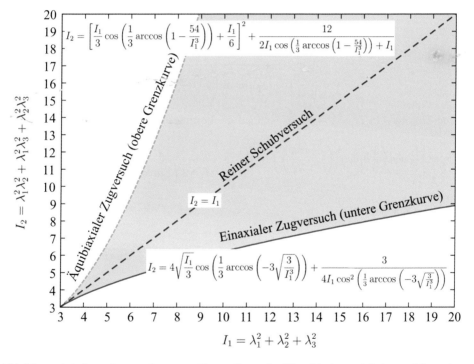

Abbildung 6.1: **Invariantenebene** zur Beurteilung der Verschiedenartigkeit von Versuchen

Hinweise:

- Es wird exakte Inkompressibilität angenommen.
- Grenzkurven gelten nicht nur für 2D-, sondern auch für allgemeine 3D-Spannungszustände.
- Grenzkurven sind symmetrisch mit dem reinen Schubversuch als Spiegelachse.

Äquibiaxialer Zugversuch

Aus $\lambda_1 = \lambda_2 = \lambda$ und $\lambda_3 = \frac{1}{\lambda^2}$ folgt: $I_1 = 2\lambda^2 + \frac{1}{\lambda^4}$ bzw. $\lambda^6 - \frac{I_1}{2}\lambda^4 + \frac{1}{2} = 0$.
Lösung mit Hilfe der Cardanischen Formeln:

$$z = \sqrt{-\frac{4}{3}p}\cos\left(\frac{1}{3}\arccos\left(-\frac{q}{2}\sqrt{-\frac{27}{p^3}}\right)\right)$$

mit

$$p = -\frac{I_1^2}{12} \quad \text{und} \quad q = -\frac{I_1^3}{108} + \frac{1}{2}$$

sowie

$$\lambda^2 = x = z - \frac{a}{3} \quad \text{mit} \quad a = -\frac{I_1}{2}$$

Daraus folgt:

$$\lambda = \sqrt{z + \frac{I_1}{6}} = \sqrt{\sqrt{-\frac{4}{3}p}\cos\left(\frac{1}{3}\arccos\left(-\frac{q}{2}\sqrt{-\frac{27}{p^3}}\right)\right) + \frac{I_1}{6}}$$

Und weiter:

$$\lambda = \sqrt{\frac{I_1}{3}\cos\left(\frac{1}{3}\arccos\left(1 - \frac{54}{I_1^3}\right)\right) + \frac{I_1}{6}}$$

Durch Einsetzen in $I_2 = \lambda^4 + \frac{2}{\lambda^2}$ erhält man die Lösung:

$$I_2 = \left[\frac{I_1}{3}\cos\left(\frac{1}{3}\arccos\left(1 - \frac{54}{I_1^3}\right)\right) + \frac{I_1}{6}\right]^2 + \frac{12}{2I_1\cos\left(\frac{1}{3}\arccos\left(1 - \frac{54}{I_1^3}\right)\right) + I_1} \tag{6.53}$$

Einaxialer Zugversuch

Es gilt: $\lambda_3 = \lambda_2 = \frac{1}{\sqrt{\lambda_1}}$
Lösung ebenfalls mittels Cardanischer Formeln. Nach einigen Umformungen erhält man:

$$I_2 = 4\sqrt{\frac{I_1}{3}}\cos\left(\frac{1}{3}\arccos\left(-3\sqrt{\frac{3}{I_1^3}}\right)\right) + \frac{3}{4I_1\cos^2\left(\frac{1}{3}\arccos\left(-3\sqrt{\frac{3}{I_1^3}}\right)\right)} \tag{6.54}$$

Reiner Schubversuch

Es gilt: $\lambda_3 = 1$ und $\lambda_2 = \frac{1}{\lambda_1}$
Daraus folgt:

$$I_2 = I_1 \tag{6.55}$$

> **Achtung**: Der Begriff „reine Scherung" (reiner Schubversuch, pure shear) bezieht sich auf den **Verzerrungszustand**. Selbst bei Inkompressibilität führt diese bei großen Verzerrungen nur im Sonderfall auch zu einem reinen Schubspannungszustand!

Der reine Schubspannungszustand

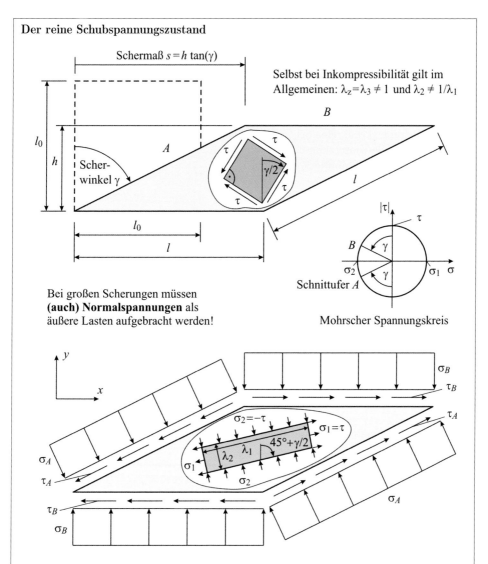

Schermaß $s = h \tan(\gamma)$

Selbst bei Inkompressibilität gilt im Allgemeinen: $\lambda_z = \lambda_3 \neq 1$ und $\lambda_2 \neq 1/\lambda_1$

Scherwinkel γ

Bei großen Scherungen müssen **(auch) Normalspannungen** als äußere Lasten aufgebracht werden!

Schnittufer A

Mohrscher Spannungskreis

Spannungsrandbedingungen (Regelung erforderlich, wenn $\tau = \tau(\gamma)$ unbekannt):

$$\tau_A = \tau_B = \tau \cos \gamma \quad \text{und} \quad \sigma_A = \sigma_B = -\tau \sin \gamma \quad \text{mit z. B. } \tau = \mu\gamma \text{ (Neo-Hooke)}$$

Empfohlene RB für FEM-Simulation: $\sigma_1 = \tau$ und $\sigma_2 = -\tau$ (**biaxialer Zugversuch**)

Zum Vergleich: Bei der reinen Scherung gilt für die Hauptspannungen im Allgemeinen $\sigma_3 \neq 0$ und $\sigma_2 \neq -\sigma_1$. Dafür folgt aus $\lambda_3 = 1$ und $\lambda_2 = 1/\lambda_1$:

$$h = \sqrt{-\frac{s^2}{2} + \sqrt{\frac{s^4}{4} + l_0^4}} \quad \text{und} \quad l = \frac{l_0^2}{h}$$

6.3.6 Versuchstechnische Realisierung der reinen Scherung

Schubfeldrahmen

Vorteil:
- Reine Scherung für kleine Winkel $\gamma \lesssim 5°$

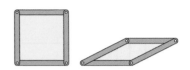

Nachteile:
- Zusätzliche Druckspannungen infolge Flächen-
  verkleinerung (keine reine Scherung mehr)
- Experimentelle Umsetzung nahezu unmöglich
  (Einspannungen, Stabilitätsprobleme)

Torsion eines dünnwandigen Rohres

Vorteil:
- Reine Scherung bei geringer Verdrillung (kleiner Scherwinkel)

Nachteile:
- Keine reine Scherung bei dickwandigem Rohr, weil Scherwinkel γ proportional zum
  Radius r (Grenzfall Kreisquerschnitt: $\gamma = 0$ bei $r = 0$).
- Stabilitätsversagen (Beulen) bei dünnwandigem Rohr
- Selbst wenn man das Beulen verhindern könnte, würde eine große Verdrillung „ledig-
  lich" zum reinen Schubspannungszustand führen, da sich der Radius ändern kann.

Der einfache Schubversuch (simple shear)

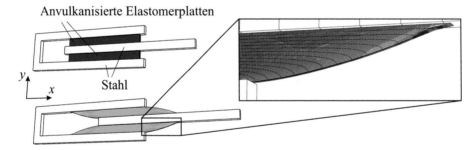

Vorteil:
- Reine Scherung in Probenmitte (Grund für breite Probe) auch bei großer Scherung

Nachteile:
- Inhomogene Deformation an den (freien) Rändern
- Rotation der Hauptrichtungen (nichttriviale Parameteridentifikation bei inelasti-
  schem Material, da diese dann unterschiedlich für Spannungen und Dehnungen)
- Experimentelle Umsetzung aufwändig

Der ebene Zugversuch (planar tension)

Streckung in y-Richtung: $\lambda_y = \lambda$

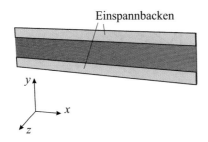

Einspannbacken

Breite Probe: Vernachlässigung der Querkontraktion in x-Richtung: $\lambda_x = 1$

Volumenkonstanz: $\lambda_z = 1/\lambda$

Der ebene Zugversuch ist sehr beliebt und steht **synonym für den reinen Schubversuch**.

Vorteile:

- Reine Scherung (in der yz-Ebene) in Probenmitte (Grund für breite Probe) auch bei **großer Scherung**
- Hauptrichtungen bleiben gleich.
- Geringer experimenteller Aufwand

Nachteile:

- Inhomogene Randdeformationen (Annahme: homogener Verzerrungszustand)
- Wie nachfolgend gezeigt, berücksichtigt man „nur" deviatorische Spannungsanteile.

Für den **Grenzfall kleiner Verzerrungen** erhält man einen reinen Schubspannungszustand. Aus dem Hookeschen Stoffgesetz $\varepsilon_x = \frac{\sigma_x - \nu(\sigma_y + \sigma_z)}{E} = 0$ mit $\nu = 0{,}5$ und $\sigma_z = 0$ folgt: $\sigma_x = \frac{\sigma_y}{2}$. Herausrechnen des hydrostatischen Drucks $p = -\frac{\sigma_y}{2}$ (keine Volumenänderung):

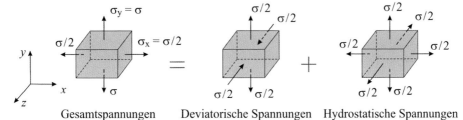

Gesamtspannungen   Deviatorische Spannungen   Hydrostatische Spannungen

Mohrscher Spannungskreis für die deviatorischen Spannungen $\underline{S} = \underline{\sigma} + p\underline{1}$ in der yz-Ebene:

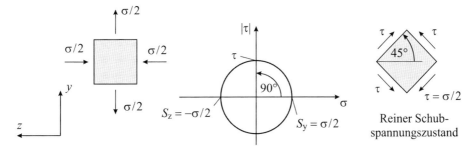

Reiner Schub-spannungszustand

Äquivalenz von einfacher Scherung und reiner Scherung

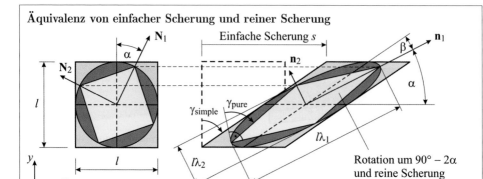

Einfacher Scherwinkel: $\gamma_{\text{simple}} = \arctan\left(\frac{s}{l}\right)$

Hauptstreckungen: $\lambda_1 = \frac{s}{2l} + \sqrt{1 + \left(\frac{s}{2l}\right)^2}$, $\quad \lambda_2 = \frac{1}{\lambda_1}$ und $\lambda_3 = 1$

Hauptachsenwinkel: $\alpha = \arctan\left(\frac{1}{\lambda_1}\right)$

Zusätzliche Verdrehung der Ellipse: $\beta = \arctan\left(\frac{l}{s}\right) - \alpha = 90° - \gamma_{\text{simple}} - \alpha$

Reiner Scherwinkel: $\gamma_{\text{pure}} = 90° - 2\arctan\left(\frac{1}{\lambda_1^2}\right)$

s/l	γ_{simple} in °	λ_1	λ_2	α in °	β in °	γ_{pure} in °
0	0,00	1,0000	1,0000	45,00	45,00	0,00
0,1	5,71	1,0512	0,9512	43,57	40,72	5,72
0,5	26,57	1,2808	0,7808	37,98	25,45	27,27
1	45,00	1,6180	0,6180	31,72	13,28	48,19
1,5	56,31	2,0000	0,5000	26,57	7,13	61,93
2	63,43	2,4142	0,4142	22,50	4,07	70,53
3	71,57	3,3028	0,3028	16,85	1,59	79,52
5	78,69	5,1926	0,1926	10,90	0,41	85,75

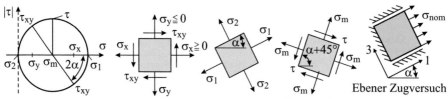

Schubspannung bei reiner Scherung: $\tau = \frac{\tau_{xy}}{\sin(2\alpha)} = \frac{\tau_{xy}}{2}\left(\lambda_1 + \frac{1}{\lambda_1}\right) = \frac{\sigma_1 - \sigma_2}{2}$

Mittelspannung: $\sigma_{\text{m}} = \frac{\sigma_x + \sigma_y}{2} = \frac{\sigma_1 + \sigma_2}{2}$ $\begin{cases} > 0 & : I_1 \text{ dominiert} \\ = 0 & : \text{Reiner Schubspannungszustand} \\ < 0 & : I_2 \text{ dominiert} \end{cases}$

Äquivalente nominelle Spannung des ebenen Zugversuchs unter Berücksichtigung des hydrostatischen Drucks (Verschiebung des Mohrschen Kreises, so dass $\sigma_2 = 0$):

$$\sigma_{\text{nom}} = \sigma_{\text{nom}}(\lambda_1, \tau_{xy}) = \sigma_1 \frac{A}{A_0} = \frac{\sigma_1}{\lambda_1} = \frac{2\tau}{\lambda_1} = \tau_{xy}\left(1 + \frac{1}{\lambda_1^2}\right) \quad \text{mit} \quad \lambda_1 = \lambda_1(s)$$

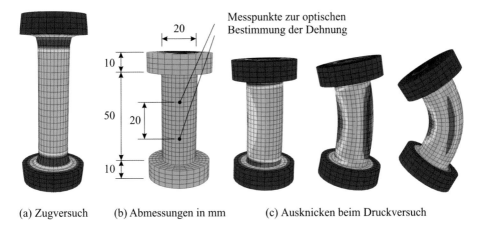

(a) Zugversuch   (b) Abmessungen in mm   (c) Ausknicken beim Druckversuch

Abbildung 6.2: Hantelprobe für einaxiale Versuche

6.3.7 Druckversuche

Einaxialer Druckversuch

In der Praxis wird der (einaxiale) Druckversuch durch den äquibiaxialen Zugversuch ersetzt, der (bei inkompressibler Deformation) als gleichwertig anzusehen ist:
- Vermeidung von Stabilitätsproblemen (Ausknicken des Probekörpers)
- Belastung unterscheidet sich lediglich um den hydrostatischen Spannungszustand p.
- Deformation ist erwartungsgemäß gleich, weil der hydrostatische Druck zu keiner Volumenänderung führt (p wird gewissermaßen „herausgerechnet").
- Gleiche Grenzkurve (6.53) in der Invariantenebene

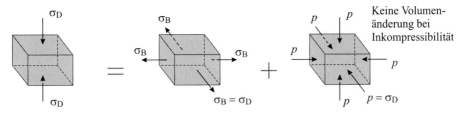

Einaxialer Druckversuch   Äquibiaxialer Zugversuch   Hydrostatischer Spannungszustand

Abbildung 6.3: Äquivalenz von einaxialem Druckversuch und äquibiaxialem Zugversuch

Äquibiaxialer Druckversuch

Äquibiaxiale Druckversuche kommen in der Praxis nicht vor:
- Experimentelle Durchführung (nahezu) unmöglich wegen Stabilitätsproblemen
- Äquivalent zum einaxialen Zugversuch (gleiche Argumentation wie beim einaxialen Druckversuch)

Äquivalenz von einaxialen und äquibiaxialen Versuchen

Beispiel: $W_{\text{Yeoh}} = 1{,}5\left(I_{\underline{b}} - 3\right) - 0{,}4\left(I_{\underline{b}} - 3\right)^2 + 0{,}1\left(I_{\underline{b}} - 3\right)^3$

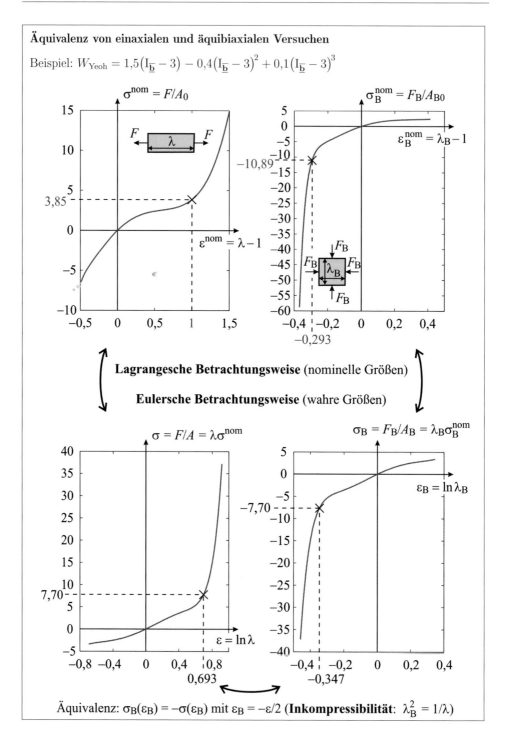

Äquivalenz: $\sigma_B(\varepsilon_B) = -\sigma(\varepsilon_B)$ mit $\varepsilon_B = -\varepsilon/2$ (**Inkompressibilität:** $\lambda_B^2 = 1/\lambda$)

Erkennung und Vermeidung von mehrdeutigen Materialparametern

$$W = C_1\left(\mathrm{I}_{\underline{b}} - 3\right) + C_2\left(\mathrm{I}_{\underline{b}} - 3\right)^2 + C_3\left(\mathrm{I}_{\underline{b}} - 3\right)^3 + C_4\left(\mathrm{II}_{\underline{b}} - 3\right) + C_5\left(\mathrm{II}_{\underline{b}} - 3\right)^2 + C_6\left(\mathrm{II}_{\underline{b}} - 3\right)^3$$

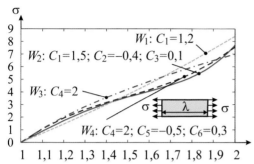

Schritt 1:
Parameteridentifikation anhand
lediglich eines Versuchstyps
(meist: einaxialer Zugversuch)

Ergebnis:
geringe Unterschiede
(scheinbar gute Anpassung)

Schritt 2:
Simulation von äquibiaxialem
und ebenem Zugversuch

Ergebnis:
W_1 und W_2: geringe Streuung
W_3 und W_4: große Streuung

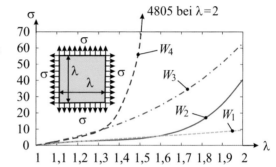

Fazit:
Modelle, welche die
2. Invariante (W_3 und W_4)
verwenden, sind zu vermeiden.

Empfehlung:
W_1 (Neo-Hooke) und W_2 (Yeoh)

Schritt 3 (optional):
Auswertung der Querspannung

Hinweis:
Reiner Schubspannungszustand
nur für den Sonderfall
$C_1 = C_4$, $C_2 = C_5$ und $C_3 = C_6$,
z.B. Mooney-Rivlin mit $C_1 = C_4$

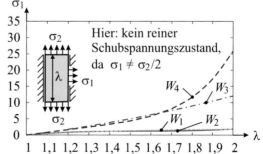

Hier: kein reiner
Schubspannungszustand,
da $\sigma_1 \neq \sigma_2/2$

6.4 Lineare Viskoelastizität

6.4.1 Charakteristische Differentialgleichung

DGL eines Maxwell-Elementes j:

$$\dot{\sigma}_j + \frac{1}{\tau_j}\,\sigma_j = \gamma_j\,\dot{\sigma}_0 \quad , \quad j = 1,\ldots,M \tag{6.56}$$

Normierte Steifigkeiten:

$$\gamma_j = \frac{E_j}{E_0} \tag{6.57}$$

Relaxationszeiten:

$$\tau_j = \frac{\eta_j}{E_j} \tag{6.58}$$

Unabhängige Materialparameter:

E_0:   Steifigkeit der Feder

E_j: Steifigkeiten der Maxwell-Elemente

η_j: Viskositäten

Faltungsintegral (viskoelastische Spannungen) als allgemeine Lösung der DGL:

$$\sigma_j(t) = \gamma_j \int_0^t \exp\left(-\frac{t-s}{\tau_j}\right)\frac{\partial\sigma_0(s)}{\partial s}\,ds \quad ; \quad j = 1,\ldots,N \tag{6.59}$$

Numerische Auswertung mittels Rekursionsformel:

$$\sigma_j^{n+1} = \exp\left(-\frac{\Delta t}{\tau_j}\right)\sigma_j^n + \frac{\gamma_j\,\tau_j}{\Delta t}\left[1 - \exp\left(-\frac{\Delta t}{\tau_j}\right)\right]\left(\sigma_0^{n+1} - \sigma_0^n\right) \tag{6.60}$$

6.4.2 Relaxationssteifigkeitsmodul

Relaxationsversuche werden im **Zeitraum** durchgeführt:

$$\sigma(t) = E(t)\,\varepsilon_0 \tag{6.61}$$

Relaxationssteifigkeitsmodul:

$$E(t) = E_0 + \sum_{j=1}^{N} E_j\,\exp\left(-\frac{t}{\tau_j}\right) \tag{6.62}$$

Spannungen:

$$\sigma(t) = \underbrace{E_0\varepsilon_0}_{\sigma_0} + \underbrace{\sum_{j=1}^{N} E_j\varepsilon_0\,\exp\left(-\frac{t}{\tau_j}\right)}_{\sigma_j(t)} \tag{6.63}$$

Relaxationsversuch mit nur einem Maxwell-Element:

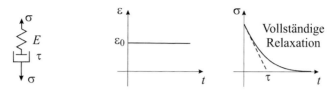

Relaxationsversuch mit generalisiertem Maxwell-Modell:

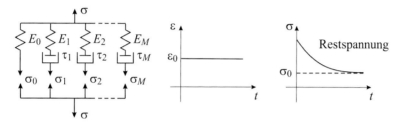

Wird nur ein Maxwell-Element verwendet, so lässt sich die **Relaxationszeit** τ unmittelbar aus dem Schnittpunkt der Anfangstangente (Startzeitpunkt $t = 0$) mit der Zeitachse ablesen.

6.4.3 Dynamische Steifigkeiten

Die Ermittlung (komplexer) dynamischer Steifigkeiten erfolgt im **Frequenzraum**:

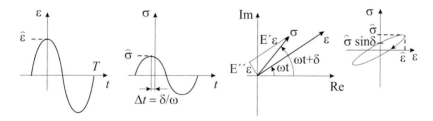

Harmonische Schwingung:

$$\sigma = E(\omega)\varepsilon \quad \text{mit} \quad \sigma = \hat{\sigma}\exp\left(i(\omega t + \delta)\right) \quad \text{und} \quad \varepsilon = \hat{\varepsilon}\exp\left(i\omega t\right) \tag{6.64}$$

$T = \frac{2\pi}{\omega} = \frac{1}{f}$:   Periodendauer

ω: Kreisfrequenz

δ: Phasenwinkel

Komplexe Steifigkeiten:

$$E(\omega) = E'(\omega) + i E''(\omega) = \hat{E}(\omega)\exp\left(i\delta(\omega)\right) \tag{6.65}$$

Speichermodul:
$$E'(\omega) = \frac{\hat{\sigma}}{\hat{\varepsilon}} \cos\delta = E_0 + \sum_{j=1}^{N} E_j \frac{\omega^2\,\tau_j^2}{1+\omega^2\,\tau_j^2} \tag{6.66}$$

Verlustmodul:
$$E''(\omega) = \frac{\hat{\sigma}}{\hat{\varepsilon}} \sin\delta = \sum_{j=1}^{N} E_j \frac{\omega\tau_j}{1+\omega^2\,\tau_j^2} \tag{6.67}$$

Amplitude:
$$\widehat{E} = \sqrt{(E')^2 + (E'')^2} \tag{6.68}$$

Verlusttangens (Maß für Dämpfungsverhalten):
$$\tan\delta = \frac{E''}{E'} \tag{6.69}$$

Durch Wärme dissipierte Energie pro Verformungszyklus und Einheitsvolumen:
$$Q = \oint \sigma\, d\varepsilon = \int_0^T \sigma\dot{\varepsilon}\, dt = E'\hat{\varepsilon}^2\pi \tan\delta(\omega) \tag{6.70}$$

6.4.4 Fouriertransformation

Analytische Fouriertransformation:
$$E(\omega) = E_0 + \mathrm{i}\omega \int_{-\infty}^{\infty} [E(t) - E_0]\exp(-\mathrm{i}\omega t)\, dt \tag{6.71}$$

Problem: Messzeitraum und Anzahl der Messpunkte sind begrenzt.
Abhilfe: Numerische Fouriertransformation

$$
\begin{aligned}
E(\omega) &\approx E_0 + \mathrm{i}\omega \int_{t_0}^{t_M} [E(t) - E_0]\exp(-\mathrm{i}\omega t)\, dt \\
&\approx E_0 + \mathrm{i}\omega \sum_{n=0}^{M-1} \int_{t_n}^{t_{n+1}} \left[E_n + \frac{E_{n+1} - E_n}{t_{n+1} - t_n}(t - t_n) - E_0 \right]\exp(-\mathrm{i}\omega t)\, dt
\end{aligned} \tag{6.72}
$$

Numerisch ermittelte dynamische Steifigkeiten (einige Umformungen später):

$$E'(\omega) \approx E_0 + \sum_{n=0}^{M-1}\left[\frac{E_{n+1} - E_n}{\omega(t_{n+1} - t_n)}[\sin(\omega t_{n+1}) - \sin(\omega t_n)] - (E_{n+1} - E_0)\cos(\omega t_{n+1}) + (E_n - E_0)\cos(\omega t_n)\right]$$

$$E''(\omega) \approx \sum_{n=0}^{M-1}\left[\frac{E_{n+1} - E_n}{\omega(t_{n+1} - t_n)}[\cos(\omega t_{n+1}) - \cos(\omega t_n)] + (E_{n+1} - E_0)\sin(\omega t_{n+1}) - (E_n - E_0)\sin(\omega t_n)\right] \tag{6.73}$$

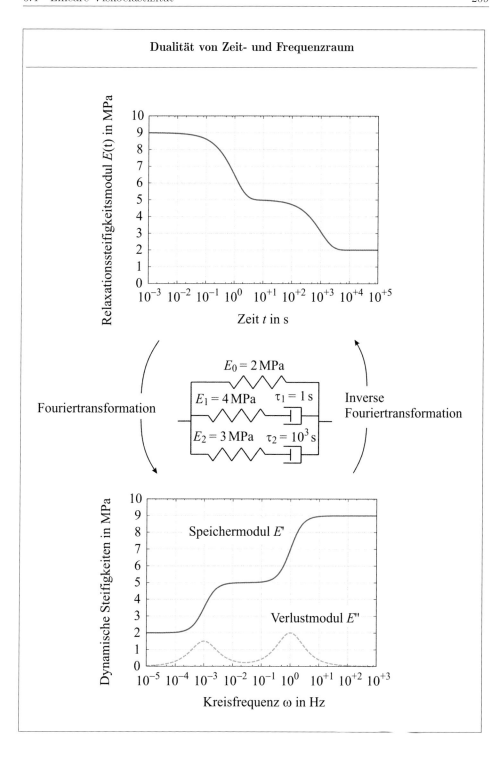

6.5 Plastizität

Plastisches Verhalten ist dadurch gekennzeichnet, dass nach Entlastung bleibende Verformungen auftreten.

- Gemäß den Gesetzen der Thermodynamik handelt es sich um einen **irreversiblen Prozess**, da Energie dissipiert wird.
- Plastisches Material besitzt bei Entlastung wieder seine Ausgangssteifigkeit E. Materialentfestigung oder sogar Materialversagen lässt sich mit klassischen Plastizitätstheorien nicht beschreiben.
- Gesamtdehnung setzt sich aus elastischen und plastischen Dehnungen zusammen:

$$\varepsilon = \varepsilon_e + \varepsilon_p \tag{6.74}$$

- Bei Metallen liegen die **Fließspannungen** σ_Y in der Größenordnung zwischen 0,1 und 1 % des Elastizitätsmoduls E. Folgerung: Elastische Dehnungen $\varepsilon_e \leq 1\,\%$.

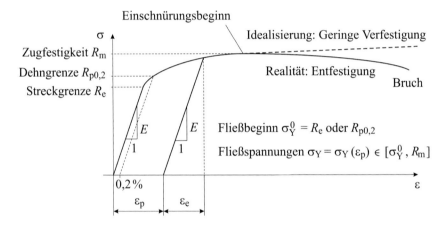

Abbildung 6.4: Plastisches Materialverhalten eines Metalls bei einaxialem Zugversuch

Ist ein einaxialer **Zugversuch ausreichend**?

- Gemäß der Hypothesen nach **Tresca** und nach **von Mises** kann aus einem einzigen Versuch das Verhalten auch bei mehraxialen Spannungszuständen abgeleitet werden. Voraussetzung: Fließen ist **unabhängig vom hydrostatischen Druck**.
- Bei vielen Materialien nehmen die Fließspannungen mit der Temperatur ab und mit der Belastungsgeschwindigkeit zu.
- Auch zur Bestimmung „komplexer Fließflächen" sind weitere Versuche erforderlich.
- Maß für **Spannungsdreiachsigkeit**: $\eta = -\frac{p}{q}$, z. B. $\eta = \frac{1}{3}$ beim einaxialen Zugversuch und $\eta = \frac{2}{3}$ beim äquibiaxialen Zugversuch.

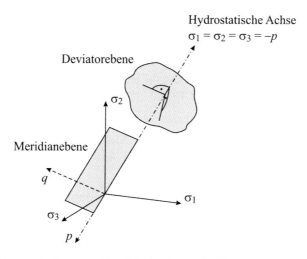

Abbildung 6.5: Ausgewählte Schnittebenen im Hauptspannungsraum

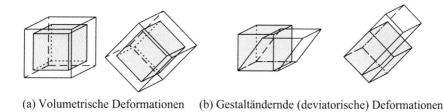

(a) Volumetrische Deformationen   (b) Gestaltändernde (deviatorische) Deformationen

Abbildung 6.6: Volumetrisch-isochorer Split

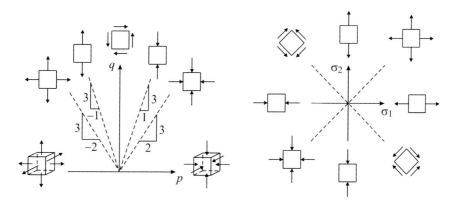

Abbildung 6.7: Versuche in der p-q-Ebene (Meridianschnitt) und in der σ_1-σ_2-Ebene

6.5.1 Fließkriterien

Das Fließkriterium ist eine Testfunktion, mit der überprüft wird, ob sich ein Material bei einem gegebenen Spannungszustand rein elastisch verhält.

- Als „Fließfläche" visualisiert, beschreibt das Fließkriterium die **elastische Grenze** im dreidimensionalen Hauptspannungsraum (mehraxialer Spannungszustand).
- Allgemeine Schreibweise:

$$f = f(\underline{\boldsymbol{\sigma}}, \Theta, H_i) \begin{cases} < 0 & \text{Elastischer Bereich} \\ = 0 & \text{Plastischer Bereich} \end{cases} \tag{6.75}$$

$\underline{\boldsymbol{\sigma}} = \text{dev}(\underline{\boldsymbol{\sigma}}) - p\underline{\mathbf{1}}$: Spannungstensor mit den **Invarianten**:

$$p = -\tfrac{1}{3}\text{tr}(\underline{\boldsymbol{\sigma}}) : \text{Hydrostatischer Druck}$$

$$q = \sqrt{\tfrac{3}{2}\text{dev}(\underline{\boldsymbol{\sigma}}) : \text{dev}(\underline{\boldsymbol{\sigma}})} : \text{von Mises-Vergleichsspannung}$$

$$r = \sqrt[3]{\tfrac{9}{2}[\text{dev}(\underline{\boldsymbol{\sigma}})\,\text{dev}(\underline{\boldsymbol{\sigma}})] : \text{dev}(\underline{\boldsymbol{\sigma}})} : \text{Dritte Invariante}$$

Θ: Temperatur

H_i mit $i = 1, 2, \ldots$: Verfestigungsparameter (Zustandsvariablen)

- Additiver Split der **Verzerrungen** bei kleinen Deformationen:

$$\varepsilon = \varepsilon_\text{e} + \varepsilon_\text{p} \tag{6.76}$$

Alternativ: Addition der **Dehnraten** bei inkrementellen Plastizitätstheorien (Rice, 1975):

$$\dot{\varepsilon} = \dot{\varepsilon}_\text{e} + \dot{\varepsilon}_\text{p} \tag{6.77}$$

- Multiplikativer Split des **Deformationsgradienten** bei großen Deformationen:

$$\underline{\mathbf{F}} = \underline{\mathbf{F}}^\text{e}\,\underline{\mathbf{F}}^\text{p} \tag{6.78}$$

- Veranschaulichung des Fließkriteriums für den 1D-Fall mittels **Prandtl-Element** (1. Variante: Reihenschaltung von Feder und Reibelement): $f(\sigma) = |\sigma| - \sigma_\text{Y} = 0$
- **Viskoplastizität** (ratenabhängige Plastizität):
  - 1D-Herleitung: Bingham-Hooke-Modell
  - Fließfunktion kann auch positive Werte annehmen: $f \geq 0$ (aufgeweitete Fließfläche).
  - Überspannung $|\sigma| > \sigma_\text{Y}$ relaxiert für $t \to \infty$ gegen die eigentliche Fließspannung σ_Y.
- Bei vielen Materialien wie den meisten Metallen wird eine Unabhängigkeit des plastischen Fließens vom **hydrostatischen Spannungszustand** beobachtet.

Von Mises-Fließkriterium

Nicht zuletzt wegen der mathematischen Schlichtheit ist die von Mises-Fließfunktion

$$f(\sigma) = q - \sigma_Y = 0 \tag{6.79}$$

das am **häufigsten** eingesetzte Fließkriterium:

- Von Mises-Fließfläche als Zylinder im Hauptspannungsraum und als parallele Gerade zur hydrostatischen Achse im **Meridianschnitt**:

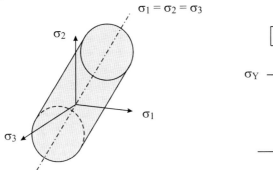

- Von Mises-Fließfläche als Kreis in der **Deviatorebene** und als Ellipse in der σ_1-σ_2-Ebene:

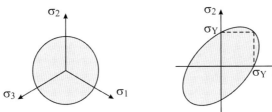

- Berücksichtigung nur **deviatorischer** (gestaltändernder) Spannungsanteile dev($\boldsymbol{\sigma}$).
- Die **Vergleichsspannung** q ist ein Maß für den deviatorischen Spannungszustand und somit direkt mit der Spannung aus einem einaxialen Versuch vergleichbar.

Drucker-Prager-Fließkriterium

Das Drucker-Prager-Fließkriterium

$$f(\sigma) = q - \alpha p - \sigma_Y = 0 \tag{6.80}$$

eignet sich für Materialien, bei denen der Fließbeginn **auch vom hydrostatischen Druck** p abhängt:

- Beispiel: Geomaterialen wie reibungsbehaftete Böden
- Hydrostatische Zugbeanspruchung führt eher zu plastischen Verformungen als hydrostatischer Druck, da Druck die innere Reibung erhöht, so dass die aufnehmbare Scherspannung steigt.

- Drucker-Prager-Fließfläche (Kegel im Hauptspannungsraum):

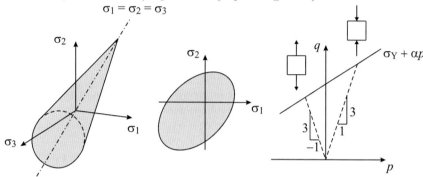

Hill-Fließkriterium

Das Fließkriterium nach Hill (1950)

$$\sqrt{F(\sigma_{yy}-\sigma_{zz})^2+G(\sigma_{zz}-\sigma_{xx})^2+H(\sigma_{xx}-\sigma_{yy})^2+2L\sigma_{yz}^2+2M\sigma_{zx}^2+2N\sigma_{xy}^2}-\sigma_Y = 0 \quad (6.81)$$

mit

$$F = \frac{\sigma_Y^2}{2}\left[\frac{1}{\overline{\sigma}_{yy}^2+\overline{\sigma}_{zz}^2-\overline{\sigma}_{xx}^2}\right]$$

$$G = \frac{\sigma_Y^2}{2}\left[\frac{1}{\overline{\sigma}_{zz}^2+\overline{\sigma}_{xx}^2-\overline{\sigma}_{yy}^2}\right]$$

$$H = \frac{\sigma_Y^2}{2}\left[\frac{1}{\overline{\sigma}_{xx}^2+\overline{\sigma}_{yy}^2-\overline{\sigma}_{zz}^2}\right] \qquad (6.82)$$

$$L = \frac{3}{2}\left[\frac{\tau_Y}{\overline{\sigma}_{yz}}\right]^2 \quad , \quad M = \frac{3}{2}\left[\frac{\tau_Y}{\overline{\sigma}_{zx}}\right]^2 \quad , \quad N = \frac{3}{2}\left[\frac{\tau_Y}{\overline{\sigma}_{xy}}\right]^2$$

und der Referenz-Fließschubspannung (bei von Mises-Isotropie)

$$\tau_Y = \frac{\sigma_Y}{\sqrt{3}} \qquad (6.83)$$

ist eine Erweiterung der von Mises-Fließfläche für **anisotrope Werkstoffe**:

- Entwickelt für Metalle, die als Folge einer Kaltumformung (Walzen von Blechen) **richtungsabhängige Fließspannungen** aufweisen.
- Vom Anwender vorzugeben: **Referenzfließspannung** σ_Y sowie die **Fließspannungs- verhältnisse** $\overline{\sigma}_{xx}/\sigma_Y$, $\overline{\sigma}_{yy}/\sigma_Y$, $\overline{\sigma}_{zz}/\sigma_Y$ und $\overline{\sigma}_{yz}/\tau_Y$, $\overline{\sigma}_{xz}/\tau_Y$, $\overline{\sigma}_{xy}/\tau_Y$.
- Sonderfall $F = G = H = 0{,}5$ und $L = M = N = 1{,}5$ liefert das von Mises- Fließkriterium mit der von Mises Vergleichsspannung
  $$q = \sqrt{\sigma_{xx}^2 + \sigma_{yy}^2 + \sigma_{zz}^2 - \sigma_{xx}\sigma_{yy} - \sigma_{xx}\sigma_{zz} - \sigma_{yy}\sigma_{zz} + 3\sigma_{xy}^2 + 3\sigma_{xz}^2 + 3\sigma_{yz}^2}$$
- Unabhängig von hydrostatischen Druck.

Gemischte Verfestigung

Beide Arten von Verfestigung treten gleichzeitig auf.

- Als Folge zyklischer Belastung kommt es zu einem Aufweiten und einer Translation der Fließfläche.
- Die meisten Materialien neigen zu zyklischer Verfestigung.
- Die Fließfläche für die von Mises-Plastizität lautet dann:

$$f = \sqrt{\frac{3}{2}(\mathrm{dev}(\boldsymbol{\sigma}) - \boldsymbol{\alpha}) : (\mathrm{dev}(\boldsymbol{\sigma}) - \boldsymbol{\alpha})} - \sigma_{\mathrm{Y}}(\bar{\varepsilon}_{\mathrm{p}}) = 0 \qquad (6.90)$$

- Im allgemeinen Fall lassen sich sowohl für den isotropen als auch für den kinematischen Anteil nichtlineare Verfestigungsgesetze vorgeben.
- Umfangreiche Kalibrierung erforderlich.
- Geeignet zur Beschreibung der Phänomene **Ratcheting** (zyklisches Kriechen) und **Mittelspannungsrelaxation** (mean stress relaxation).

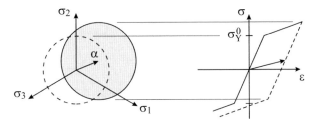

Abbildung 6.12: Gemischte Verfestigung

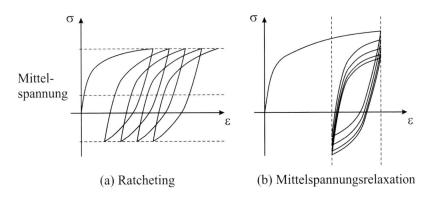

(a) Ratcheting (b) Mittelspannungsrelaxation

Abbildung 6.13: Zyklische Versuche mit gemischter Verfestigung

6.6 Schädigung und Versagen

Wie modelliert man „Schädigung"?

- Bei der einfachsten Variante bleiben die tangentialen Steifigkeiten positiv, weshalb man in diesem Fall auch von **Softening** spricht. Um Phänomene wie den Mullins-Effekt bei Elastomeren beschreiben zu können, setzt die Materialentfestigung bei dieser Klasse von Schädigungsmodellen bereits **bei erstmaliger Belastung** ein.
- Bei anderen Schädigungsmodellen muss erst ein bestimmtes **Schädigungskriterium** erreicht werden, bevor es zu einer **Schädigungsentwicklung** kommt.
- Die Wahl der Modellierungstechnik hängt unter anderem davon ab, ob der Ort der Schädigung bekannt ist:

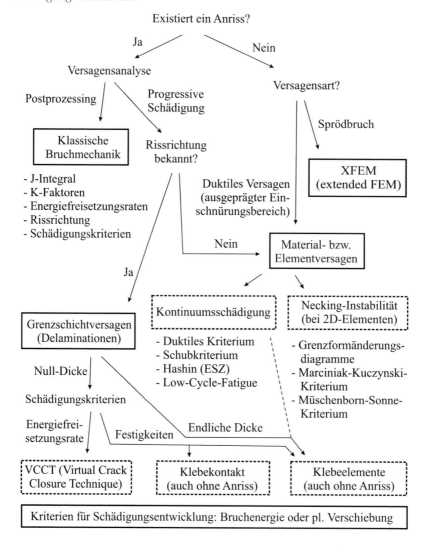

6.7 Viskoelastoplastisches Softeningmodell

Nachfolgend sind die Grundgleichungen des am **Institut für Statik und Dynamik** der
Leibniz Universität Hannover entwickelten viskoelastoplastischen Softeningmodells aufgeführt. Es besteht aus der Parallelschaltung des generalisierten Maxwell-Modells mit
dem generalisierten Prandtl-Modell in Kombination mit einem kontinuumsmechanischen
Schädigungsmodell und eignet sich insbesondere zur Analyse von **Elastomerwerkstoffen**.

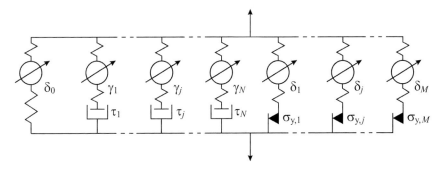

Abbildung 6.14: Viskoelastoplastisches Schädigungsmodell (Nasdala, 2005)

Das viskoelastoplastische Softeningmodell basiert auf der in Abschnitt 6.3 vorgestellten
Hyperelastizität (Index „e" zur Kennzeichnung elastischen Materials: $\boldsymbol{\tau}_{\text{iso}} \to \boldsymbol{\tau}_{\text{iso}}^{\text{e}}$).

6.7.1 Schädigung

Erweiterung des isochoren Anteils der Formänderungsenergiefunktion:

$$\Psi = U + (1 - d)\, W \tag{6.91}$$

Nominelle isochore Kirchhoff-Spannungen:

$$\boldsymbol{\tau}_{\text{iso}}^{\text{d}} = (1 - d)\, \boldsymbol{\tau}_{\text{iso}}^{\text{e}} \tag{6.92}$$

Multiplikativer Ansatz für Schädigungsvariable $d \in [0; 1]$:

$$d = d_\alpha + d_\beta - d_\alpha\, d_\beta \quad \text{mit} \quad d_\alpha = d_\alpha(\alpha) \in [0; 1] \quad \text{und} \quad d_\beta = d_\beta(\beta) \in [0; 1] \tag{6.93}$$

Diskontinuierlicher Schädigungsparameter:

$$\alpha(t) = \max_{s \in [0,t]} W(s) \tag{6.94}$$

Kontinuierlicher Schädigungsparameter:

$$\beta(t) = \int_0^t \left| \frac{\partial W(s)}{\partial s} \right|\, ds \tag{6.95}$$

Hinweis: Im Gegensatz zum additiven Ansatz $d = d_\alpha + d_\beta$ sind die beiden Schädigungs-
anteile multiplikativ entkoppelt: $(1 - d) = (1 - d_\alpha)(1 - d_\beta)$.

Zeitdiskretisierung

Diskontinuierlicher Schädigungsparameter:

$$\alpha_{n+1} = \begin{cases} W_{n+1} & \text{für} \quad W_{n+1} > \alpha_n \\ \alpha_n & \text{für} \quad W_{n+1} \le \alpha_n \end{cases} \tag{6.96}$$

Kontinuierlicher Schädigungsparameter:

$$\beta_{n+1} = \beta_n + |W_{n+1} - W_n| \tag{6.97}$$

6.7.2 Viskoelastizität mit Schädigung

Modellbildung

Charakteristische Differentialgleichung:

$$\underline{\dot{\mathbf{S}}}_{j,\mathrm{iso}}^{\mathrm{vd}} + \frac{1}{\tau_j}\,\underline{\mathbf{S}}_{j,\mathrm{iso}}^{\mathrm{vd}} = \underline{\dot{\mathbf{S}}}_{\mathrm{iso}}^{\mathrm{d}} \tag{6.98}$$

Eingangsgröße (nomineller isochorer zweiter Piola-Kirchhoff-Spannungstensor):

$$\underline{\mathbf{S}}_{\mathrm{iso}}^{\mathrm{d}} = \mathbf{F}^{-1}\,\underline{\boldsymbol{\tau}}_{\mathrm{iso}}^{\mathrm{d}}\,\mathbf{F}^{-\mathrm{T}} \tag{6.99}$$

Allgemeine Lösung (Faltungsintegral, interne Spannungsgrößen):

$$\underline{\mathbf{S}}_{j,\mathrm{iso}}^{\mathrm{vd}} = \int_0^t \exp\left(-\frac{t-s}{\tau_j}\right)\frac{\partial \underline{\mathbf{S}}_{\mathrm{iso}}^{\mathrm{d}}(s)}{\partial s}\,ds \tag{6.100}$$

Rekursive Lösung des Faltungsintegrals

Rekursionsformel:

$$\underline{\mathbf{S}}_{j,\mathrm{iso},n+1}^{\mathrm{vd}} = \exp\left(-\frac{\Delta t}{\tau_j}\right)\underline{\mathbf{S}}_{j,\mathrm{iso},n}^{\mathrm{vd}} + \frac{\tau_j}{\Delta t}\left[1 - \exp\left(-\frac{\Delta t}{\tau_j}\right)\right]\left[\underline{\mathbf{S}}_{\mathrm{iso},n+1}^{\mathrm{d}} - \underline{\mathbf{S}}_{\mathrm{iso},n}^{\mathrm{d}}\right] \tag{6.101}$$

Push-Forward:

$$\underline{\boldsymbol{\tau}}_{j,\mathrm{iso}}^{\mathrm{vd}} = \mathbf{F}\,\underline{\mathbf{S}}_{j,\mathrm{iso}}^{\mathrm{vd}}\,\mathbf{F}^{\mathrm{T}} \tag{6.102}$$

6.7.3 Elastoplastizität mit Schädigung

Plastische Zwischenkonfiguration

Multiplikativer Split des Deformationsgradienten in elastischen und plastischen Anteil:

$$\underline{\mathbf{F}} = \underline{\mathbf{F}}^{\mathrm{e}}\,\underline{\mathbf{F}}^{\mathrm{p}} = J^{\frac{1}{3}}\,\overline{\underline{\mathbf{F}}}^{\mathrm{e}}\,\underline{\mathbf{F}}^{\mathrm{p}} \tag{6.103}$$

Freie Energie

Einsetzen von (6.51) in Rate der freien Energiefunktion:

$$\dot{\Psi} = \frac{\partial \Psi}{\partial \underline{b}^{\mathrm{e}}} : \dot{\underline{b}}^{\mathrm{e}} = \frac{\partial \Psi}{\partial \underline{b}^{\mathrm{e}}} \, \underline{b}^{\mathrm{e}} : \left[2\underline{1} + L_v(\underline{b}^{\mathrm{e}}) \, \underline{b}^{\mathrm{e}^{-1}} \right] \tag{6.104}$$

Fließkriterium

Elastisches Gebiet:

$$\mathbb{E}_{\underline{\tau}} = \left\{ \underline{\tau} \in \mathbb{R}^6 \middle| \Phi(\underline{\tau}) \leq 0 \right\} \tag{6.105}$$

Fließbedingung (ideale von Mises-Plastizität):

$$\Phi(\underline{\tau}) = \|\underline{\tau}_{\mathrm{iso}}\| - \sqrt{\frac{2}{3}} \, \sigma_{\mathrm{y}} \leq 0 \tag{6.106}$$

Normale:

$$\underline{n} = \frac{\partial \Phi}{\partial \underline{\tau}} = \frac{\partial \|\underline{\tau}_{\mathrm{iso}}\|}{\partial \underline{\tau}} \tag{6.107}$$

Positive interne Dissipation

Prinzip der positiven Dissipation (Clausius-Planck-Ungleichung)):

$$\mathcal{D}^{\mathrm{p}} = \underline{\tau} : \underline{1} - \dot{\Psi} = \left[\underline{\tau} - 2 \frac{\partial \Psi}{\partial \underline{b}^{\mathrm{e}}} \, \underline{b}^{\mathrm{e}} \right] : \underline{1} + 2 \frac{\partial \Psi}{\partial \underline{b}^{\mathrm{e}}} \, \underline{b}^{\mathrm{e}} : \left[-\frac{1}{2} L_v(\underline{b}^{\mathrm{e}}) \, \underline{b}^{\mathrm{e}^{-1}} \right] \geq 0 \tag{6.108}$$

Hyperelastische Spannungsgleichung (aus 1. Term):

$$\underline{\tau} = 2 \frac{\partial \Psi}{\partial \underline{b}^{\mathrm{e}}} \, \underline{b}^{\mathrm{e}} \tag{6.109}$$

Reduzierte Dissipationsungleichung (aus 2. Term):

$$\mathcal{D}^{\mathrm{p}} = \underline{\tau} : \underline{f} \geq 0 \tag{6.110}$$

Thermodynamischer Flussvektor:

$$\underline{f} = -\frac{1}{2} L_v(\underline{b}^{\mathrm{e}}) \, \underline{b}^{\mathrm{e}^{-1}} \tag{6.111}$$

Maximale interne Dissipation

Lagrange-Funktional (Optimierungsproblem mit Nebenbedingung):

$$\mathcal{L}^{\mathrm{p}}(\underline{\tau}, \lambda) = -\mathcal{D}^{\mathrm{p}}(\underline{\tau}, \underline{f}) + \lambda \, \Phi(\underline{\tau}) \rightarrow \mathrm{stat.} \tag{6.112}$$

Fließregel (aus $\frac{\partial \mathcal{L}^{\mathrm{p}}}{\partial \underline{\tau}} = \underline{0}$):

$$\underline{f} = \lambda \frac{\partial \Phi}{\partial \underline{\tau}} \tag{6.113}$$

Be- und Entlastungsbedingungen in Kuhn-Tucker-Form (aus $\frac{\partial \mathcal{L}^{\mathrm{p}}}{\partial \lambda} = 0$):

$$\Phi(\underline{\tau}) \leq 0 \quad , \quad \lambda \geq 0 \quad , \quad \lambda \, \Phi(\underline{\tau}) = 0 \tag{6.114}$$

Generalisiertes Prandtl-Modell mit Schädigung

Nominelle isochore Kirchhoff-Spannungen der einzelnen Prandtl-Elemente:

$$\boldsymbol{\tau}_{j,\text{iso}}^{\text{pd}} = (1 - d_j)\,\boldsymbol{\tau}_{j,\text{iso}}^{\text{p}} \tag{6.115}$$

Ergebnis der Parallelschaltung: eine Art kinematischer Verfestigung

Numerische Umsetzung mittels Radial-Return-Algorithmus

• **Exponentielle Zeitintegration der Fließregel**

Fließregel ((6.113) mit (6.111) und (6.107)):

$$-\frac{1}{2}\,L_v(\underline{\mathbf{b}}^{\text{e}})\,\underline{\mathbf{b}}^{\text{e}^{-1}} = \lambda_j\,\underline{\mathbf{n}}_j \tag{6.116}$$

Integration für $\lambda_j > 0$:

$$\underline{\mathbf{C}}_{j,n+1}^{\text{p}^{-1}} = \overline{\mathbf{F}}_{n+1}^{-1}\,\exp(-2\Delta\lambda_j\,\underline{\mathbf{n}}_{j,n+1})\,\overline{\mathbf{F}}_{n+1}\,\underline{\mathbf{C}}_{j,n}^{\text{p}^{-1}} \tag{6.117}$$

Problem: $\Delta\lambda_j = \Delta t\,\lambda_j$ nicht bekannt.

• **Elastischer Prädiktorschritt**

Prädiktor des Deformationsgradienten (Berechnung nicht erforderlich):

$$\overline{\mathbf{F}}_{j,n+1}^{\text{e,trial}} = \overline{\mathbf{F}}_{n+1}\,\mathbf{F}_{j,n}^{\text{p}^{-1}} \tag{6.118}$$

Prädiktor des linken Cauchy-Greenschen Verzerrungstensors:

$$\overline{\mathbf{b}}_{j,n+1}^{\text{e,trial}} = \overline{\mathbf{F}}_{n+1}\,\mathbf{C}_{j,n}^{\text{p}^{-1}}\,\overline{\mathbf{F}}_{n+1}^{\text{T}} \tag{6.119}$$

Deviatorischer Spannungsprädiktor (aus (6.52)):

$$\boldsymbol{\tau}_{j,\text{iso}}^{\text{p,trial}} = \mu\ln\overline{\mathbf{b}}_j^{\text{e,trial}} \tag{6.120}$$

Normale:

$$\underline{\mathbf{n}}_j^{\text{trial}} = \frac{\boldsymbol{\tau}_{j,\text{iso}}^{\text{p,trial}}}{\|\boldsymbol{\tau}_{j,\text{iso}}^{\text{p,trial}}\|} \tag{6.121}$$

Euklidische Norm:

$$\|\boldsymbol{\tau}_{j,\text{iso}}^{\text{p,trial}}\| = \sqrt{\left(\boldsymbol{\tau}_{j,\text{iso}}^{\text{p,trial}}\,\boldsymbol{\tau}_{j,\text{iso}}^{\text{p,trial}}\right) : \underline{\mathbf{1}}} \tag{6.122}$$

Prüfen des Fließkriteriums (diskrete von Mises-Fließbedingung für ideale Plastizität):

$$\Phi_j^{\text{trial}} = \|\boldsymbol{\tau}_{j,\text{iso}}^{\text{p,trial}}\| - \sqrt{\frac{2}{3}}\,\sigma_{\text{y},j} \tag{6.123}$$

• **Plastischer Korrektorschritt**

Nur erforderlich für $\Phi_j^{\text{trial}} > 0$ (plastisches Fließen).
Korrigierter elastischer Anteil der Verzerrungen ((6.117) mit (6.119)):

$$\overline{\mathbf{b}}_j^e = \exp(-2\Delta\lambda_j\,\underline{\mathbf{n}}_j)\,\overline{\mathbf{b}}_j^{e,\text{trial}} \tag{6.124}$$

Korrigierte Spannungen (Projektion der Trial-Spannungen auf die Fließfläche):

$$\underline{\boldsymbol{\tau}}_{j,\text{iso}}^p = \mu\ln\overline{\mathbf{b}}_j^e = \underline{\boldsymbol{\tau}}_{j,\text{iso}}^{p,\text{trial}} - 2\mu\,\Delta\lambda_j\,\underline{\mathbf{n}}_j \tag{6.125}$$

Mit (6.121)

$$\underline{\mathbf{n}}_j = \frac{\underline{\boldsymbol{\tau}}_{j,\text{iso}}^p}{\|\underline{\boldsymbol{\tau}}_{j,\text{iso}}^p\|} \tag{6.126}$$

folgt weiter:

$$\underline{\mathbf{n}}_j\left(\|\underline{\boldsymbol{\tau}}_{j,\text{iso}}^p\| + 2\mu\,\Delta\lambda_j\right) = \underline{\mathbf{n}}_j^{\text{trial}}\,\|\underline{\boldsymbol{\tau}}_{j,\text{iso}}^{p,\text{trial}}\| \tag{6.127}$$

(6.127) impliziert zum einen, dass

$$\underline{\mathbf{n}}_j = \underline{\mathbf{n}}_j^{\text{trial}} \tag{6.128}$$

und liefert außerdem (Koeffizientenvergleich; Einsetzen von (6.106) und (6.123)) die Konsistenzbedingung

$$\Phi_j = \Phi_j^{\text{trial}} - 2\mu\,\Delta\lambda_j = 0 \tag{6.129}$$

Gesuchter plastischer Parameter:

$$\Delta\lambda_j = \frac{\Phi_j^{\text{trial}}}{2\mu} \tag{6.130}$$

• **Skalierungsfaktor**

Einführung des Skalierungsfaktors ($\varphi_j = 1$ für $\Phi_j^{\text{trial}} \leq 0$):

$$\varphi_j = 1 - \frac{2\mu\,\Delta\lambda_j}{\|\underline{\boldsymbol{\tau}}_{j,\text{iso}}^{p,\text{trial}}\|} = \sqrt{\frac{2}{3}}\,\frac{\sigma_{y,j}}{\|\underline{\boldsymbol{\tau}}_{j,\text{iso}}^{p,\text{trial}}\|} \tag{6.131}$$

Korrigierte elastische Verzerrungen:

$$\overline{\mathbf{b}}_j^e = \exp(\varphi_j\,\ln\overline{\mathbf{b}}_j^{e,\text{trial}}) \tag{6.132}$$

Plastische Zwischenkonfiguration:

$$\underline{\mathbf{C}}_j^{p^{-1}} = \overline{\mathbf{F}}^{-1}\,\overline{\mathbf{b}}_j^e\,\overline{\mathbf{F}}^{-T} \tag{6.133}$$

Korrigierte Spannungen:

$$\underline{\boldsymbol{\tau}}_{j,\text{iso}}^p = \varphi_j\,\underline{\boldsymbol{\tau}}_{j,\text{iso}}^{p,\text{trial}} \tag{6.134}$$

6.7.4 Viskoelastoplastisches Schädigungsmodell

Gesamtspannungen:

$$\boldsymbol{\tau}^{\text{vpd}} = \boldsymbol{\tau}_{\text{vol}} + \delta_0\,\boldsymbol{\tau}_{\text{iso}}^d + \sum_{j=1}^{N}\gamma_j\,\boldsymbol{\tau}_{j,\text{iso}}^{vd} + \sum_{j=1}^{M}\delta_j\,\boldsymbol{\tau}_{j,\text{iso}}^{pd} \tag{6.135}$$

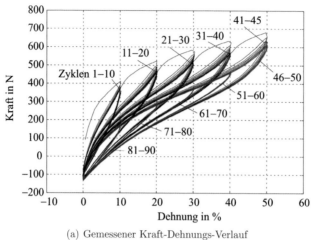

(a) Gemessener Kraft-Dehnungs-Verlauf

Abbildung 6.15: Zyklischer Zugversuch eines Elastomerwerkstoffes

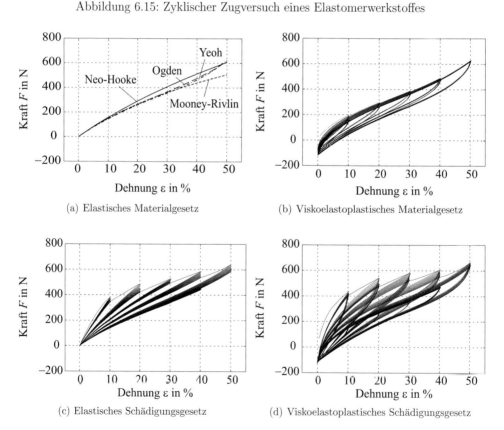

(a) Elastisches Materialgesetz

(b) Viskoelastoplastisches Materialgesetz

(c) Elastisches Schädigungsgesetz

(d) Viskoelastoplastisches Schädigungsgesetz

Abbildung 6.16: Mit verschiedenen Materialansätzen berechneter zyklischer Zugversuch

7 Kontakt

7.1 Optimierungsproblem mit Nebenbedingung

Bei Kontakt handelt es sich um ein nichtlineares Problem, wie das folgende Beispiel einer federgelagerten Punktmasse zeigt. Gesucht: Verschiebung u infolge Eigengewicht.

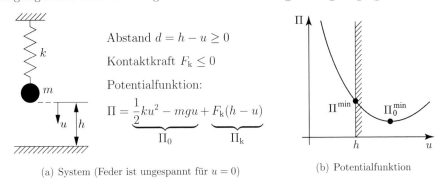

Abstand $d = h - u \geq 0$

Kontaktkraft $F_k \leq 0$

Potentialfunktion:

$$\Pi = \underbrace{\frac{1}{2}ku^2 - mgu}_{\Pi_0} + \underbrace{F_k(h-u)}_{\Pi_k}$$

(a) System (Feder ist ungespannt für $u = 0$) (b) Potentialfunktion

Abbildung 7.1: Kontakt als Ursache nichtlinearen Verhaltens

Prinzip vom Minimum der potentiellen Energie:

$$\Pi = \text{min.} \quad \Rightarrow \quad \delta\Pi = \frac{\partial \Pi}{\partial u} \delta u + \frac{\partial \Pi}{\partial F_k} \delta F_k = 0 \tag{7.1}$$

Für $d = 0$ verschwinden die Ableitungen nach den Unbekannten u und F_k:

$$\begin{bmatrix} \frac{\partial \Pi}{\partial u} \\ \frac{\partial \Pi}{\partial F_k} \end{bmatrix} = \begin{bmatrix} ku - mg - F_k \\ h - u \end{bmatrix} = \begin{bmatrix} 0 \\ 0 \end{bmatrix} \tag{7.2}$$

Für $d > 0$ gilt $\delta F_k = 0$ und $\frac{\partial \Pi}{\partial F_k} \neq 0$.
Lösung:

$$u = \begin{cases} h & \text{für} \quad d = 0 \quad \text{und} \quad F_k = kh - mg \leq 0 \\ \frac{mg}{k} & \text{für} \quad d > 0 \quad \text{und} \quad F_k = 0 \end{cases} \tag{7.3}$$

Da erst **nachträglich überprüft** werden kann, ob der Kontakt offen oder geschlossen ist bzw. ob die sogenannte **Kuhn-Tucker-Bedingung**, $d \geq 0$, $F_k \leq 0$ und $F_k d = 0$, erfüllt ist, muss **gegebenenfalls der zuvor angenommene Kontaktstatus korrigiert** und neu gerechnet werden.

Bei Systemen mit vielen Kontaktnebenbedingungen sind häufig mehrere Iterationen erforderlich, bis der richtige Kontaktzustand ermittelt ist.

7.2 Kontaktformulierungen

Ob Kontaktnebenbedingungen exakt oder nur näherungsweise erfüllt werden, hängt von der Wahl des **Kontaktpotentials** Π_k ab. Anhand des hier behandelten Dreifreiheitsgrad-modells werden drei verschiedene Kontaktformulierungen diskutiert.

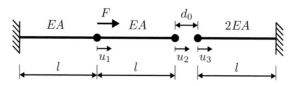

Abbildung 7.2: Dreifreiheitsgradmodell

Energie des kontaktfreien Systems:

$$\Pi_0 = \frac{EA}{2l}\left[u_1^2 + (u_2 - u_1)^2 + 2\,u_3^2\right] - Fu_1 = \min. \tag{7.4}$$

Ableitung nach den Unbekannten u_1, u_2 und u_3 verschwindet:

$$\frac{EA}{l}\begin{bmatrix} 2 & -1 & 0 \\ -1 & 1 & 0 \\ 0 & 0 & 2 \end{bmatrix}\begin{bmatrix} u_1 \\ u_2 \\ u_3 \end{bmatrix} = \begin{bmatrix} F \\ 0 \\ 0 \end{bmatrix} \tag{7.5}$$

Verschiebungsvektor:

$$\mathbf{u} = \begin{bmatrix} u_1 \\ u_2 \\ u_3 \end{bmatrix} = \frac{Fl}{EA}\begin{bmatrix} 1 \\ 1 \\ 0 \end{bmatrix} \tag{7.6}$$

Einsetzen des Grenzfalls $u_2 = d_0$ liefert die Kraft F_0, die zum Kontakt der Stäbe führt:

$$F_0 = d_0\,\frac{EA}{l} \tag{7.7}$$

Erhält man $F_0 < F$ und somit einen negativen Wert für den Abstand $d = d_0 - u_2 + u_3$, so ist das Ergebnis wegen der Durchdringung als falsch zu verwerfen.

7.2.1 Methode der Lagrangeschen Multiplikatoren

Allgemeiner Ansatz:

$$\Pi_k^{\mathrm{LM}} = \int\limits_{A_k} (\lambda_{\mathrm{N}} d_{\mathrm{N}} + \boldsymbol{\lambda}_{\mathrm{T}} \mathbf{g}_{\mathrm{T}})\,dA \tag{7.8}$$

Variation:

$$\delta\Pi_k^{\mathrm{LM}} = \int\limits_{A_k} (\delta\lambda_{\mathrm{N}} d_{\mathrm{N}} + \lambda_{\mathrm{N}}\delta d_{\mathrm{N}} + \delta\boldsymbol{\lambda}_{\mathrm{T}}\mathbf{g}_{\mathrm{T}} + \boldsymbol{\lambda}_{\mathrm{T}}\delta\mathbf{g}_{\mathrm{T}})\,dA \tag{7.9}$$

A_k: Kontaktfläche

λ_N: Lagrange-Multiplikator für Normalkontakt (Einheit: $\mathrm{N/m^2}$)

d_N: Kontaktbedingung für Normalkontakt (Einheit: m)

$\boldsymbol{\lambda}_\mathrm{T}$:   Lagrange-Multiplikator für Tangentialkontakt (2 Schubkomponenten im 3D)

$\mathbf{g}_\mathrm{T}$:   Kontaktbedingungen für Tangentialkontakt (2 Schubkomponenten im 3D)

Beispiel:

$$\Pi^\mathrm{LM} = \underbrace{\frac{EA}{2l}\left[u_1^2 + (u_2 - u_1)^2 + 2\,u_3^2\right] - Fu_1}_{\Pi_0} + \underbrace{\lambda\,(d_0 - u_2 + u_3)}_{\Pi_\mathrm{k}^\mathrm{LM}} = \min. \qquad (7.10)$$

Gleichungssystem aus Ableitung nach den Unbekannten u_i und λ (Einheit: N):

$$\begin{bmatrix} 2\frac{EA}{l} & -\frac{EA}{l} & 0 & 0 \\ -\frac{EA}{l} & \frac{EA}{l} & 0 & -1 \\ 0 & 0 & 2\frac{EA}{l} & 1 \\ 0 & -1 & 1 & 0 \end{bmatrix} \begin{bmatrix} u_1 \\ u_2 \\ u_3 \\ \lambda \end{bmatrix} = \begin{bmatrix} F \\ 0 \\ 0 \\ -d_0 \end{bmatrix} \qquad (7.11)$$

Lösung:

$$\mathbf{u} = \frac{1}{5} \begin{bmatrix} 3\,\frac{Fl}{EA} + 2\,d_0 \\ \frac{Fl}{EA} + 4d_0 \\ \frac{Fl}{EA} - d_0 \\ 2\left(\frac{EAd_0}{l} - F\right) \end{bmatrix} \qquad (7.12)$$

Nachteile:

- Kontaktnebenbedingungen führen zu **zusätzlichen Freiheitsgraden** beim zu lösenden Gleichungssystem.
- **Nullen auf der Hauptdiagonalen** (Einschränkung bei der Wahl des Gleichungslösers)
- Außer den bei geometrisch und/oder physikalisch nichtlinearen Systemen üblichen Gleichgewichtsiterationen sind zusätzliche **Kontaktiterationen** erforderlich.
- Die Struktur des Gleichungssystems ändert sich mit jeder Aktualisierung des Kontaktstatus.
- System kann **überbestimmt** werden, sollten die im Kontakt befindlichen Punkte noch **anderen Zwangsbedingungen** (Randbedingungen, Kopplungen, Starrkörper etc.) unterworfen sein.
- Bei Systemen mit sehr vielen Kontaktpunkten treten häufig Konvergenzprobleme in Form von **Chattering** (Klappernder Kontakt: Abwechselndes Öffnen und Schließen) auf.

Vorteile:

- Verschiebungen entsprechen **exakt** der analytischen Lösung.
- **Kontaktkraft** $F_\mathrm{k} = \lambda$ wird direkt aus dem Lagrangeschen Multiplikator berechnet.

- Kontaktbedingung wird exakt erfüllt:

$$d = d_0 - \underbrace{\left(\tfrac{Fl}{5\,EA} + \tfrac{4}{5}d_0\right)}_{u_2} + \underbrace{\left(\tfrac{Fl}{5\,EA} - \tfrac{1}{5}d_0\right)}_{u_3} = 0 \qquad (7.13)$$

- Auch geeignet für die Berechnung von **weichem Kontakt**.

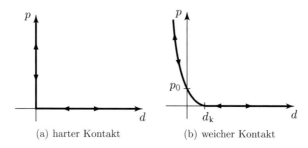

(a) harter Kontakt   (b) weicher Kontakt

Abbildung 7.3: Beschreibung der Kontakteigenschaften mittels Kontaktdruck-Abstands-kurven

Bei **sehr weichem Kontakt** kann auf die Verwendung Lagrangescher Multiplikatoren sogar ganz verzichtet werden (direkte Methode). Führt man stattdessen eine Kopplungsgleichung ein, so sind keine Kontakt-, sondern **lediglich Gleichgewichtsiterationen** erforderlich.

7.2.2 Penalty-Methode

Bei der Penalty-Methode wird für jeden Kontaktpunkt eine Feder eingeführt, die der Durchdringung entgegenwirkt.

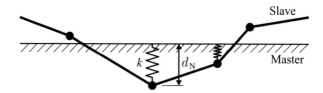

Abbildung 7.4: Einführung von Federn bei der Penalty-Methode

Allgemeiner Ansatz:

$$\Pi_k^P = \int\limits_{A_k} \frac{1}{2}\left(k_N d_N^2 + k_T \mathbf{g}_T \mathbf{g}_T\right)\,dA \qquad (7.14)$$

Variation:

$$\delta\Pi_k^P = \int\limits_{A_k}\left(k_N d_N \delta d_N + k_T \mathbf{g}_T\,\delta\mathbf{g}_T\right)\,dA \qquad (7.15)$$

A_k: Kontaktfläche

k_N: Penalty-Parameter für Normalkontakt (Einheit: N/m^3)

d_N: Kontaktbedingung für Normalkontakt (Einheit: m)

k_T: Penalty-Parameter für Tangentialkontakt

$\mathbf{g}_T$: Kontaktbedingungen für Tangentialkontakt (2 Schubkomponenten im 3D)

Beispiel:

$$\Pi^P = \underbrace{\frac{EA}{2l}\left[u_1^2 + (u_2 - u_1)^2 + 2\,u_3^2\right] - Fu_1}_{\Pi_0} + \underbrace{\frac{1}{2}k\,(d_0 - u_2 + u_3)^2}_{\Pi_k^P} = \min. \tag{7.16}$$

Gleichungssystem aus Ableitung nach den Unbekannten u_i (Penalty-Steifigkeit k in N/m):

$$\begin{bmatrix} 2\frac{EA}{l} & -\frac{EA}{l} & 0 \\ -\frac{EA}{l} & \frac{EA}{l} + k & -k \\ 0 & -k & 2\frac{EA}{l} + k \end{bmatrix} \begin{bmatrix} u_1 \\ u_2 \\ u_3 \end{bmatrix} = \begin{bmatrix} F \\ kd_0 \\ -kd_0 \end{bmatrix} \tag{7.17}$$

Lösung abhängig von $\alpha = \frac{EA}{k\,l}$:

$$\mathbf{u} = \frac{1}{5 + 2\,\alpha} \begin{bmatrix} (3 + 2\alpha)\frac{Fl}{EA} + 2d_0 \\ (1 + 2\alpha)\frac{Fl}{EA} + 4d_0 \\ \frac{Fl}{EA} - d_0 \end{bmatrix} \tag{7.18}$$

Kontaktkraft:

$$F_k = kd = k(d_0 - u_2 + u_3) = \frac{2}{5 + 2\alpha}\left(\frac{EAd_0}{l} - F\right) \tag{7.19}$$

Nachteile:

- Kontaktnebenbedingung $d \geq 0$ nur näherungsweise erfüllt, d. h. es treten **(geringe) Durchdringungen** auf.
- Sehr hohe Penalty-Steifigkeiten führen zu einem **schlecht konditionierten Gleichungssystem** und somit zu schlechter/keiner Konvergenz oder sogar zu falschen Ergebnissen.
- Kontaktkraft ergibt sich nicht direkt, sondern muss nachträglich ermittelt werden.
- Ergebnisse hängen von der Wahl des Penalty-Parameters ab. Diese Abhängigkeit lässt sich zu Lasten der Konvergenzgeschwindigkeit mit dem **nichtlinearen Penalty-Verfahren** verringern, bei dem die Federsteifigkeit mit der Durchdringung zunimmt.
- Wahl eines geeigneten Penalty-Parameters ist abhängig von der Steifigkeit des zu berechnenden Systems.

Vorteile:

- Keine zusätzlichen Freiheitsgrade (Größe des Gleichungssystems unverändert).
- Grenzfall einer unendlich steifen Feder ($k \to \infty$) liefert analytische Lösung (7.12).
- **Bessere Konvergenz** als bei der Methode der Lagrangeschen Multiplikatoren.

7.2.3 Augmented Lagrange-Verfahren

Das Augmented Lagrange-Verfahren ist eine Erweiterung der Penalty-Methode, bei dem die Lösung durch eine zusätzliche Iterationsschleife (Zähler i) verbessert wird.

Allgemeiner Ansatz:

$$\Pi_{\mathrm{k}}^{\mathrm{AL}} = \int\limits_{A_{\mathrm{k}}} \left[\lambda_{\mathrm{N}}^{i} d_{\mathrm{N}}^{i} + \boldsymbol{\lambda}_{\mathrm{T}}^{i} \mathbf{g}_{\mathrm{T}}^{i} + \frac{1}{2} \left(k_{\mathrm{N}} d_{\mathrm{N}}^{i} d_{\mathrm{N}}^{i} + k_{\mathrm{T}} \mathbf{g}_{\mathrm{T}}^{i} \mathbf{g}_{\mathrm{T}}^{i} \right) \right] dA \tag{7.20}$$

Variation:

$$\delta \Pi_{\mathrm{k}}^{\mathrm{AL}} = \int\limits_{A_{\mathrm{k}}} \left[\left(\lambda_{\mathrm{N}}^{i} + k_{\mathrm{N}} d_{\mathrm{N}}^{i} \right) \delta d_{\mathrm{N}}^{i} + \left(\boldsymbol{\lambda}_{\mathrm{T}}^{i} + k_{\mathrm{T}} \mathbf{g}_{\mathrm{T}}^{i} \right) \delta \mathbf{g}_{\mathrm{T}}^{i} \right] dA \tag{7.21}$$

Die Größen λ^{i} und $\boldsymbol{\lambda}_{\mathrm{T}}^{i}$ sind im Gegensatz zu den (echten) Lagrangeschen Multiplikatoren keine zusätzlichen Unbekannten und müssen daher nicht variiert werden.

Beispiel:

$$\Pi^{\mathrm{AL}} = \underbrace{\frac{EA}{2l} \left[u_{1}^{i} u_{1}^{i} + \left(u_{2}^{i} - u_{1}^{i} \right)^{2} + 2 u_{3}^{i} u_{3}^{i} \right] - F u_{1}^{i}}_{\Pi_{0}} + \underbrace{\lambda^{i} \left(d_{0} - u_{2}^{i} + u_{3}^{i} \right) + \frac{1}{2} k \left(d_{0} - u_{2}^{i} + u_{3}^{i} \right)^{2}}_{\Pi_{\mathrm{k}}^{\mathrm{AL}}} = \min.$$

$$\tag{7.22}$$

Gleichungssystem (bis auf die rechte Seite identisch mit dem des Penalty-Verfahrens):

$$\begin{bmatrix} 2\frac{EA}{l} & -\frac{EA}{l} & 0 \\ -\frac{EA}{l} & \frac{EA}{l} + k & -k \\ 0 & -k & 2\frac{EA}{l} + k \end{bmatrix} \begin{bmatrix} u_{1}^{i} \\ u_{2}^{i} \\ u_{3}^{i} \end{bmatrix} = \begin{bmatrix} F \\ k d_{0} + \lambda^{i} \\ -k d_{0} - \lambda^{i} \end{bmatrix} \tag{7.23}$$

Als Ergebnis der ersten Iteration mit dem Startwert $\lambda^{0} = 0$ erhält man die Penalty-Lösung (7.18).

Iterationsschema (**Uzawa-Algorithmus**):

$$\lambda^{i+1} = \lambda^{i} + k d^{i} \quad \text{mit} \quad \lambda^{0} = 0 \tag{7.24}$$

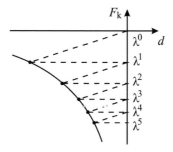

Abbildung 7.5: Schematische Darstellung des Uzawa-Algorithmus

Nachteile:

- (Erheblich) **erhöhter Rechenaufwand** durch zusätzliche Iterationsschleife
- Wie beim (reinen) Penalty-Verfahren führen sehr hohe Werte für k zu einer schlechten Konditionierung des Gleichungssystems.

Vorteile:

- Geringere Abhängigkeit der Ergebnisqualität von der Penalty-Steifigkeit, da sich die Kontaktnebenbedingung $d \geq 0$ mit Hilfe einer **vorzugebenden Toleranzgrenze** $d^{\text{tol}} \lesssim 0$ approximieren lässt. Abbruchbedingung: $d^i = d_0 - u_2^i + u_3^i \geq d^{\text{tol}}$.
- Die Kontaktkraft $F_{\text{k}} = \lambda^{i+1}$ wird automatisch ermittelt.
- Keine zusätzlichen Freiheitsgrade erforderlich, da Struktur des Gleichungssystems erhalten bleibt.

7.2.4 Kombinierte Kontaktformulierungen

Welche Kontaktformulierung sollte verwenden werden?

- Bei **biegedominierten Systemen** ist die **Penalty-Methode** zu empfehlen, da die Penalty-Steifigkeit niedrig sein kann (verhältnismäßig wenig Iterationen).
- Bei **dehnungsdominierten Systemen** bzw. blockartigen Strukturen (z. B. Hertzscher Kontakt) muss die Penalty-Steifigkeit in der Regel um mehr als zwei Größenordnungen erhöht werden, um die gleiche Ergebnisqualität zu erhalten. Tendenziell bietet sich daher die **Methode der Lagrangeschen Multiplikatoren** an. Die Augmented Lagrange-Methode ist in der Regel zu aufwendig.
- Handelt es sich um ein **„gemischtes Problem"**, so empfiehlt sich eine kombinierte Kontaktformulierung: **Penalty-Methode mit Lagrangeschen Multiplikatoren** oder **Augmented Lagrange-Methode mit Lagrangeschen Multiplikatoren**.

Oftmals werden (einzelne) Kontaktpaare mit zu großer Penalty-Steifigkeit automatisch mit Lagrangeschen Multiplikatoren (anstelle der Penalty-Methode) versehen, um Konvergenzprobleme zu vermeiden.

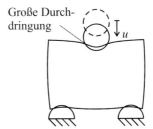
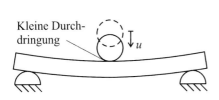

(a) Biegedominiertes Problem   (c) Dehnungsdominiertes Problem

Abbildung 7.6: Auswirkungen einer niedrigen Penalty-Steifigkeit auf die Ergebnisqualität

7.2.5 Reibkontakt

Beim Tangentialkontakt handelt es sich um eine **besonders starke Form von Nicht-linearität** (auch im Vergleich zum Normalkontakt), die zu **mehrdeutigen Lösungen** und **Konvergenzproblemen** führen kann. Man sollte sich daher im Vorfeld gut überlegen, ob Reibeffekte überhaupt relevant oder zugunsten der Numerik vernachlässigbar sind.

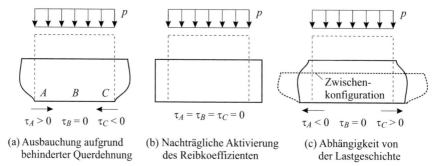

(a) Ausbauchung aufgrund   (b) Nachträgliche Aktivierung   (c) Abhängigkeit von
behinderter Querdehnung   des Reibkoeffizienten   der Lastgeschichte

Abbildung 7.7: Mehrdeutige Lösungen bei Reibkontakt

Reibgesetze:

- (Isotropes) **Coulomb-Reibgesetz** (für die meisten Anwendungen ausreichend):

$$F_{\mathrm{R}} \leq \mu F_{\mathrm{N}} \tag{7.25}$$

- **Anisotropes Coulomb-Gesetz** mit Reibkoeffizienten μ_1 und μ_2. Reibkraft F_{R} kann infolge von Riefen (zerspanende Oberflächenbearbeitung) richtungsabhängig sein.
- Reibkoeffizient als Funktion der Normalkraft F_{N} bzw. des Drucks oder der Relativ-geschwindigkeit (Unterscheidung zwischen **Haftreib- und Gleitreibkoeffizient**).

Kontaktformulierungen:

- Während sich für Normalkontakt die Methode der Lagrangeschen Multiplikatoren und die Penalty-Methode gleichermaßen etabliert haben, wird für **Tangentialkontakt überwiegend die Penalty-Methode** verwendet (Mischung ist möglich).
- Die **Methode der Lagrangeschen Multiplikatoren** sollte wegen erhöhten Rechenauf-wands und geringerer Konvergenzwahrscheinlichkeit nur dann verwendet werden, wenn **sehr hohe Genauigkeiten** (z. B. bei Verschleißsimulationen) erforderlich sind.
- Die Augmented Lagrange-Methode hat sich für den Reibkontakt nicht bewährt.

Konvergenz:

- Bei einigen Problemen wie **Stick-Slip** (insbesondere, wenn sich nur ein Knoten im Kontakt befindet) lässt sich die Konvergenz verbessern, wenn zu Iterationsbeginn nur Normalkontakt berücksichtigt wird (Reibung kommt erst später hinzu).
- Wie auch beim Normalkontakt (siehe Gleichung (3.14)) kann die Anwendung von **Kontaktstabilisierung** das Konvergenzverhalten deutlich verbessern.

Reibung führt zu **unsymmetrischen Steifigkeitsmatrizen**. Bei kleinen Reibkoeffizienten (z. B. $\mu = 0{,}1$) kann es hinsichtlich der Rechenzeit (Anzahl Iterationen mal Aufwand pro Iteration) dennoch sinnvoll sein, einen symmetrischen Löser zu verwenden.

7.3 Kontaktdiskretisierung

Während bei den Kontaktformulierungen die Frage im Vordergrund steht, wie die Kontaktnebenbedingung $d \geq 0$ mathematisch und numerisch umgesetzt wird, geht es bei der Kontaktdiskretisierung um die Frage, wo Kontakt abgefragt werden soll.

Anhand des in Abbildung 7.8 gezeigten Beispieles einer Kabelhalterung werden nachfolgend verschiedene Varianten diskutiert. Gesucht seien die Verschiebungen und Spannungen im montierten Zustand.

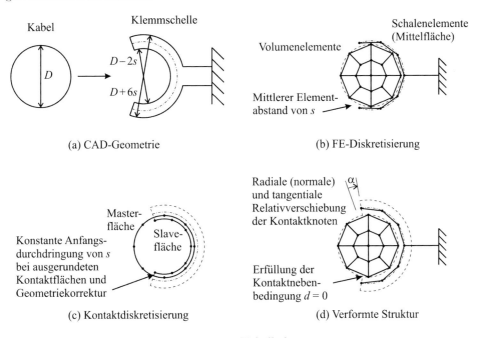

Abbildung 7.8: Kabelhalterung

7.3.1 Reines Master-Slave-Konzept

- **Knoten der Slavefläche dürfen Masterfläche nicht durchdringen** (nur umgekehrt).
- **Slavefläche** kann sowohl element- als auch knotenbasiert (Knotenwolke ohne Elemente) sein.
- **Masterfläche** kann entweder elementbasiert oder eine analytische (starre) Fläche sein. Optional: Ausrundung von Ecken (meist nur im 2D möglich).
- **Kontaktnormale** ergibt sich aus der Masterfläche. Um einen gleichmäßigen Übergang zu gewährleisten, werden hierfür die Elementnormalenvektoren benachbarter Elemente gemittelt.

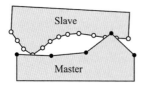

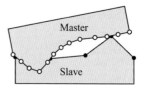

(a) Reiner Master-Slave-Kontakt mit grobem Master   (b) Reiner Master-Slave-Kontakt mit feinem Master

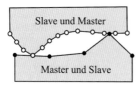

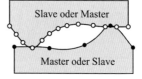

(c) Symmetrischer Master-Slave-Kontakt   (d) Flächenbasierter Master-Slave-Kontakt

Abbildung 7.9: Varianten des Master-Slave-Konzepts

- Unsymmetrische Steifigkeitsmatrizen aufgrund der verschiedenen Richtungen von Kontakt- und Elementnormalenvektoren. Bei stark gekrümmten Masterflächen wird folglich die Anwendung eines **unsymmetrischen Gleichungslösers** empfohlen.

- Knoten von Master- und Slavefläche sollten positionsgleich sein, da es bei nicht-konformen Netzen zu einer ungleichmäßigen Kontaktdruckverteilung kommt, selbst wenn beide Flächen eben sind.

- Sind bei nichtkonformer Elementdiskretisierung die Kontaktflächen zudem noch gekrümmt, wie beim Beispiel Kabelhalterung der Fall, so variiert der Abstand der Slaveknoten zu der jeweiligen Masterfläche. Ohne Gegenmaßnahmen (Geometrie- oder Kontaktkorrektur) kommt es trotz homogener CAD-Geometrie zu einer (starken) Verfälschung der Ergebnisse.

- Der **Masterkörper** sollte zumindest im Bereich der Kontaktzone **gröber diskretisiert** sein als der Slavekörper, um zu große Durchdringungen zu vermeiden.

- Bei ähnlicher Netzfeinheit sollte der steifere Körper Master sein.

7.3.2 Symmetrisches Master-Slave-Konzept

- **Doppelte Kontaktdefinition** (Umkehrung von Master und Slave) mit dem Ziel, sämtliche Durchdringungen zu vermeiden.

- Kontaktflächen werden wie beim reinen Master-Slave-Konzept gebildet.

- Nachteile: höherer Aufwand und größere Gefahr von Überbestimmtheiten.

- Wird häufig bei expliziten Zeitintegrationsverfahren verwendet.

Knotenkräfte beim flächenbasierten Master-Slave-Konzept (surface to surface)

Master gröber

Spalt infolge ausgerundeter Masterfläche

(Sehr) viele Kontaktnebenbedingungen (Slaveseite)

Idealfall: ähnliche Netzfeinheit und Materialsteifigkeit von Master (oben) und Slave (unten)

Master steifer

Master weicher (nicht empfohlen!)

Konvergenzprobleme

Master feiner (nicht empfohlen!)

Verteilung der Kontaktkraft auf eine endliche (!) Anzahl von Masterknoten (aus Effizienzgründen)

Durchdringungen (numerisch unproblematisch) und stark verzerrte Elemente (Einzellasten auf weiches Material)

7.3.3 Flächenbasiertes Master-Slave-Konzept

- Kontaktflächen entstehen durch eine **Ausrundung von Elementflächen**:
  - Die **Position der Zwangsbedingungen** ist folglich entkoppelt von den Knoten, d. h. es müssen zusätzliche **Kontaktpunkte** definiert werden, deren Lage (und Anzahl) unabhängig von den Knotenkoordinaten ist.
  - Einzelknoten können nicht berücksichtigt werden, weil sich aus ihnen keine kontinuierliche Kontaktfläche bilden lässt (Normalenrichtung fehlt).
  - Die **Kontaktnormale** ist nicht auf die Masterfläche beschränkt, sondern je nach Implementierung kann anteilig oder sogar ausschließlich die **Normale der Slavefläche** verwendet werden.
- Die Kontaktnebenbedingung ist wie beim reinen Master-Slave-Konzept (lediglich) von den Slaveknoten bzw. den Kontaktpunkten der Slaveseite zu erfüllen.
- Die auf Slaveseite berechneten Kontaktkräfte werden jedoch nicht ausschließlich auf den oder die direkt betroffenen Masterknoten (des Elementes, das beim reinen Master-Slave-Konzept die Kontaktfläche bilden würde) übertragen, sondern **über mehrere Masterknoten verteilt**:
  - Durch die Glättung der Kontaktdruckverteilung fallen gewisse Einschränkungen bei der Vernetzung weg. So sind die Ergebnisse nahezu unabhängig von den Knotenpositionen (**nichtkonforme Netze** sind erlaubt) und der Wahl von Master- und Slaveseite, d. h. der **Master darf ruhig etwas feiner** diskretisiert sein, ohne dass sich unzulässig große Durchdringungen einstellen.
  - Zu feine Masterflächen sind zu vermeiden, denn die Anzahl der (zusätzlichen) Master-Kontaktpunkte ist aus Effizienzgründen zumeist limitiert. Wie auch beim reinen Master-Slave-Kontakt besteht dann die Gefahr, dass die Slavefläche zwischen den Kontaktpunkten in den Master eindringt.
- Die **Slavefläche kann (vermeintlich) etwas in den Master eindringen**, wenn man anstatt der Kontaktfläche die zugehörigen Elementflächen betrachtet.
- Der **Master dringt nicht mehr ganz so stark in den Slave** ein.
- Die **Steifigkeitsmatrix** besitzt eine **größere Bandbreite**, da pro Kontaktbedingung deutlich mehr Knoten berücksichtigt werden müssen, und ist wegen der Unabhängigkeit von Kontakt- und Elementflächen zudem **unsymmetrisch**.
- Auswirkung auf Rechenzeit ist beispielabhängig: Einerseits ist jede Iteration numerisch aufwändiger, andererseits sind wahrscheinlich weniger Iterationen erforderlich.
- Für die Kabelhalterung bietet sich das flächenbasierte Master-Slave-Konzept an.

7.3.4 Schalendicke

Beim Beispiel Kabelhalterung wird die Klemmschelle mit Schalenelementen diskretisiert. Da das Geometriemodell bereits die Schalendicke berücksichtigt, ist anstatt der **Schalenmittelfläche** (Position der Knoten) die **Schalenober- bzw. -unterseite** als Kontaktfläche zu verwenden.

Bei anderen CAD-Geometrien kann es erforderlich sein, die Schalendicke bei der Kontaktdiskretisierung zu ignorieren, um unerwünschte Durchdringungen zu vermeiden.

7.3.5 Geometrie- und Kontaktkorrektur

Bei der Kabelhalterung handelt es sich um eine Presspassung, bei der eine Überlappung von Master- und Slavefläche absichtlich modelliert wird. Üblicherweise sind **Anfangs-durchdringungen** jedoch unerwünscht, da sie zu Konvergenzproblemen (Zeitschrittsteuerung ist wirkungslos) und falschen Ergebnissen führen können. Gleiches gilt für **Anfangs-klaffungen**, die zudem noch die Ursache von Starrkörperverschiebungen sein können.

Ursachen für Abweichungen zwischen Master- und Slavefläche:

- Schalendicke (bzw. Offset) wird zwar beim Geometriemodell, nicht aber bei der Kontaktdiskretisierung vernachlässigt (und umgekehrt).
- Rundungsfehler (beim Import einer CAD-Datei)
- Diskretisierung einer gekrümmten Fläche

Geometriekorrektur

Beim flächenbasierten Master-Slave-Konzept werden Kontaktflächen durch **Ausrundung von Elementflächen** (vernetzte Geometrie) gebildet. Als Anwender hat man die Möglichkeit, die dabei entstehende **Abweichung zur Ausgangsgeometrie** entweder zu tolerieren oder zu korrigieren. Bei der Kabelhalterung wird die Geometriekorrektur sowohl für das Kabel als auch für die Schelle angewandt, da die Kontaktflächen stark gekrümmt sind.

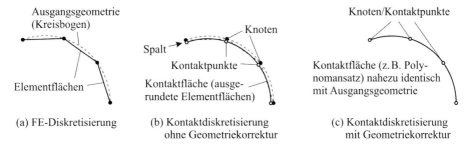

Abbildung 7.10: Geometriekorrektur beim flächenbasierten Master-Slave-Konzept

Kontaktkorrektur

Bei der Kontaktkorrektur werden **Slaveknoten vor der Berechnung auf die Masterfläche** verschoben.

- Wie auch bei der Geometriekorrektur entstehen bei der Kontaktkorrektur **keine Anfangsspannungen**.
- Während auf die Korrektur von anfänglichen Klaffungen auch mal verzichtet werden kann, sollten anfängliche Durchdringungen in jedem Fall korrigiert werden.
- Um **Selbstdurchdringungen** (negatives Volumen) zu vermeiden, darf die Anfangs-durchdringung die Elementabmessung nicht übersteigen.
- Inbesondere bei gekrümmten, nichtkonformen Netzen in Kombination mit dem reinen Master-Slave-Konzept ist eine Korrektur der Slaveknoten nahezu unerlässlich.

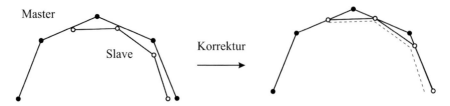

(a) Kontaktflächen beim reinen Master-Slave-Konzept

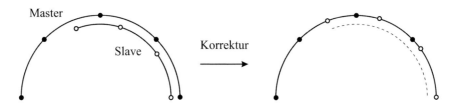

(b) Kontaktflächen beim flächenbasierten Master-Slave-Konzept

Abbildung 7.11: Kontaktkorrektur

7.3.6 Presspassungen

Bei der Kabelhalterung ist eine Durchdringung der Kontaktflächen absichtlich modelliert worden, um die Spannungen im montierten Zustand ermitteln zu können, ohne den
Montagevorgang simulieren zu müssen. Bei der Simulation derartiger Presspassungen wird
eine **modifizierte Kontaktnebenbedingung** verwendet:

$$\tilde{d} = d + e \geq 0 \quad \text{mit} \quad e = e_{\max}\frac{T-t}{T} \quad \text{und} \quad t \in [0, T] \tag{7.26}$$

Die erlaubte Eindringung e nimmt zu Beginn ihren Maximalwert $e(t = 0) = e_{\max}$ an und
wird anschließend inkrementell auf null gefahren, $e(t = T) = 0$, wodurch die Slavefläche
kontinuierlich aus der Masterfläche herausgedrückt wird (**Interference Fit**).

- Bei der Kabelhalterung sind sehr gute Ergebnisse zu erwarten, da die Ausgangsgeometrie (Kreis und Kreisbogen) von beiden Kontaktflächen (Beschreibung durch
  z. B. einen Polynomansatz) mittels Geometriekorrektur sehr gut angenähert wird.

- Weil beim **reinen Master-Slave-Konzept** eine Geometriekorrektur nicht möglich ist,
  bietet sich hier folgende Variante an: Zunächst erfolgt eine **Kontaktkorrektur**, damit die Slaveknoten direkt auf der Masterfläche liegen. Anschließend werden mittels
  der **modifizierten Eindringfunktion** $e = -e_{\max}\frac{t}{T}$ die beiden Flächen auseinanderge-
  drückt, so dass ein **Spalt** entsteht: $\tilde{d}(t = T) = d - e_{\max} \geq 0$ und somit $d \geq e_{\max} > 0$.
  Die berechneten Kontaktdrücke können als sehr genau angesehen werden.

- Bei Reibkontakt können, bedingt durch abweichende Kontaktnormalenrichtungen,
  die verschiedenen Master-Slave-Konzepte zu unterschiedlichen Ergebnissen führen.

7.3.7 Quadratische Elemente

Quadratische Serendipity-Elemente (quadratische Elemente ohne Flächen- und Volumen-mittelknoten) sollten für Kontaktberechnungen nicht verwendet werden:

- Es ist unmöglich, einen konstanten Druck gleichmäßig auf die Knoten zu verteilen.
- Probleme bei der Ermittlung des Kontaktstatus, da an den Eckknoten **Zugkräfte bei Hexaederelementen und Nullkräfte bei Tetraederelementen** auftreten.
- Sollte die Analyse überhaupt konvergieren, so erhält man eine ungleichmäßige Kontaktdruckverteilung (**Caribbean Island-Effekt**).

Gegenmaßnahmen:

- Flächenbasierter Master-Slave-Kontakt konvergiert häufig etwas besser als der reine Master-Slave-Kontakt.
- Verwendung von quadratischen Elementen mit Mittelknoten (Lagrange-Elemente)
- Verwendung von Elementen mit modifizierten Ansatzfunktionen
- Verwendung von Elementen mit zusätzlichen Kontaktpunkten

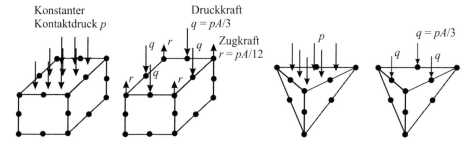

(a) Vorzeichenwechsel bei Hexaederelementen   (b) Kraftfreie Eckknoten bei Tetraederelementen

Abbildung 7.12: Konsistente Einzellasten bei quadratischen Serendipity-Elementen

7.3.8 Kleine Gleitwege

Eine (deutliche) **Reduktion des Rechenaufwands** lässt sich erreichen, wenn man ausnutzen kann, dass Kontaktflächen nur kleine tangentiale Relativbewegungen ausführen können.

- Bis zu welchem Maße eine Relativverschiebung als klein angesehen werden kann, hängt von der **lokalen Krümmung** ab: Während die erlaubten Gleitwege bei ebenen Flächen verhältnismäßig groß sind, geht die Toleranz bei Ecken gegen null.
- Zu Beginn der Analyse wird für jeden Kontaktpunkt der Slavefläche nach möglichen Kontaktpunkten auf der Masterseite gesucht. Diese Fußpunkte definieren zusammen mit der Kontaktnormalen eine **unendlich ausgedehnte Kontaktfläche**.
- Kontaktebenen können zwar mitrotieren, bleiben aber ansonsten unveränderlich.
- Sollte sich herausstellen, dass die Gleitwege doch nicht klein sind, kann es zu unrealistischen Ergebnissen kommen (**„Phantomkontakt"**).

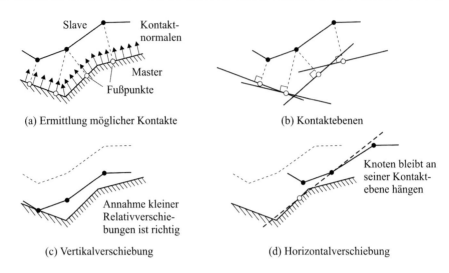

(a) Ermittlung möglicher Kontakte (b) Kontaktebenen

(c) Vertikalverschiebung (d) Horizontalverschiebung

Abbildung 7.13: Annahme kleiner Gleitwege

7.4 Dynamischer Kontakt

7.4.1 Lineare Dynamik

Im Rahmen der linearen Dynamik (z. B. Eigenfrequenzanalyse) ist es nicht möglich, wechselnde Kontaktsituationen zu berücksichtigen. Der aktuelle Kontaktzustand (offen oder geschlossen, Haften oder Gleiten) wird „eingefroren".

7.4.2 Implizite Zeitintegration

Bei hartem Kontakt (vgl. Abbildung 7.3a) ist eine gleichzeitige Erfüllung der Impuls- und Energieerhaltungssätze nur für den Grenzfall unendlich kleiner Elemente und Zeitinkremente möglich. Mit dem in Abbildung 7.14 dargestellten dynamischen Kontaktalgorithmus lässt sich zumindest der Impulserhaltungssatz erfüllen:

1. Für ein Zeitinkrement $\Delta t = t_{n+1} - t_n$ erhält man in Abhängigkeit von der Geschwindigkeit eine Durchdringung von einem oder mehreren Knoten. Da dieses nicht erlaubt ist, wird ein **Zwischenzeitpunkt** $t = t_{n+\delta}$ eingeführt.

2. Der bzw. die Knoten werden (im Mittel) auf die Kontaktfläche zurückgeführt.

3. Es wird angenommen, dass für den Zwischenzeitpunkt $t_{t+\delta}$ alle **Slaveknoten die gleiche Geschwindigkeit wie die Masterfläche** besitzen. Wie groß diese ist, lässt sich aus der **Impulsbilanz** ermitteln.

4. Berechnung der **Beschleunigungen** für $t_{t+\delta}$ aus dem **Energieerhaltungssatz**.

5. Vollendung des Zeitinkrements (nicht dargestellt).

6. Aufhebung der Zwangsbedingung (gleiche Geschwindigkeiten), wenn ein negativer Kontaktdruck berechnet wird.

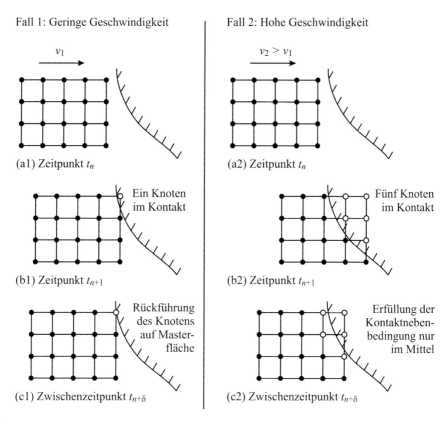

Abbildung 7.14: Kontaktalgorithmus bei impliziter Zeitintegration und hartem Kontakt

Mit den folgenden Gegenmaßnahmen lässt sich die durch den **„plastischen Anprall" dissipierte Energie** minimieren:

- Begrenzung der **Zeitschrittweite**
- **Feines Netz** an der Oberfläche, um die Masse der Kontaktpunkte zu reduzieren.
- Verwendung von linearen Elementen, da diese in der Regel eine **„lumped mass matrix"** (Massenmatrix ist nur auf der Hauptdiagonalen besetzt) besitzen. Von der Verwendung von Elementen mit **konsistenter Massenmatrix** (üblich bei quadratischen Elementen) wird abgeraten, da über den Umweg der Integrationspunkte automatisch auch die Kinematik von nicht im Kontakt befindlichen Nachbarknoten beeinflusst wird.

Bei einem **weichen Kontakt** (vgl. Abbildung 7.3b) muss **kein Zwischenschritt** eingeführt werden, weil Durchdringungen zulässig sind. Dies hat den Vorteil, dass die Impulsbilanz nicht angewandt werden muss, weshalb auch keine kinetische Energie dissipiert. Da mit der Durchdringung die Kontaktkräfte stark ansteigen können, treten andererseits häufig Konvergenzprobleme in Form von klappernden Kontakten (**Chattering**) auf.

7.4.3 Explizite Zeitintegration

Da bei expliziten Zeitintegrationsverfahren **nicht iteriert** werden muss, um das dynamische Gleichgewicht zu lösen, sind sie **prädestiniert für komplexe Kontaktprobleme**. Konvergenzprobleme, wie sie bei statischen und implizit dynamischen Analysen auftreten, sind nahezu unbekannt.

Penalty-Verfahren

- Das Penalty-Verfahren wird bei expliziten Zeitintegrationsverfahren am **häufigsten** eingesetzt.
- Aufgrund der sehr kleinen Zeitschrittweite können während eines Zeitinkrementes nur vergleichsweise geringe Durchdringungen auftreten, bevor diese von den Penalty-Kräften verhindert werden.
- Es ist aus mathematisch-numerischer Sicht relativ einfach, während der Analyse entstehende **Kontakte automatisch zu erkennen** (**allgemeiner Kontakt**), so dass auf die Definition von möglichen Kontaktpaaren verzichtet werden kann.
- Zu große Penalty-Steifigkeiten können zu einer Verkleinerung des stabilen Zeitinkrementes führen.

Methode der kinematischen Verträglichkeit

- Analog zur Methode der Lagrangeschen Multiplikatoren kann mit diesem Prädiktor-Korrektor-Verfahren die Kontaktnebenbedingung $d \geq 0$ exakt erfüllt werden.
- Geeignet vor allem für Beispiele mit einer geringen Anzahl von Kontaktpunkten.
- Aufwendiger als das Penalty-Verfahren.

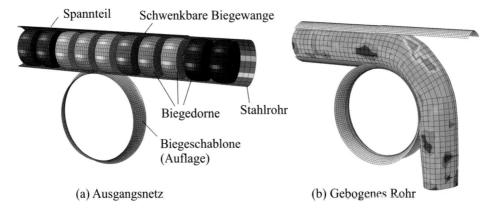

(a) Ausgangsnetz   (b) Gebogenes Rohr

Abbildung 7.15: Rohrbiegung als Beispiel für ein komplexes Kontaktproblem, das explizit dynamisch gelöst werden muss (Konvergenzprobleme bei statischer und implizit dynamischer Analyse)

8 Tipps und Tricks

8.1 Es muss doch noch schneller gehen

> **Goldene Regel**: Vor 10 Jahren ist die Rechnung in **einer Nacht** durchgelaufen, heute dauert sie immer noch eine Nacht.

Klar: Mit heutzutage zur Verfügung stehenden Rechnern lassen sich komplexere Problemstellungen lösen als damals. Um sich das Ergebnis am nächsten Morgen anschauen zu können, reicht es jedoch nicht immer aus, nur die große Keule herauszuholen. Neben den in den bisherigen Kapiteln gegebenen Hinweisen existieren noch eine Reihe weiterer Methoden, mit denen sich die Rechenzeit mitunter drastisch reduzieren lässt.

8.1.1 Die Hardware-Keule

CPU-Taktfrequenz:
- Limitierender Faktor bei Einprozessor-Rechnern.
- Bedeutung nimmt zusehends ab, da Grenze nahezu erreicht.

Verwendung mehrerer Prozessoren:
- Es ist üblich, bei der Anzahl Prozessoren N eine Potenz von 2 zu verwenden (z. B. $2^4 = 16$), auch wenn es hierfür aus numerischer Sicht keinen Grund gibt. So könnte man auf $N = 15$ Prozessoren rechnen und den verbleibenden Prozessor zum Surfen im Internet nutzen.
- In wenigen Jahren wird es wahrscheinlich selbstverständlich sein, auf 1000 oder mehr Prozessoren zu rechnen.
- Optional: Hinzunahme der Graphikkarte (**GPGPU**: General-purpose computing on graphics processing units)
- Der **Speedup-Faktor** M hängt auf Hardware-Seite von der Prozessor-Architektur und auf Software-Seite von der **Parallelisierbarkeit** des mathematischen Problems ab:
    - Explizite Analysen lassen sich sehr gut parallelisieren, da kein konventioneller Gleichungslöser verwendet wird: z. B. $M = 12$ bis 14 bei $N = 15$.
    - Bei statischen und implizit dynamischen Analysen ist der Speedup-Faktor deutlich schlechter: z. B. $M = 3$ bis 6 bei $N = 15$.
- Die Parallelisierbarkeit ihres Quellcodes zu verbessern, ist eine der großen Aufgaben der Hersteller von FE-Programmen, da die meisten Programmkerne zu einer Zeit entwickelt wurden, als es nur Einprozessor-Maschinen gab.

Arbeitsspeicher:
- Um das Auslagern von Dateien auf die Festplatte zu verhindern oder zumindest zu minimieren, sollte der **Arbeitsspeicher hinreichend groß** sein.
- Sehr große Jobs daher besser **hintereinander statt gleichzeitig** abschicken.

8.1.2 Gleichzeitige Analyse verschiedener Lastfälle

Bei linearen Systemen besteht die Möglichkeit, die Antwort auf **verschiedene Lastfälle in einem einzigen Berechnungsschritt** zu erhalten. Da die Steifigkeitsmatrix für alle Lastfälle identisch ist, muss sie nur ein einziges Mal invertiert werden, wenn man die **Verschiebungs- und Lastvektoren zu Matrizen** zusammenfasst:

$$
\left.\begin{array}{l}
\mathbf{K}\mathbf{u}_1 = \mathbf{P}_1 \\
\mathbf{K}\mathbf{u}_2 = \mathbf{P}_2 \\
\vdots \\
\mathbf{K}\mathbf{u}_N = \mathbf{P}_N
\end{array}\right\}
\quad \Rightarrow \quad \mathbf{u} = \mathbf{K}^{-1}\mathbf{P} \quad \text{mit} \quad \mathbf{u} = [\mathbf{u}_1, \mathbf{u}_2, \dots \mathbf{u}_N] \ , \ \mathbf{P} = [\mathbf{P}_1, \mathbf{P}_2, \dots \mathbf{P}_N]
$$

$$(8.1)$$

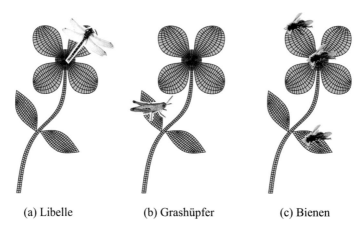

(a) Libelle   (b) Grashüpfer   (c) Bienen

Abbildung 8.1: Lastfälle am Beispiel einer Blume

Jeder Lastfall kann sich aus verschiedenen Verschiebungs- und Kraftrandbedingungen (Eigengewicht, Wind, Schnee, Insekten usw.) zusammensetzen:

- **Enormer Rechenzeitvorteil bei Kraftrandbedingungen** im Vergleich zu mehreren Analysen mit nur jeweils einem Lastfall.
- Bei Verschiebungsrandbedingungen hängt die Effizienz von der gemeinsamen Schnittmenge ab: Einbau der RB in **K** (Streichen der zugehörigen Spalten und Zeilen) nur möglich, wenn diese für alle Lastfälle gleich sind.
- **Lastfälle können als Postprozessing-Option skaliert und/oder kombiniert** (3 Grashüpfer und Bienen) werden (exakte Lösung).
- Es ist auch möglich, die **ungünstigste Kombination** automatisch ermitteln zu lassen (maximale Spannungen über alle Lastfälle).
- Reicht der Arbeitsspeicher aufgrund der Vielzahl an Lastfällen nicht aus, sollten diese aufgeteilt werden, z. B. in $2 \times 30 = 60$.

8.1.3 Substrukturtechnik

Bei der Substrukturtechnik wird entweder das gesamte FE-Modell oder zumindest ein Abschnitt davon in verschiedene Bereiche unterteilt, die vorab „kondensiert" werden:

- Da das letztendlich zu lösende Gleichungssystem vergleichsweise klein ist (z. B. 10^7 statt 10^8 FHG), lassen sich **extrem große Strukturen** (ganze Schiffe) berechnen.
- Die auch als **Superelemente** bezeichneten Substrukturen weisen, jeweils für sich betrachtet, **lineares Verhalten** (kleine Dehnungen) auf.
- Einmal generiert, lassen sich Superelemente wie normale Finite Elemente für jede beliebige FE-Prozedur, also auch im Rahmen von **nichtlinearen Analysen** einsetzen:
    - Große Starrkörperverschiebungen und -rotationen von Superelementen.
    - **Kontakt** zwischen Superelementen und mit anderen Finiten Elementen.
    - Berücksichtigung von **Versteifungseffekten** durch Vorlast (Rotordynamik).
    - Falls das Berechnungsmodell noch weitere Finite Elemente umfasst, können für diese inelastische Stoffgesetze verwendet werden.
- **Externe Freiheitsgrade/Knoten** (retained nodes, freie/zurückbehaltene Knoten):
    - Innerhalb einer Schnittfläche befindliche **Verbindungs- oder Koppelknoten**.
    - Knoten mit Verschiebungsrandbedingungen ungleich null.
    - Das Ergebnis dynamischer Analysen lässt sich durch Einführung zusätzlicher Stützstellen verbessern (insbesondere bei Guyan-Reduktion).
- **Kraftrandbedingungen**:
    - Für jede Substruktur können (müssen) vorab ein oder auch mehrere Lastvektoren generiert werden.
    - Es lassen sich (vorsorglich) auch (Substruktur-)Lastfälle anlegen, die in der späteren Analyse nicht benötigt werden.
    - Eine **nachträgliche Generierung von Lastfällen ist nicht möglich**.
    - Es besteht lediglich die Option, vorhandene Lastfälle zu skalieren und/oder zu kombinieren.
- Bei Bedarf nachträgliche **Wiederherstellung von eliminierten Freiheitsgraden**: Berechnung von Verschiebungen, Spannungen usw. innerhalb einzelner Substrukturen.
- Vergleichsweise hoher Vorbereitungsaufwand: Aufteilung in sinnvolle Bereiche, Vorabermittlung der Substrukturmatrizen (**kondensierte Matrizen**).
- Fehleranfälligkeit: Koordinaten und **Reihenfolge der Knoten** müssen auf globaler und Substruktur-Ebene identisch sein.
- Modelländerung: Nur die betroffenen Substrukturmatrizen sind neu zu generieren.
- **Schachtelung**: Substrukturen können neben normalen Finiten Elementen ihrerseits auch andere Substrukturen umfassen.
- Je weniger externe FHG verwendet werden (bei kleinen Schnittflächen), desto größer der Rechenzeitgewinn.

- Freie Knoten (externe FHG)
  bei statischer Kondensation

○ Zusätzliche Stützstellen bei
  dynamischer Kondensation

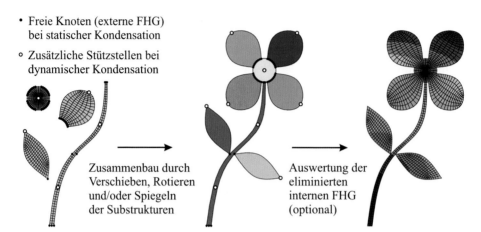

Zusammenbau durch
Verschieben, Rotieren
und/oder Spiegeln
der Substrukturen

Auswertung der
eliminierten
internen FHG
(optional)

(a) Generierung von Superelementen   (b) Eigentliche FE-Analyse   (c) Wiederhergestelltes Netz

Abbildung 8.2: Substruktur-Analyse

Statische Kondensation

Statisches Ausgangsgleichungssystem:

$$\underbrace{\begin{bmatrix} \mathbf{K}_{ee} & \mathbf{K}_{ei} \\ \mathbf{K}_{ie} & \mathbf{K}_{ii} \end{bmatrix}}_{\mathbf{K}} \underbrace{\begin{bmatrix} \mathbf{u}_e \\ \mathbf{u}_i \end{bmatrix}}_{\mathbf{u}} = \underbrace{\begin{bmatrix} \mathbf{P}_e \\ \mathbf{P}_i \end{bmatrix}}_{\mathbf{P}} \tag{8.2}$$

Indizes:

 e: Externe Freiheitsgrade (verbleibende FHG an Rändern und Stützstellen)

 i: Interne Freiheitsgrade (eliminierte FHG innerhalb der Substruktur)

Elimination nicht benötigter (interner) Freiheitsgrade (aus unterem Teil):

$$\mathbf{u}_i = \mathbf{K}_{ii}^{-1} \left[\mathbf{P}_i - \mathbf{K}_{ie} \mathbf{u}_e \right] \tag{8.3}$$

Einsetzen in oberen Teil liefert **reduziertes Gleichungssystem** (mit $\mathbf{K}_{ie} = \mathbf{K}_{ei}^{T}$):

$$\underbrace{\left[\mathbf{K}_{ee} - \mathbf{K}_{ei} \mathbf{K}_{ii}^{-1} \mathbf{K}_{ie} \right]}_{\mathbf{K}_{reduziert}} \mathbf{u}_e = \underbrace{\left[\mathbf{P}_e - \mathbf{K}_{ei} \mathbf{K}_{ii}^{-1} \mathbf{P}_i \right]}_{\mathbf{P}_{reduziert}} \tag{8.4}$$

Die Lösung ist exakt:

 1. Schritt: Berechnung der externen Freiheitsgrade $\mathbf{u}_e$

 2. Schritt: Berechnung der internen Freiheitsgrade $\mathbf{u}_i$ durch Rückeinsetzen (optional)

Die **statische Kondensation** bezeichnet man auch als **Guyan-Reduktion**.

Dynamische Kondensation

Für dynamische Systeme $\mathbf{M\ddot{u} + D\dot{u} + Ku = P}$ gibt es keine exakte Reduktionstechnik, sondern nur eine Reihe von **Näherungsverfahren**:

- **Statische Kondensation nach Guyan**
  - Auch in der Dynamik angewandte Reduktionstechnik
  - Massenmatrix (gleiche Transformation wie bei Steifigkeitsmatrix):

$$\mathbf{M}_{\mathrm{reduziert}} = \mathbf{M}_{\mathrm{ee}} - \mathbf{M}_{\mathrm{ei}}\mathbf{M}_{\mathrm{ii}}^{-1}\mathbf{M}_{\mathrm{ie}} \tag{8.5}$$

  - Dämpfungsmatrix (analog):

$$\mathbf{D}_{\mathrm{reduziert}} = \mathbf{D}_{\mathrm{ee}} - \mathbf{D}_{\mathrm{ei}}\mathbf{D}_{\mathrm{ii}}^{-1}\mathbf{D}_{\mathrm{ie}} \tag{8.6}$$

  - Die internen Verschiebungen

$$\mathbf{u}_{\mathrm{i}} = \mathbf{K}_{\mathrm{ii}}^{-1}\left[\mathbf{P}_{\mathrm{i}} - \mathbf{K}_{\mathrm{ie}}\mathbf{u}_{\mathrm{e}}\right]$$

  hängen wie bei einer statischen Analyse (8.3) nur von der Steifigkeit ab (rein statische Antwort, Ignorierung lokaler dynamischer Effekte).
  - Durch **geschickt gewählte Stützstellen** (externe Freiheitsgrade) bzw. durch (indirekte) Hinzunahme von „**statischen Moden**", die den Eigenmoden ähnlich sein müssen, lässt sich das Ergebnis verbessern.
  - Dynamische Antwort beschränkt sich auf die Knoten mit den externen Freiheitsgraden $\mathbf{u}_{\mathrm{e}}$ (**Konzentrierung der Massen**).
  - (Etwas) zu steife Abschätzung des Systemverhaltens (mit steigender Frequenz)
- **Modale Kondensation**
  - Überführung des Gleichungssystems auf die modale Ebene
  - Lineare Dynamik siehe Abschnitt 4.1.
- **Gemischt statisch-modale Kondensation**
  - Andere Bezeichnungen: **Craig-Bampton-Reduktion**, **Restrained Mode Addition**, **CMS-Reduktion** (**Component Mode Synthesis**)
  - Erweiterung der Guyan-Reduktionstechnik durch Anreicherung der internen Verschiebungen mit zusätzlichen Eigenmoden:

$$\mathbf{u}_{\mathrm{i}} = \mathbf{K}_{\mathrm{ii}}^{-1}\left[\mathbf{P}_{\mathrm{i}} - \mathbf{K}_{\mathrm{ie}}\mathbf{u}_{\mathrm{e}}\right] + \sum_{j} q_j \mathbf{\Phi}_{\mathrm{i},j} \tag{8.7}$$

  q_j: Generalisierte Verschiebung (zusätzlicher modaler Freiheitsgrad)
  $\mathbf{\Phi}_{\mathrm{i},j}$:   Eigenvektor aus internen Freiheitsgraden
  - Bei der Ermittlung von $\mathbf{\Phi}_{\mathrm{i},j}$ werden alle externen Freiheitsgrade gehalten.
  - Durch den höheren Aufwand (Eigenfrequenzanalyse und zusätzliche modale FHG) verbessert sich die Lösung gegenüber der (reinen) Guyan-Kondensation.
- Weitere Verfahren: **SEREP-Kondensation** (System Equivalent Expansion Reduction Process), **IRS-Kondensation** (Improved Reduction System Method), **Verfahren nach Krylov**, **Verfahren nach Röhrle** usw.

8.1.4 Submodelltechnik

Die Submodelltechnik ist auch auf **nichtlineare Systeme** anwendbar:

1. Schritt: Globale Analyse des FE-Gesamtmodells mit vergleichsweise grobem Netz.
2. Schritt: Verbesserung der Lösung für **feiner vernetzte Detailbereiche**, die durch **aus dem globalen Modell gewonnene Randbedingungen** angetrieben werden.

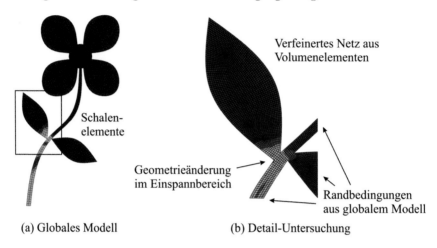

Abbildung 8.3: Submodell-Analyse für den Lastfall Grashüpfer

Die meisten FE-Programme erlauben eine sehr **flexible Anwendung** der Submodelltechnik:

- **Räumliche Interpolation**: Die Ränder des Submodells können auch innerhalb von Elementen des globalen Modells liegen.
- **Zeitliche Interpolation**: Bei unterschiedlicher Last- bzw. Zeitschrittsteuerung.
- **Verschiedene Elementtypen**: Beispielsweise lässt sich ein Volumenmodell durch ein Schalenmodell antreiben, wobei die Rotationsfreiheitsgrade in äquivalente Verschiebungsfreiheitsgrade umgerechnet werden.
- **Unterschiedliche Analysearten**: So kann auf globaler Ebene eine dynamische Analyse erforderlich sein, während für das Submodell eine statische Analyse ausreicht.

Es lassen sich **Verschiebungs- und/oder Kraftrandbedingungen** (oder Spannungsrandbedingungen) zum Antreiben des Submodells einsetzen:

- Ist das globale Modell vor allem verschiebungsgesteuert, dann sollten auch beim Submodell Verschiebungsrandbedingungen benutzt werden.
- Empfehlungen, wenn Kraftrandbedingungen beim globalen Modell dominieren:
    - Wenn sich beim Submodell durch (kleinere) **Geometrieänderungen** (Bohrungen, Schweißnähte) die Steifigkeit ändert, liefern Kraftrandbedingungen die genauere Lösung. Zur Vermeidung von Starrkörperverschiebungen müssen ggf. **Trägheitsrandbedingungen** eingesetzt werden (numerisch anspruchsvoller).
    - Bei gleicher Geometrie sind Verschiebungsrandbedingungen hinreichend.

Es ist Aufgabe des Anwenders, **geeignete Ränder** zu wählen:

- Schnitt durch Bereiche mit geringen **Spannungsgradienten** (weit weg von kritischen Stellen)
- Kontrollmöglichkeit: Visualisierung der Verschiebungen und/oder Spannungen an den Rändern (**kein Sprung zwischen globalem und Submodell**)
- Wie stark sich die Ergebnisse überhaupt verbessern lassen, hängt von der Netzfeinheit des globalen Modells ab: Während bei einem sehr groben globalen Netz der Fehler von 30 auf 10 Prozent fallen kann, können bei einem nicht ganz so groben Netz Verbesserungen von 5 auf 1 Prozent möglich sein.

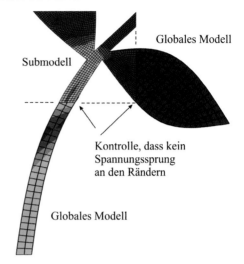

8.1.5 Adaptive Vernetzungstechniken

Adaptive (Neu-)Vernetzung

Problem: Bei der konventionellen Vernetzung eines Bauteils wird häufig (eigentlich immer) ein **zu gleichmäßiges Netz** gewählt: Unkritische Bereiche (homogene Spannungsverteilung) erhalten mehr Elemente als nötig (Vergeudung von Rechenzeit), und kritische Bereiche (hohe Gradienten) werden zu grob vernetzt (Ergebnis könnte besser sein).

Lösung: Adaptive (Neu-)Vernetzung:

- Auf der Grundlage von **Fehlerschätzern** wird das Netz automatisch dort verfeinert (vergröbert), wo hohe (geringe) **Spannungsgradienten** (und/oder: **Energiegradienten**, Gradienten der plastischen Dehnungen usw.) auftreten.
- Bei linearen Systemen ist es möglich, das Netz während der Analyse zu verfeinern.
- Bei nichtlinearen Systemen ist das Ergebnis abhängig von der **Lastgeschichte**, so dass **mehrere Iterationen** (Analysen mit jeweils gleichem Netz) erforderlich sind.
  - Diese Variante bezeichnet man daher auch als adaptive *Neu*vernetzung.
  - Würde man während der Analyse verfeinern, könnte man z. B. das Fließen eines plastischen Materials nicht exakt beschreiben: Mehrere Elemente (Integrationspunkte) gehören zum selben Ausgangselement, so dass eine hinreichende Differenzierung der unterschiedlichen Lastgeschichten nicht möglich ist.
  - Geringer Mehraufwand, da die ersten Iterationen vergleichsweise schnell sind.
  - Kein absoluter, sondern nur relativer Fehler ermittelbar (Ergebnisvergleich).
- Als Volumenelemente lassen sich **nur Tetraeder** (keine Hexaeder) verwenden. Bei Schalenelementen (oder einem 2D-Modell) ist kein reines Vierecksnetz, sondern nur eine Mischung aus **Drei- und Vierecken** oder ein reines Dreiecksnetz möglich.
- Lineare und quadratische Ansätze (empfohlen bei Tetraederelementen)

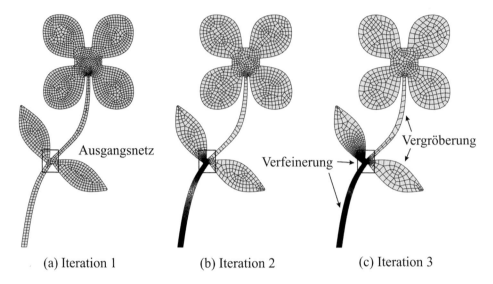

(a) Iteration 1   (b) Iteration 2   (c) Iteration 3

Abbildung 8.4: Adaptive Neuvernetzung für den Lastfall Grashüpfer

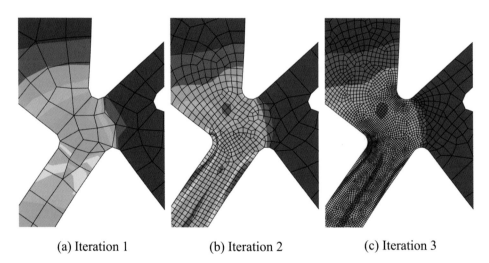

(a) Iteration 1   (b) Iteration 2   (c) Iteration 3

Abbildung 8.5: **Ausrundung der Kerben** zur Vermeidung von Spannungssingularitäten
zwischen Stängel und Blättern

Insbesondere dann, wenn höhere Genauigkeiten gefragt sind, würde selbst das **Netz des
erfahrensten Anwenders niemals die Ergebnisqualität** (bei gleichem numerischen Aufwand) eines mittels **adaptiver (Neu-)Vernetzung** gewonnen Netzes erreichen können.

Adaptive Netzglättung mittels ALE-Technik

Problem: Trotz homogenen Ausgangsnetzes kommt es während der Analyse zu (lokal) **sehr stark verzerrten (entarteten) Elementen**:

- Konvergenzprobleme
- Schlechte Ergebnisqualität
- Reduktion des stabilen Zeitschrittes bei expliziter Analyse

Lösung: Adaptives Vernetzen mittels ALE-Technik (Arbitrary Lagrangian-Eulerian):

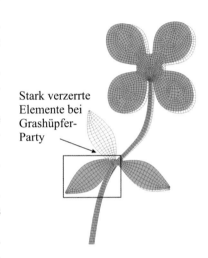

Stark verzerrte Elemente bei Grashüpfer-Party

- Mischung aus Lagrangescher und Eulerscher Vernetzungstechnik:
  - Bei einem **Lagrangeschen Netz** verformen sich Elemente zusammen mit dem Material (Strukturmechanik).
  - Bei einem **Eulerschen Netz** fließt das Material durch ein starres Gerüst von Finiten Elementen (Strömungsmechanik).
  - ALE-Technik: **Lagrange-Ansatz für die Ränder** (Oberflächennetz) sowie Euler-Ansatz für die innenliegenden Elemente
- **Netz-Topologie** ändert sich nicht: kein Einfügen oder Löschen von Elementen.
- Die Häufigkeit der Netzglättung kann vom Anwender vorgegeben werden, z. B. nach jeweils fünf Inkrementen.
- Bei grenzüberschreitendem Materialfluss lassen sich auch Eulersche Randbedingungen einsetzen.

Varianten:

- Anpassung des Netzes an die Ausgangskonfiguration (das Ausgangsnetz)
- Volumetrische Glättung
- Kombination beider Methoden

Anwendungen:

- **Zerspanvorgänge** wie Bohren, Drehen und Fräsen (Eulersche Randbedingungen)
- **Umformsimulationen**
- Berechnung von Schweißvorgängen
- **Abriebsimulationen** (Bodenmechanik, Reifenmechanik)
- Allgemeine Kontaktprobleme (insbesondere im Rahmen der Kurzzeitdynamik)

Die ALE-Technik wird häufig mit der **CEL-Technik** (Coupled Eulerian-Lagrangian) verwechselt, bei der eine Kopplung von Eulerschen und Lagrangeschen Elementen vorgenommen wird. Im Gegensatz zur ALE-Methode dient der CEL-Ansatz vor allem der Simulation von Fluid-Struktur-Interaktionen.

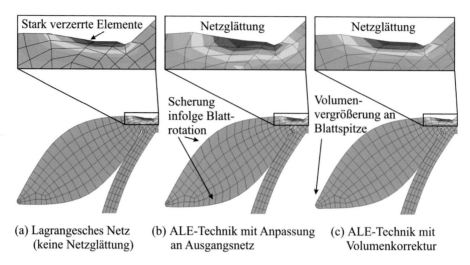

(a) Lagrangesches Netz   (b) ALE-Technik mit Anpassung   (c) ALE-Technik mit
    (keine Netzglättung)   an Ausgangsnetz   Volumenkorrektur

Abbildung 8.6: Adaptive Netzglättung mittels ALE-Technik

8.1.6 Starrkörper

Wann sollte man Starrkörper einsetzen?

- Bei großen Steifigkeitsunterschieden (Felge bei Autoreifen).
- Bei Mehrkörpersystemen (**MKS**); meistens kombiniert mit Konnektorelementen.
- Für **Designstudien** (Vorstudien) und Sensitivitätsanalysen.
- Bei explizit dynamischen Analysen: Keine Reduktion des stabilen Zeitinkrements.

Varianten:

- Üblicherweise besteht ein Starrkörper aus einem Teilbereich des FE-Modells sowie einem **Referenzknoten** (6 FHG im 3D, 3 FHG im 2D) zur Beschreibung der Starrkörperbewegung.
- Bei einfacher Geometrie (z. B. Zylinder) ist die Verwendung **analytischer Flächen** möglich.
- Auswahl einzelner Knoten, deren Verschiebungs- und Rotationsfreiheitsgrade (optional) an den Referenzknoten gekoppelt werden.
- Starrkörper können sich auch aus einer Mischung von Elementen, Flächen und Knoten zusammensetzen.
- Befindet sich der Referenzpunkt nicht im **Schwerpunkt**, kann dieser von einigen FE-Programmen automatisch dorthin verschoben werden.

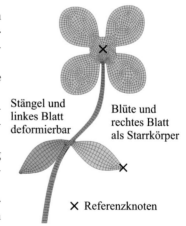

Stängel und
linkes Blatt
deformierbar

Blüte und
rechtes Blatt
als Starrkörper

✕ Referenzknoten

8.1.7 Symmetrien

Das Ausnutzen von Symmetrien ist ein Muss:

- **Symmetrische und antisymmetrische Randbedingungen**
  - Beispiel: Statische Analyse eines Rahmens

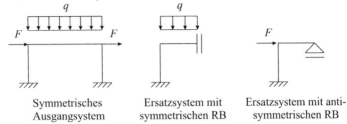

| Symmetrisches | Ersatzsystem mit | Ersatzsystem mit anti- |
| Ausgangsystem | symmetrischen RB | symmetrischen RB |

  - Es sei daran erinnert, dass bei linearen Systemen mit mehreren rechten Seiten gerechnet werden kann, was man hier ausnutzen sollte.
  - Endergebnis durch Superposition
  - Methode ist auch auf Beulprobleme anwendbar ($F = 0$).
- **Zyklische Symmetrierandbedingungen**
  - Beispiel: Eigenfrequenzanalyse eines 6-tel Modells:

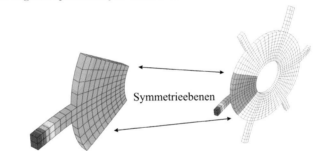

Symmetrieebenen

  - Auch **höhere Moden** können extrahiert werden:

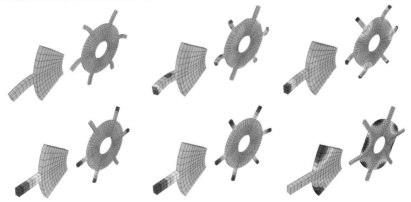

Identische Ergebnisse im Vergleich zum **Vollmodell**

8.1.8 Reduktion der Ausgabedatenmenge

Am besten stellt man sich Ergebnisdaten in Form einer Matrix vor.

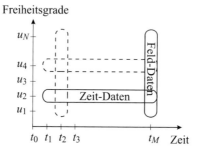

- Man kann nicht nur Festplattenplatz, sondern auch Zeit (Herausschreiben der Daten) sparen, wenn man Verschiebungen **nur für das letzte Inkrement** (Endzeitpunkt) oder zumindest nur für einige wenige Inkremente speichert.
- Diese Empfehlung gilt auch für Dehnungen, Spannungen und sonstige **Feldvariablen**.
- Für **repräsentative Knoten** (oder auch Elemente), wie den Endpunkt eines Kragarms, sollte man Verschiebungen, Kräfte usw. **für alle Inkremente** (Last- bzw. Zeitschritte) herausschreiben.

Bei der Ausgabeanforderung und später bei der Ergebnisinterpretation wird gerne übersehen, dass **Strukturelemente ihr eigenes (lokales) Koordinatensystem** besitzen. Wenn man dieses nicht vorgibt bzw. die Wahl dem FE-Programm überlässt, kann es zu **unstetigen Ergebnissen** kommen, wie das nachfolgende Schalenbeispiel veranschaulicht.

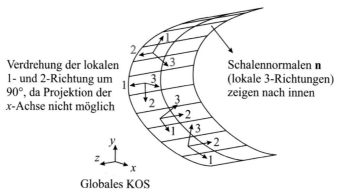

- Voreinstellung: Lokale 3-Richtung gleich der Schalennormalen, 1-Richtung ergibt sich aus der Projektion der globalen x-Achse auf die Schalenebene, das Kreuzprodukt aus 3- und 1-Richtung liefert die 2-Richtung.
- Bei dem hier auftretenden Sonderfall zeigen x-Achse und Schalennormale (mittlerer Bereich) in die gleiche Richtung (innerhalb gewisser Toleranzen), so dass alternativ z. B. die z-Achse projiziert werden muss, um eine lokale 1-Richtung zu erhalten.
- Um keinen Sprung in den Dehnungs- oder Spannungsergebnissen zu bekommen, muss in solchen Fällen zwingend vom Anwender eine Elementorientierung (vorzugsweise ein zylindrisches KOS) vorgegeben werden.

8.2 Daran scheiden sich die Geister

8.2.1 Lineare oder quadratische Elemente

Die Frage, ob lineare oder quadratische Elemente besser sind, spaltet die Gemeinschaft der Berechnungsingenieure und wird oftmals kategorisch zugunsten der einen oder anderen Seite entschieden. Obwohl der Wunsch nach einer grundsätzlichen Lösung nur allzu verständlich ist, hängt es leider immer vom **Einzelfall** und hierbei insbesondere von der Netzfeinheit ab, welche Ansatzordnung vorzuziehen ist.

Pro lineare Elemente

- **Kontaktprobleme**: Druck wird gleichmäßig auf Knoten verteilt
- Bei **dehnungsdominierten Problemen** (und bei Scherung) sind lineare Elemente besser:
  - Vergleichbare oder sogar identische Ergebnisse bei gleicher Anzahl an Freiheitsgraden.
  - Die Analyse benötigt weniger Rechenzeit, da die **Bandbreite der Steifigkeitsmatrix** geringer ist.
  - Bei einem reinen Zugversuch würde sogar ein lineares Element ausreichen.

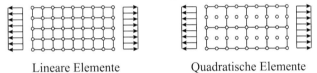

Lineare Elemente   Quadratische Elemente

- Lineare **Elemente mit inkompatiblen Moden** eignen sich sogar für biegedominierte Probleme, sofern sie nicht (trapezförmig) verzerrt sind.
- Lineare Elemente mit diagonaler Massenmatrix sind bei explizit dynamischen Problemen Elementen mit konsistenter Massenmatrix (die meisten quadratischen Elemente) vorzuziehen.
- Empfohlen für **Umformsimulationen**, da quadratische Elemente bei extremen Verzerrungen leichter kollabieren können.

Pro quadratische Elemente

- **Spannungsprobleme**: Spannungen und Dehnungen (Ableitung der Verschiebungen) sind von einer Ordnung ungenauer als die Verschiebungen.
- **Biegedominierte Probleme** (weder Locking noch Hourglassing)
- Quadratische Tetraederelemente, falls aufgrund komplexer Geometrie kein Hexaedernetz möglich ist (lineare Tetraeder sind viel zu steif).
- Lineare Dynamik: Eigenfrequenzanalysen usw.

Einfluss der Netzfeinheit

Grobe Netze aus linearen Elementen sind für Biegeprobleme ungeeignet:

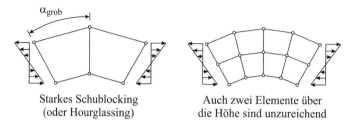

Starkes Schublocking   Auch zwei Elemente über
(oder Hourglassing)   die Höhe sind unzureichend

Bei quadratischen Elementen reicht ein grobes Netz aus:

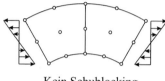

Kein Schublocking

Bei einer weiteren Verfeinerung verbessern sich die Eigenschaften des linearen Netzes:
- Biegung (Trapez) der einzelnen Elemente nimmt (vor allem an den Rändern) zugunsten von Dehnung (Rechteck) ab.
- Die Qualität der quadratischen Elemente kann sich nicht weiter verbessern.
- Bei einem noch (viel) feineren Netz wären die Ergebnisse gleich gut, so dass dann die geringere Bandbreite den Ausschlag zugunsten der linearen Elemente geben würde.

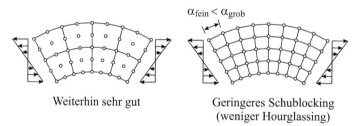

Weiterhin sehr gut   Geringeres Schublocking
                                         (weniger Hourglassing)

8.2.2 Tetraeder oder Hexaeder

- Hexaeder-Elemente erzielen eine bessere Ergebnisqualität bei gleichem numerischen Aufwand.
- Es darf allerdings nie vergessen werden, dass der größte Kostenfaktor vor dem Rechner sitzt. Bei **komplizierter Geometrie** ist es daher oftmals unterm Strich am effizientesten, (quadratische) Tetraederelemente zu verwenden und die beim Vernetzen eingesparte Zeit in ein feineres Netz zu investieren.
- Tetraeder-Elemente können im Rahmen der **adaptiven (Neu-)Vernetzungstechnik** eingesetzt werden.

8.2.3 Kleine oder große Dehnungen

Eine **geometrisch nichtlineare Analyse** ist nicht gleichbedeutend mit der Verwendung finiter Dehnungsmaße, sondern bedeutet (bei der oft verwendeten **Updated Lagrange-Formulierung**) zunächst lediglich, dass **große Rotationen** beschrieben werden können.

- Viele Crash-Codes (für explizit dynamische Analysen) bieten **Schalenelemente speziell für kleine Membrandehnungen** (Fahrzeug-Bleche) an, da diese bis zu 20 % oder sogar 30 % effizienter als allgemein formulierte Schalenelemente sind.
- Blumenbeispiel: Kleine Dehnungen trotz großer Rotationen des Stängels.
- Bei der Total Lagrange-Formulierung entfällt diese Differenzierung (kein mitrotierendes KOS).

Die Verwendung großer Dehnungen ist unter anderem deshalb so aufwändig, weil **Dickenänderungen** bei Balken- und Schalenelementen zu berücksichtigen sind.

Schalendicke

Ebener Dehnungszustand $\sigma_{33} = 0$. Lineare Elastizitätstheorie:

$$\varepsilon_{33} = -\frac{\nu}{1-\nu}[\varepsilon_{11} + \varepsilon_{22}] \tag{8.8}$$

Übertragung auf logarithmische Dehnungen:

$$\ln\left(\frac{t}{t_0}\right) = -\frac{\nu}{1-\nu}\left[\ln\left(\frac{l}{l_0}\right) + \ln\left(\frac{b}{b_0}\right)\right] = -\frac{\nu}{1-\nu}\left[\ln\left(\frac{A}{A_0}\right)\right] \tag{8.9}$$

l_0, l: Ausgangs- und aktuelle Länge
b_0, b: Ausgangs- und aktuelle Breite
t_0, t: Ausgangs- und aktuelle Schalendicke
$A_0 = l_0 b_0,\ A = lb$:   Ausgangs- und aktuelle Fläche

Daraus folgt die aktuelle Schalendicke:

$$t = t_0\left(\frac{A}{A_0}\right)^{-\frac{\nu}{1-\nu}} \tag{8.10}$$

Balkenquerschnitt

Einaxialer Spannungszustand $\sigma_{22} = \sigma_{33} = 0$. Lineare Elastizitätstheorie:

$$\varepsilon_{22} = \varepsilon_{33} = -\nu\varepsilon_{11} \tag{8.11}$$

Übertragung auf logarithmische Dehnungen:

$$\ln\left(\frac{h}{h_0}\right) = -\nu\ln\left(\frac{l}{l_0}\right) \tag{8.12}$$

l_0, l: Ausgangs- und aktuelle Länge
h_0, h: Ausgangs- und aktuelle Querschnittsabmessung (z. B. Balkenhöhe)

Daraus folgt die aktuelle Querschnittsabmessung:

$$h = h_0\left(\frac{l}{l_0}\right)^{-\nu} \tag{8.13}$$

Verzerrungsmaße

Ingenieurdehnungen (lineare Dehnungen)

$$\underline{\varepsilon}^{\text{lin}} = \frac{1}{2}\left(\text{grad}\,\mathbf{u} + \text{grad}^{\text{T}}\mathbf{u}\right) = \frac{1}{2}\left(\underline{\mathbf{F}} + \underline{\mathbf{F}}^{\text{T}}\right) - \mathbf{1} \tag{8.14}$$

- Anwendungsgebiet: kleine Streckungen (Dehnungen) und kleine Rotationen

- Bei Starrkörperdrehung gilt: $\underline{\varepsilon}^{\text{lin}} \neq \underline{\mathbf{0}}$ (falsch)

- Von FE-Programmen in der Regel nicht verwendet (auch nicht als Postprozessing-Größe verfügbar)!

Nominelle Dehnungen

$$\underline{\varepsilon}^{\text{nom}} = \underline{\mathbf{V}} - \underline{\mathbf{1}} = \frac{1}{2}\left(\underline{\mathbf{F}}\,\underline{\mathbf{R}}^{\text{T}} + \underline{\mathbf{R}}\,\underline{\mathbf{F}}^{\text{T}}\right) - \underline{\mathbf{1}} \tag{8.15}$$

- Anwendungsgebiet: kleine Streckungen, aber große Rotationen

- Bei Starrkörperdrehung gilt: $\underline{\varepsilon}^{\text{nom}} = \underline{\mathbf{1}} - \underline{\mathbf{1}} = \underline{\mathbf{0}}$ (richtig)

- Bei kleinen Rotationen $\underline{\mathbf{R}} \to \underline{\mathbf{1}}$ gleich den Ingenieurdehnungen

Greensche Dehnungen

$$\underline{\mathbf{E}} = \frac{1}{2}\left(\underline{\mathbf{C}} - \underline{\mathbf{1}}\right) = \frac{1}{2}\left(\underline{\mathbf{F}}^{\text{T}}\underline{\mathbf{F}} - \underline{\mathbf{1}}\right) \tag{8.16}$$

- Anwendungsgebiet: kleine Streckungen, aber große Rotationen, z.B. bei Schalenelementen

- Bei Starrkörperdrehung gilt: $\underline{\mathbf{E}} = \frac{1}{2}(\underline{\mathbf{R}}^{\text{T}}\underline{\mathbf{R}} - \underline{\mathbf{1}}) = \underline{\mathbf{0}}$ (richtig)

Logarithmische Dehnungen (wahre Dehnungen, Hencky-Dehnungen)

$$\underline{\varepsilon} = \ln \underline{\mathbf{V}} \tag{8.17}$$

- Anwendungsgebiet: große Streckungen, große Rotationen

- Bei Starrkörperdrehung gilt: $\underline{\varepsilon} = \ln \underline{\mathbf{1}} = \underline{\mathbf{0}}$ (richtig)

Einaxialer Zugversuch

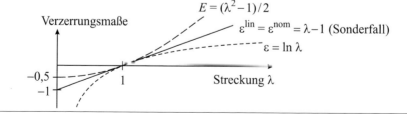

$E = (\lambda^2 - 1)/2$

$\varepsilon^{\text{lin}} = \varepsilon^{\text{nom}} = \lambda - 1$ (Sonderfall)

$\varepsilon = \ln \lambda$

Verzerrungsmaße

Streckung λ

$-0,5$

-1

1

8.3 Wie man richtig belastet

8.3.1 Einleitung von Einzellasten

Einzellasten können zu **Spannungssingularitäten** führen und **Hourglassing** hervorrufen,
so dass man sie über einen größeren Bereich **verschmieren** sollte. Varianten:

- **Harte Kopplung** (kinematic coupling): Der angekoppelte Bereich verhält sich wie
  ein Starrkörper.
- **Weiche Kopplung** (distributed coupling): Genauer, aber führt (in Abhängigkeit von
  der Anzahl der angekoppelten Knoten) zu einer (deutlichen) Vergrößerung der Bandbreite der Steifigkeitsmatrix.

Die Last kann mittels eines beliebigen **Referenzknotens** eingeleitet werden, der sich z. B.
in der Mitte einer Bohrung befinden kann.

8.3.2 Schraubenvorspannung

Schrauben können entweder klassisch mittels Vorspannebene (pre-tension section) oder
vereinfacht über Konnektorelemente vorgespannt werden:

- 1. Schritt: Aufbringung der Vorspannkraft
- 2. Schritt: Einfrieren der aktuellen Länge, damit sich Schraubenkraft bei Bauteilbe-
  lastung frei einstellen kann.

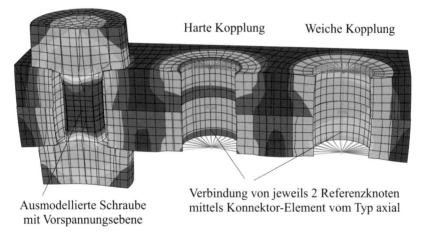

Harte Kopplung   Weiche Kopplung

Ausmodellierte Schraube
mit Vorspannungsebene

Verbindung von jeweils 2 Referenzknoten
mittels Konnektor-Element vom Typ axial

8.3.3 Trägheitsrandbedingungen

Trägheitsrandbedingungen (inertia relief) dienen dazu, **unzureichend gelagerte Bauteile**
im Rahmen einer **statischen Analyse** zu berechnen:

- Beispiele: Flugzeuge, Raketen usw.
- Starrkörperverschiebungen in eine oder auch mehrere Richtungen werden im Mittel gehalten bzw.
  die Starrkörperbeschleunigungen herausgerechnet.

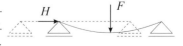

8.4 Nur nicht die Kontrolle verlieren

Kontrolleinstellungen

Voreinstellungen zu ändern, ist nur etwas für erfahrene Anwender, die genau wissen, was sie tun. Unter anderem kann an folgenden Stellen eingegriffen werden:

- Art der Hourglassing-Stabilisierung
- Zeitschrittsteuerung:
  - Erhöhung des Zeitinkrementes bei guter Konvergenz: um 10 %, 25 % oder 80 %?
  - Was ist noch gute Konvergenz: 3, 4 oder 5 Iterationen, und reicht ein erfolgreiches Inkrement aus, oder müssen es mindestens zwei sein?
  - Wann wird das Zeitinkrement verkleinert?
  - Wie lauten die Abbruchbedingungen?
  - Führen Kontaktstatusänderungen zu erneuter Iteration, oder wird stattdessen lediglich das (alternative) Residuum überprüft?
- Iterativer oder direkter Gleichungslöser?
- Newton- oder Quasi-Newton-Verfahren?
- Sind Kontaktiterationen erlaubt (Quasi-Newton-Verfahren für Kontakt)?
- Symmetrischer oder unsymmetrischer Gleichungslöser?

Unsymmetrischer Gleichungslöser

In folgenden Fällen wird die Steifigkeitsmatrix unsymmetrisch:

- Kontakt mit **Reibung**
- **Flächenbasierter Master-Slave-Kontakt** bei gekrümmten Flächen (auch ohne Reibung)
- **Nachgeführte Lasten** (vor allem Druck, der immer senkrecht zu einer Fläche wirkt)
- Voll gekoppelte **thermisch-mechanische** Analysen
- **Komplexe Eigenfrequenzanalyse**
- Einige Materialmodelle (Plastizität mit nicht-assoziierter Fließregel oder bestimmte Schädigungsmodelle)
- Bestimmte Schalenelemente
- Auch benutzerdefinierte Elemente und Kontakte können unsymmetrische Steifigkeitsterme verwenden.

Nicht immer wird automatisch ein unsymmetrischer Gleichungslöser verwendet. So würde man bei kleinen Reibkoeffizienten (z. B. $\mu < 0{,}2$) vielleicht 6 statt 4 Iterationen benötigen. Wenn diese aber nur jeweils eine halbe statt einer ganzen Stunde dauern, kann man dennoch insgesamt eine Stunde Rechenzeit einsparen

8.5 Top 10 der beliebtesten Fehler

1. **Starrkörperverschiebungen**:

   Abbruch der Analyse aufgrund fehlender Randbedingungen (z.B. ein offener Kontakt) oder zumindest schlechte Konvergenz mit mehrdeutigen Lösungen (**Zero Pivot**: Keine Steifigkeit eines Hauptdiagonalelements der Steifigkeitsmatrix).

2. **Überrechnung von Stabilitätspunkten**: Warnung vor negativen Eigenwerten ignoriert bzw. falsch interpretiert (können auch bei Kontaktproblemen auftreten).

3. „**Starrkörpersimulation**": Wird die Steifigkeit einzelner Modellteile um mehrere Größenordnungen erhöht, kann man sich numerische Probleme in Form **kleiner Differenzen großer Zahlen** einhandeln (besser: echter Starrkörper).

4. **Entartete Elemente**: Insbesondere dort problematisch, wo Spannungen ausgewertet werden. Schlechte Elementabmessungen:

5. **Verwechslung von Gesamt- und Schrittzeit** (bei zeitabhängigen Randbedingungen): Bei aufeinander aufbauenden Schritten beginnt die neue Schrittzeit wieder bei null.

6. **Falsche Orientierung von Kontinuumsschalen**:

   Die Stapelrichtung ist mehrdeutig und sollte daher vorgegeben werden (Voreinstellung: aus Knotenreihenfolge oder durch Projektion eines Koordinatensystems). Üblicherweise wird überprüft, dass benachbarte Elemente eine konsistente Normale haben.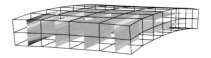

7. **Statische Analyse von (komplexen) Kontaktproblemen**: Insbesondere bei **Stick-Slip-Phänomenen** oder großflächigem Kontakt sind quasistatische Analysen deutlich effizienter.

8. **Lokal verfeinertes Netz bei explizit dynamischer Analyse**: Stabiles Zeitinkrement sinkt bzw. sehr viel (lokale) Massenskalierung erforderlich.

9. **Massenskalierung von Hand** (Dichte hochsetzen: Gravitationslasten werden falsch berechnet; Zeitraum reduzieren: Ratenabhängiges Materialverhalten falsch).

10. **Überbestimmtheiten** (Mehrfache Elimination von Freiheitsgraden durch Kontakt, Randbedingungen, Starrkörper und sonstige Kopplungen (MPC, Tie, Coupling, Equation, etc.); Indikator: **Zero Pivot**-Warnung):
    - Auflösbar: z.B. $-3u = -6$ und $4u = 8$ ergibt wunschgemäß $u = 2$.
    - Nicht auflösbar: $-3u = -6$ und $4u = 10$ erzeugt eine Fehlermeldung.
    - Wenn man Pech hat, liefert $-3u = -6$ und $3{,}00001u = 6{,}00001$ (nach Addition der Gleichungen): $0{,}00001u = 0{,}00001$ und somit $u = 1\ldots$

Literaturverzeichnis

Abaqus. (2014). *Manuals, Version 6.14*. Dassault Systèmes.

Bathe, K.-J. (2012). *Finite-Elemente-Methoden*. Berlin: Springer.

Belytschko, T., Liu, W. K., Moran, B. & Elkhodary, K. I. (2014). *Nonlinear Finite Elements for Continua and Structures*. Chichester: Wiley.

Bergan, P. G. (1980). Solution algorithms for nonlinear structural problems. *Computers and Structures*, *12*, 497–509.

Betten, J. (1997). *Finite Elemente für Ingenieure*. Springer.

Bonet, J. & Wood, R. D. (1997). *Nonlinear Continuum Mechanics for Finite Element Analysis*. Cambridge University Press.

Cowper, R. G. (1966). The shear coefficient in Timoshenko's beam theory. *Journal of Applied Mechanics*, *33*, 335–340.

Crisfield, M. A. (1996). *Non-linear finite element analysis of solids and structures – 1: Essentials*. John Wiley & Sons.

Crisfield, M. A. (1997). *Non-linear finite element analysis of solids and structures – 2: Advanced topics*. John Wiley & Sons.

Gebhardt, C. (2011). *Praxisbuch FEM mit ANSYS Workbench*. München: Carl Hanser Verlag.

Heim, R. (2005). *FEM mit NASTRAN: Einführung und Umsetzung mit Lernprogramm UNA*. München: Hanser Fachbuchverlag.

Hilber, H. M., Hughes, T. J. R. & Taylor, R. L. (1977). Improved numerical dissipation for time integration algorithms in structural dynamics. *Earthquake Engineering and Structural Dynamics*, *5*, 283–292.

Hill, R. (1950). *The mathematical theory of plasticity*. Oxford University Press.

Hughes, T. J. R. (2000). *The Finite Element Method*. Dover Publications.

Knothe, K. & Wessels, H. (2008). *Finite Elemente – Eine Einführung für Ingenieure*. Berlin: Springer.

Liu, G. R. & Quek, S. S. (2003). *The finite element method – a practical course*. Butterworth-Heinemann.

Nagtegaal, J. C., Parks, D. M. & Rice, J. R. (1977). On numerically accurate finite element solutions in the fully plastic range. *Computer Methods in Applied Mechanics and Engineering*, *4*, 153–177.

Nasdala, L. (2005). *Simulation von Materialinelastizitäten bei Nano-, Mikro- und Makrostrukturen: Stabilitätsprobleme, Schädigungs- und Alterungsprozesse bei Kohlenstoffnanoröhren und Elastomerwerkstoffen*. Habilitationsschrift, Institut für Statik und Dynamik, Universität Hannover.

Nasdala, L. & Schröder, K.-U. (2004). *Numerical Analysis of Failure and Damage*. Gebundenes Skript zum Kurs „Numerische Schadensanalyse", 240 Seiten, Institut für Statik, Universität Hannover.

Newmark, N. M. (1959). A method of computation for structural dynamics. *Journal of Engineering Mechanics Division*, *85*, 67–94.

Rice, J. R. (1975). Continuum mechanics and thermodynamics of plasticity in relation to microscale deformation mechanisms. In A. S. Argon (Hrsg.), *Constitutive equations in plasticity*. MIT Press, Cambridge, Massachusetts.

Rieg, F., Hackenschmidt, R. & Alber-Laukant, B. (2014). *Finite Elemente Analyse für Ingenieure*. München: Hanser Fachbuchverlag.

Simo, J. C. & Armero, F. (1992). Geometrically nonlinear enhanced strain mixed methods and the method of incompatible modes. *International Journal for Numerical Methods in Engineering*, *33*, 1413–1449.

Simo, J. C. & Hughes, T. J. R. (1998). Computational Inelasticity. In *Interdisciplinary Applied Mathematics 7*. New York: Springer.

Simo, J. C. & Rifai, M. S. (1990). A class of assumed strain methods and the method of incompatible modes. *International Journal for Numerical Methods in Engineering*, *29*, 1595–1638.

Treloar, L. R. G. (1943). I: The elasticity of a network of long-chain-molecules. *Transactions of the Faraday Society*, *39*, 36–41.

Valanis, K. C. & Landel, R. F. (1967). The strain-energy function of a hyperelastic material in terms of the extension ratios. *Journal of Applied Physics*, *38*, 2997–3002.

Werkle, H. (2008). *Finite Elemente in der Baustatik – Statik und Dynamik der Stab- und Flächentragwerke*. Wiesbaden: Vieweg-Verlag.

Wriggers, P. (2008). *Nichtlineare Finite-Element-Methoden*. Berlin: Springer.

Zienkiewicz, O. C. & Taylor, R. L. (2000). *The Finite Element Method. Volume 1: The Basis*. London: McGraw-Hill.

Sachverzeichnis

Printing: Ten Brink, Meppel, The Netherlands
Binding: Ten Brink, Meppel, The Netherlands